普通高校"十四五"规划教

U0158031

物联网工程实验与实践开发教程

主编　付蔚

副主编　童世华　耿道渠　宾茂梨　邓杰铭

北京航空航天大学出版社

内 容 简 介

物联网随着互联网技术快速发展,已对工业、农业等产生了明显的影响。本书从介绍物联网的概念、发展历程、应用场景开始,逐步深入到温湿度传感器、人体红外传感器、光敏传感器等基础传感器的使用,再到网络层和应用层的通信与开发,最后将基础知识融合起来进行综合性开发实验——智慧交通、智慧农业。通过重点突出的章节,条理清晰地讲述了物联网知识,使读者在操作过程中"功力大增"。

本书实用性、操作性很强,适用于广大物联网开发人员学习参考。

图书在版编目(CIP)数据

物联网工程实验与实践开发教程 / 付蔚主编. -- 北京 : 北京航空航天大学出版社,2022. 3
ISBN 978 - 7 - 5124 - 3526 - 1

Ⅰ. ①物… Ⅱ. ①付… Ⅲ. ①物联网－教材 Ⅳ.
①TP393.4②TP18

中国版本图书馆 CIP 数据核字(2021)第 098904 号

物联网工程实验与实践开发教程
主编 付蔚
副主编 童世华 耿道渠 宾茂梨 邓杰铭
策划编辑 周世婷 责任编辑 蔡喆
*
北京航空航天大学出版社出版发行

北京市海淀区学院路 37 号(邮编 100191) http://www.buaapress.com.cn
发行部电话:(010)82317024 传真:(010)82328026
读者信箱:goodtextbook@126.com 邮购电话:(010)82316936
北京富资园科技发展有限公司印装 各地书店经销
*
开本:787×1 092 1/16 印张:21.25 字数:544 千字
2022 年 4 月第 1 版 2025 年 1 月第 2 次印刷
ISBN 978 - 7 - 5124 - 3526 - 1 定价:69.00 元

前　　言

随着物联网、移动互联网技术的迅猛发展,为适应物联网的行业需求,作者根据物联网专业的特点和性质,结合当今物联网发展和多年教学经验,以所使用的教材《物联网导论》《无线传感器网络》《计算机网络》的需求为基础,组织编写了本书,旨在规范实验作业内容,以提高实验和教学效果,帮助学生巩固课堂所学知识,系统地培养学生的实际操作能力以及分析问题和解决问题的能力。本书各实验项目均有详细的实验步骤以及实验目的和要求。

为方便读者学习,本书特做如下安排:

● 采用从易到难,循序渐进的方式进行讲解。

● 书中案例均分步骤实现,开发过程一目了然。

● 知识点匹配大量实例(含源代码)。

● 结合具体应用场景进行开发,学以致用。

本书知识点规划如下(从逻辑上划分为 3 个部分):

第 1 部分理论篇从概念、发展历程、体系架构、应用场景和技术范畴来阐述物联网概念,并对物联网技术的未来发展进行展望,对其发展方向进行大胆预测。

第 2 部分实验篇讲述物联网技术开发的相关知识,其中又分为感知层、网络层、应用层实验开发,与第 1 部分物联网体系架构相对应。

第 3 部分实践篇是在实验篇的基础上进一步开发,结合生活应用场景,将实践篇内容应用在智慧交通和智慧农业中,并对现如今物联网技术在智能工业中的应用进一步阐述。

本书为作者团队多年研究成果的总结,主编付蔚,副主编童世华、耿道渠、张开碧、宾茂梨、邓杰铭。

本书凝聚了重庆邮电大学工业物联网与网络化控制教育部重点实验室智能家居项目组多年的智慧与研发成果,并广泛听取了院校部分教师的宝贵意见和部分学生的建议使之在科学性、严谨性、系统性等方面实现提升。

由于作者水平有限,加之物联网技术发展日新月异,本书难免存在不足之处,恳请读者批评指正。

编　者
2022 年 3 月

目　　录

第 1 部分　理论篇

第 2 部分　实验篇

第 3 部分　实践篇

第 1 部分　理论篇

第1章 物联网技术介绍

本章主要讲述物联网产生的原因及其发展的趋势和特点,通过对物联网发展的前景展示和扩展来对其进行讲解,并介绍物联网的基本框架和体系。

1.1 国内外物联网发展历程

物联网的英文名称为"The Internet of Things",简称"IoT"。顾名思义,物联网就是连接所有事物的互联网。物联网从互联网开始,并在其不断衍生和发展的基础上,最终形成了对象之间的信息交互。物联网(IoT)是指通过 RFID、GPS、红外传感器、激光扫描仪和其他信息传感设备,按照约定的协议将所有对象连接到互联网进行信息交换和通信,以实现智能识别、定位、监控和管理的一种网络。

物联网的概念最早是中国在 1999 年提出的,但后来被称为传感器网络。后来,美国提出了发展物联网的构想,在世界范围内引起了巨大反响。借此机会,中国凭借互联网产业的发展优势迅速融入了物联网产业。

2009 年 10 月 24 日,中国第一个自主研发的物联网芯片"唐心一号"在第四届中国民营科技企业博览会上亮相,这意味着中国在国际物联网领域有一定的发言权。

在物联网的发展中,RFID 标签、传感器和嵌入式系统是核心技术,广泛应用于智能交通、政府工作、公共安全、环境监测等领域。

尽管国外早在 1990 年代就已经提出了物联网的概念,但国际社会尚未对其进行重视。可以说,物联网的正式兴起是 2000 年以后,各国开始相应地开展物联网发展技术研究。从那时起,物联网才结束了十多年的低调历史,并成功地迎来了备受瞩目的时代。

从近几年全球物联网的发展趋势来看,促进物联网发展的背景因素其实是 2008 年的全球金融危机。

毫无疑问,每一项重大事件背后都有一项新技术诞生。物联网被视为驱动新一轮经济增长的新技术。因此,自 2008 年以来,物联网的发展趋势一直处于直线上升状态。

随着电子技术的发展,传感器技术逐渐成熟。在人们的日常生活中,传感器技术的应用无处不在,例如电子标签等。另外,随着网络访问和信息处理能力的大幅提高,网络访问的多样化以及宽带技术的飞速发展,海量信息的收集和分类能力得到了极大的提高,为发展奠定了坚实的基础。

回顾历史,20 世纪 60 年代起始于日本的半导体产业和 20 世纪 90 年代起始于美国的互联网技术,都对促进两国经济的发展起到了非常积极的作用,使两国经济在一段时期内得到了飞速发展。

2008 年全球金融危机以后,许多国家,尤其是一些西方发达国家经济复苏的进程逐渐变缓,原因在于缺乏新的科技产业革命对经济发展的引领和带动。而物联网便是解决这一大问题的关键,于是各国便相继制订物联网推动计划。

1.2　物联网架构——感知层

1.2.1　感知层简介

感知层是物联网的核心,也是信息收集的关键部分。感知层通常由基本的传感设备(例如,RFID标签和读取器/各种传感器/相机/GPS/qr代码标签或传感器设备)以及由传感器组成的相应网络组成。感知层的关键技术包括感知技术、短距离无线通信技术等。

1.2.2　传感器技术

物联网系统中的海量数据信息来自终端设备,终端设备的数据源来源于传感器。传感器赋予万物"感觉"功能。例如,人类可以通过视觉、听觉、嗅觉和触觉感知周围的环境,物体也可以通过各种传感器感知周围的环境,并且比人类的感知更准确,感知范围更广。传感技术可以分为三代,第一代是结构传感器。第二代是20世纪70年代开发的固体传感器,这种传感器由固体元素组成,例如半导体、电介质、磁性材料等。固体传感器是利用具有某些功能的材料制成的,20世纪70年代后期,随着集成技术、分子合成技术、微电子技术和计算机技术的发展,人们利用这些技术集成了传感器。集成传感器包括两种类型:集成传感器本身和集成传感器以及后续电路。第三代传感器是20世纪80年代发展起来的智能传感器,所谓智能传感器是指对外界信息具有一定检测、自诊断、数据处理以及自适应能力的微型计算机技术与检测技术相结合的产物。

1.3　物联网架构——网络层

1.3.1　网络层简介

网络层位于物联网三层结构中的第二层,其功能为"传送",即通过通信网络进行信息传输。网络层作为纽带连接着感知层和应用层,由各种私有网络、互联网、有线和无线通信网等组成,相当于人的神经中枢系统,负责将感知层获取的信息,安全可靠地传输到应用层,然后根据不同的应用需求进行信息处理。网络层包含接入网和传输网,分别实现接入功能和传输功能。传输网由公网与专网组成,典型传输网络包括:电信网(固网、移动通信网)、广电网、互联网、电力通信网、专用网(数字集群)。接入网包括光纤接入网、无线接入网、以太网接入网、卫星接入网等。

1.3.2　网络通信技术

网络通信技术(Network Communication Technology,NCT)是指通过计算机和网络通信设备对图形和文字等形式的资料进行采集、存储、处理和传输等,使信息资源达到充分共享的技术。通信网是一种由通信端点、节点和传输链路相互有机地连接起来,以实现在两个或更多的规定通信端点之间连接或非连接传输的通信体系。通信网按功能与用途不同,一般可分为物理网、业务网和支撑管理网等三种。

1.　物理网

物理网是由用户终端、交换系统、传输系统等通信设备组成的实体结构,是通信网的物质基础,也称装备网。用户终端是通信网的外围设备,将用户发送的各种形式的信息转变为电磁信号送入通信网络传送,或将从通信网络中接收到的电磁信号等转变为用户可识别的信息。用户终端按其功能不同,可分为电话终端、非话终端及多媒体通信终端。电话终端指普通电话机、移动电话机等;非话终端指电报终端、传真终端、计算机终端、数据终端等;多媒体通信终端指可提供至少包含两种类型信息媒体或功能的终端设备,如可视电话、电视会议系统等。交换系统是各种信息的集散中心,是实现信息交换的关键环节。传输系统是信息传递的通道,它将用户终端与交换系统之间以及交换系统相互之间联接起来,形成网络。传输系统按传输媒介的不同,可分为有线传输系统和无线传输系统两类。有线传输系统以电磁波沿某种有形媒质的传播来实现信号的传递;无线传输系统则是以电磁波在空中的传播来实现信号的传递。

2. 业务网

业务网是将电话、电报、传真、数据、图像等各类通信业务连接起来的网络,是指通信网的服务功能。业务网按其业务种类,可分为电话网、电报网、数据网等。电话网是各种业务的基础,电报网是通过在电话电路加装电报复用设备而形成的,数据网可由传输数据信号的电话电路或专用电路构成。

业务网具有等级结构,即在业务中设立不同层次的交换中心,并根据业务流量、流向、技术及经济分析,在交换机之间以一定的方式相互联接。

3. 支撑管理网

支撑管理网是为保证业务网正常运行,增强网络功能,提高全网服务质量而形成的网络。在支撑管理网中传递的是相应的控制、监测及信令等信号。按其功能不同,支撑管理网可分为信令网、同步网和管理网。信令网由信令点、信令转接点、信令链路等组成,旨在为公共信道信令系统的使用者传送信令。同步网为通信网内所有通信设备的时钟(或载波)提供同步控制信号,使它们工作在同一速率(或频率)上。管理网是为保持通信网正常运行和服务所建立的软、硬系统网络,通常可分为话务管理网和传输监控网两部分。

1.4 物联网架构——平台层

平台层在整个物联网架构中起着承上启下的关键作用,不仅实现底层终端设备的"管、控、营"一体化,为上层提供应用开发和统一接口,构建设备和业务的端到端通道,还提供业务融合以及数据价值孵化的土壤,为提升产业整体价值奠定基础。

从历史成因来看,平台层是由于社会分工分行形成的产物。有平台层的存在,企业可以专心地构建自己的应用或者组建自己的产品网络,而不用费心地思考如何让设备联网。

在物联网中,平台层也有类似的分层关系。按照逻辑关系,平台层可分为连接管理平台(Connectivity Management Platform,CMP)、设备管理平台(Device Management Platform,DMP)、应用使能平台(Application Enablement Platform,AEP)和业务分析平台(Business Analytics Platform,BAP)四部分,如图1.1所示。

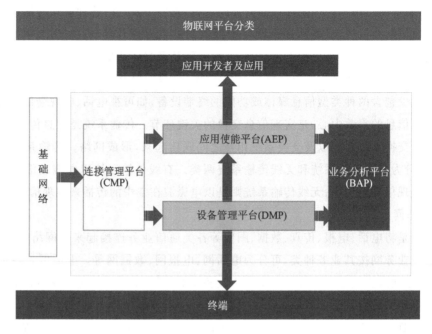

图 1.1 平台层分层关系图

1.5 物联网架构——应用层

1.5.1 应用层简介

应用层位于物联网三层结构中的最顶层,其功能为"处理",即通过云计算平台进行信息处理。应用层与最底端的感知层都是物联网的显著特征和核心所在。应用层可以对感知层采集数据进行计算、处理和知识挖掘,从而实现对物理世界的实时控制、精确管理和科学决策。物联网应用层的核心功能围绕两个方面:一是"数据",应用层需要完成数据的管理和数据的处理;二是"应用",仅仅管理和处理数据还远远不够,必须将这些数据与各行业应用相结合。例如,在智能电网中的远程电力抄表应用,安置于用户家中的读表器就是感知层中的传感器,这些传感器在收集到用户用电的信息后,通过网络发送并汇总到发电厂的处理器上。该处理器及其对应工作就属于应用层,它将完成对用户用电信息的分析,并自动采取相关处理措施。

从结构上划分,物联网应用层包括以下三个部分:

① 物联网中间件。物联网中间件是一种独立的系统软件或服务程序,中间件将各种可以公用的功能进行统一封装,提供给物联网应用使用。

② 物联网应用。物联网应用就是用户直接使用的各种应用,如智能操控、安防、电力抄表、远程医疗、智能农业等。

③ 云计算。云计算可以助力物联网海量数据的存储和分析。依据云计算的服务类型可以将云分为基础架构即服务(IaaS)、平台即服务(PaaS)和软件即服务(SaaS)。

1.5.2 物联网的应用

本小节介绍物联网的十大应用场景。

1. 智慧物流

智慧物流是新技术应用于物流行业的统称。智慧物流以物联网、大数据、人工智能等信息技术为支撑,在物流的运输、仓储、包装、装卸、配送等各个环节实现系统感知、全面分析及处理等功能。智慧物流的实现能大大降低各行业的运输成本,提高运输效率,提升整个物流行业的智能化和自动化水平。智慧物流如图1.2所示。

图1.2 智慧物流

物联网应用于物流行业中,主要体现在三方面,即仓储管理、运输监测和智能快递柜。

① 仓库储存:通常采用基于LoRa、NB-IoT等传输网络的物联网仓库管理信息系统,完成收货入库、盘点调拨、拣货出库以及整个系统的数据查询、备份、统计、报表生产及报表管理等任务。

② 运输监测:实时监测货物运输中的车辆行驶情况以及货物运输情况,包括货物位置、状态环境以及车辆的油耗、油量、车速及刹车次数等驾驶行为。

③ 智能快递柜:将云计算和物联网等技术结合,实现快件存取和后台中心数据处理,通过RFID或摄像头实时采集、监测货物收发等数据。

2. 智能交通

交通被认为是物联网技术所有应用场景中最有前景的应用之一。而智能交通是物联网的体现形式,利用先进的信息技术、数据传输技术以及计算机处理技术等,通过将其集成到交通运输管理体系中,使人、车和路能够紧密配合,改善交通运输环境,保障交通安全以及提高资源利用率。智能交通如图1.3所示。

下面着重讲述交通行业内应用较多的前五大场景,包括智能公交车、共享单车、汽车联网、智慧停车以及智能红绿灯等。

① 智能公交车:结合公交车辆的运行特点,建设公交智能调度系统,对线路、车辆进行规划调度,实现智能排班。

② 共享单车:运用带有GPS或NB-IoT模块的智能锁,通过App相连,实现精准定位、实时掌控车辆状态等。

图 1.3　智能交通

③ 汽车联网:利用先进的传感器及控制技术等实现自动驾驶或智能驾驶,实时监控车辆运行状态,降低交通事故发生率。

④ 智慧停车:通过安装地磁感应,连接进入停车场的智能手机,实现停车自动导航、在线查询车位等功能。

⑤ 智能红绿灯:依据车流量、行人及天气等情况,动态调控灯信号来控制车流,提高道路承载力。

⑥ 汽车电子标识:采用 RFID 技术,实现对车辆身份的精准识别、车辆信息的动态采集等功能。

⑦ 充电桩:通过物联网设备,实现充电桩定位、充放电控制、状态监测及统一管理等功能。

⑧ 高速无感收费:通过摄像头识别车牌信息,根据路径信息进行收费,提高通行效率、缩短车辆等候时间等。

3. 智能安防

智能安防核心在于智能安防系统,主要包括门禁、报警和监控三大部分,行业中主要以视频监控为主。安防是物联网的一大应用市场,传统安防对人员的依赖性比较大,非常耗费人力,而智能安防能够通过设备实现智能判断。智能安防如图 1.4 所示。

由于采集的数据量足够大,且时延较低,因此目前城市中大部分的视频监控采用的是有线连接的方式,而对于偏远地区以及移动性的物体监控则采用 4G 等无线技术。

门禁系统:主要以感应卡式、指纹、虹膜以及面部识别等为主,具有安全、便捷和高效等特点,能联动视频抓拍、远程开门、手机位置探测及轨迹分析等。

监控系统:主要以视频监控为主,分为警用和民用市场。通过视频实时监控,使用摄像头进行抓拍记录,将视频和图片进行数据存储和分析,实时监测、确保安全。

4. 智慧能源

物联网技术应用于能源领域时,可用于水、电、燃气等表计以及路灯的远程控制上。基于环境和设备进行物体感知,通过监测提升利用效率,减少能源损耗,图 1.5 为智慧能源概念图。

图 1.4　智能安防

图 1.5　智慧能源概念图

根据实际情况,智慧能源有以下四大应用场景。

① 智能水表:可利用先进的 NB-loT 技术,远程采集用水量,以及提供用水提醒等服务。

② 智能电表:自动化信息化的新型电表,具有远程监测用电情况并及时反馈等功能。

③ 智能燃气表:通过网络技术,将用气量传输到燃气集团,无须入户抄表,且能显示燃气用量及用气时间等数据。

④ 智慧路灯:通过搭载传感器等设备,实现远程照明控制以及故障自动报警等功能。

5. 智慧医疗

智慧医疗的两大主要应用场景:可穿戴医疗设备和数字化医院。在智能医疗领域,新技术的应用必须以人为中心。而物联网技术是数据获取的主要途径,能有效地帮助医院实现对人的智能化管理和对物的智能化管理。图 1.6 为智慧医疗概念图。

医院对人的智能化管理指的是通过传感器对人的生理状态(如心跳频率、体力消耗、血压高低等)进行捕捉,并将捕捉到的信息记录到电子健康文件中,方便个人或医生查阅。医院对物的智能化管理指的是通过 RFID 技术对医疗物品进行监控与管理,实现医疗设备、用品可视化。

① 可穿戴医疗设备:通过传感器采集人体及周边环境的参数,经传输网络,传到云端,数据处理后,反馈给用户。

② 数字化医院:将传统的医疗设备进行数字化改造,实现数字化设备远程管理、远程监控以及电子病历查阅等功能。

图 1.6　智慧医疗概念图

6. 智慧建筑

物联网技术应用于建筑领域,主要体现在用电照明、消防监测以及楼宇控制等。建筑是城市的基石,技术的进步促进了建筑的智能化发展;物联网技术的应用,让建筑向智慧建筑方向发展。智慧建筑如图 1.7 所示。智慧建筑是集感知、传输、记忆、判断和决策于一体的综合智能化建筑,越来越受到人们的关注。智慧建筑可以对楼宇中的设备进行感知并远程监控,不仅节约成本,还能减少运维成本。而对于古建筑,也可以进行白蚁(以木材为生的一种昆虫)监测,进而达到保护古建筑的目的。

图 1.7　智慧建筑

7．智能制造

物联网技术智能制造业可实现工厂的数字化和智能化改造。制造领域的市场体量巨大，是物联网技术的一个重要应用领域，主要体现在数字化以及智能化的工厂改造上，包括工厂机械设备监控和工厂的环境监控。智能制造如图 1.8 所示。

图 1.8   智能制造

通过在设备上加装物联网装备，使设备厂商可以远程随时随地对设备进行监控、升级和维护等操作，更好地了解产品的使用状况，完成产品全生命周期的信息收集，指导产品设计和售后服务；而厂房的环境监控主要包括空气温湿度、烟感等。

数字化工厂的核心特点是：产品的智能化、生产的自动化、信息流和物资流合一。目前，从世界范围看，还没有一家企业宣布建成一座完全数字化的工厂。近些年来，一些企业开始给行业内其他企业提供以生产环节为基础的数字化和智能化工厂改造方案。企业的数字化和智能化改造大体分成 4 个阶段：自动化产线与生产装备、设备联网与数据采集、数据的打通与直接应用、数据智能分析与应用。这 4 个阶段并不按照严格的顺序进行，各阶段也不是孤立的，边界较模糊。

8．智能家居

智能家居指的是使用各种技术和设备，来提高人们的生活方式，使家庭变得更舒适、安全和高效。物联网应用于智能家居领域，能够对家居类产品的位置、状态、变化进行监测，分析其变化特征，同时根据人们的需要，在一定的程度上进行反馈。

智能家居行业的发展主要分为三个阶段：单品连接、物物联动和平台集成，其发展的方向是首先连接智能家居单品，随后走向不同单品之间的联动，最后向智能家居系统平台发展，进行统一的运营。当前，各个智能家居类企业正在从单品向物物联动的过渡。

① 单品连接：这个阶段是将各个产品通过传输网络，如 Wi-Fi、蓝牙、ZigBee 等进行连接，对每个单品单独控制。

② 物物联动：目前，各个智能家居企业将自家的所有产品进行联网、系统集成，使得各产品间能联动控制，但不同的企业单品还不能联动。

③ 平台集成：智能家居发展的最终阶段，根据统一的标准，使各企业单品能相互兼容，目前还没有发展到这个阶段。

9. 智能零售

智能零售依托于物联网技术,主要体现了两大应用场景,即自动售货机和无人便利店。行业内将零售按照距离分为三种不同的形式:远场零售、中场零售、近场零售,三者分别以电商、商场/超市和便利店/自动售货机为代表,智能零售如图 1.9 所示。物联网技术可以用于近场和中场零售,且主要应用于近场零售,即无人便利店和无人售货机。

图 1.9　智能零售

智能零售通过将传统的售货机和便利店进行数字化升级、改造,形成无人零售模式。通过数据分析,并充分运用门店内的客流和活动,为用户提供更好的服务,为商家提供更高的经营效率。

① 自动售货机:自动售货机也叫无人售货机,分为单品售货机和多品售货机,通过物联网平台进行数据传输、客户验证、购物车提交、到扣款回执。

② 无人便利店:采用 RFID 技术,用户仅须扫码开门,便可进行商品选购,关门之后系统会自动识别所选商品,并自动完成扣款结算。

10. 智慧农业

智慧农业指的是利用物联网、人工智能、大数据等现代信息技术与农业深度融合,实现农业生产全过程的信息感知、精准管理和智能控制的一种全新的农业生产方式。智慧农业可实现农业可视化诊断、远程控制以及灾害预警等功能。农业分为农业种植和畜牧养殖两个方面。农业种植分为设施种植(温室大棚)和大田种植,主要包括播种、施肥、灌溉、除草以及病虫害防治等五个部分,以传感器、摄像头和卫星等收集数据,实现数字化和智能机械化发展。当前,数字化的实现多以数据平台服务来呈现,而智能机械化以农机自动驾驶为代表。畜牧养殖主要是将新技术、新理念应用在生产中,包括繁育、饲养以及疾病防疫等,且应用类型较少,因此用"精细化养殖"定义整体畜牧养殖环节。智慧农业如图 1.10 所示。

图 1.10　智慧农业

1.6　物联网技术发展趋势及前景

近年来,互联网产业发展日趋成熟,产业链及基础生态环境相当完善,市场容量已趋饱和,物联网作为下一个风口,成为众多设备制造商、网络供应商、系统集成商看好的突破方向。

将整体产业链按价值分类,硬件厂商的价值较小,传感器/芯片厂商和通信模块供应商约占整体产业价值的 15%,电信运营商提供的管道约占整体产业价值 15%,剩下 70% 的市场价值均由系统集成商、服务提供商、中间件及应用商占有,而这些占产业价值大头的公司通常都集多种角色为一体,以系统集成商的角色出现。

随着国内、国际电信运营商 5G 网络成功商业部署,物联网产业将迎来井喷式发展。未来,物联网产业前景不可估量。

第 2 部分　实验篇

第2章 感知层实验

2.1 STM32 实验

2.1.1 LED 控制实验

1. 实验目的

① 通过 LED 控制实验，了解并掌握如何控制 STM32 的 GPIO；

② 在 STM32 开发板上运行 LED 程序。

2. 实验环境

① 硬件：STM32 开发板，USB 接口仿真器，PC 机，串口线；

② 软件：Windows 7/Windows XP，IAR 集成开发环境，串口调试助手。

3. 实验原理

通过 STM32 开发板的引脚输出高低电平来控制 D4 和 D5 的亮与灭。图 2.1 所示为 LED 灯的驱动电路。

STM32 的 I/O 口分为 4 组，分别是 PA、PB、PC 和 PD。由 STM32 的电路原理图可以看出 D4 连接的是 PB8，D5 连接的是 PB9。本实验选择 PB8 和 PB9 I/O 引脚，PB8 与 PB9 分别控制 D5 和 D4，因此，在软件上只要配置好 PB8 口及 PB9 口即可。

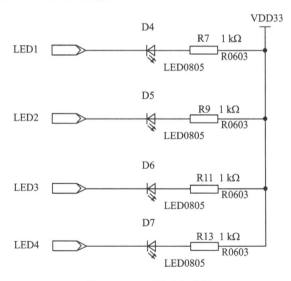

图 2.1 LED 驱动电路图

在 STM32 3.5 的程序库中，使用 SetBits() 或者 ReSetBits() 函数就可以对相应的引脚置高低电平，操作方法如下：

PB8 口置高电平：SetBits(GPIOB,GPIO_Pin_8);//D4 熄灭。

PB8 口置低电平：ReSetBits(GPIOB,GPIO_Pin_8);//D4 点亮。

PB9 口置高低电平的方法与 PB8 口类似。

4. 实验步骤

首次实验之前,需要在 PC 机上安装 JLINK 仿真器的驱动程序。在网上下载"Setup_JLinkARM_V426.exe"即可安装。安装完成之后,在 PC 机的"开始"列表里面会显示一个"SEGGER"文件夹。安装完驱动程序之后要进行相应的配置才能将实验程序正确地烧写到 STM32 开发板中。配置过程如下:

① 单击 PC 机的"开始",找到图 2.2 所示的程序列表,并打开名为"J‑Flash ARM"的程序;

② 打开该程序后,进入图 2.3 所示界面,单击"Options"选择"Project settings",进入设置界面,在"Target Interface"界面的第一个下拉框列表中选择"SWD",然后进入

图 2.2 JLINK 驱动程序内的程序显示列表

"CPU"的设置界面,在 Device 选项框中选择"ST STM32F103CB",设置完毕后单击"确定"。

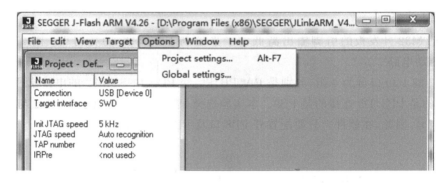

图 2.3 配置界面

③ 正确连接 JLINK 仿真器到 PC 机和 STM32 板,用串口线一端连接 STM32 开发板,另一端连接 PC 机串口。用 IAR 开发环境打开实验程序,双击 Project 图标,打开应用程序,然后单击"Rebuild All"重新编译工程。将连接好的硬件平台通电(STM32 电源开关必须拨到"ON"),接下来选择"Project"→"Download and debug"将程序下载到 STM32 开发板中。打开 J‑FlashARM 软件,单击"Target"→"Connect"。软件连接如图 2.4 所示。

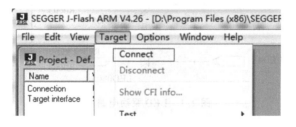

图 2.4 仿真器软件连接

④ 连接成功后,在 LOG 窗口下显示"Connected successfully",表示连接成功,如图 2.5 所示。

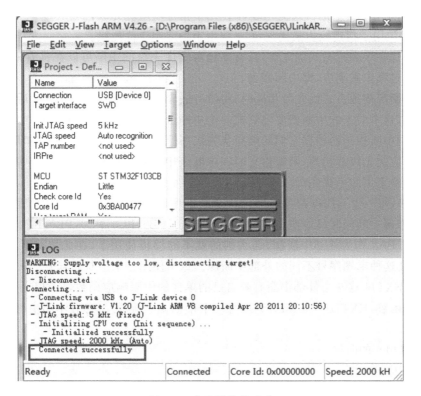

图 2.5　仿真器连接成功

2.1.2　按键中断实验

1. 实验目的

① 通过按键中断实验,了解并掌握如何使用 STM32 的外部中断;

② 在 STM32 开发板上运行按键中断程序。

2. 实验环境

① 硬件:STM32 开发板,USB 接口仿真器,PC 机,串口线;

② 软件:Windows 7/Windows XP,IAR 集成开发环境,串口调试助手。

3. 实验原理

STM32 目前支持的中断共 84 个(16 个内部中断和 68 个外部中断),还可以设置 16 级可编程的中断优先级,仅使用中断优先级设置 8 位中的高 4 位和 16 个抢占优先级。STM32 可支持 68 个中断通道,已经固定分配给相应的外部设备,每个中断通道都具备自己的中断优先级控制字节 PRI_n(8 位,但是 STM32 中只有高 4 位有效),每 4 个通道的 8 位中断优先级控制字构成一个 32 位的优先级寄存器。68 个通道的优先级控制字至少构成 17 个 32 位的优先级寄存器。

4 位的中断优先级从高位看,前面定义的是抢占式优先级,后面是响应优先级。按照这种分组,4 位一共可以分成 5 组:

第 0 组:0 位用于指定抢占式优先级,4 位用于指定响应优先级;

第 1 组:1 位用于指定抢占式优先级,3 位用于指定响应优先级;

第 2 组:2 位用于指定抢占式优先级,2 位用于指定响应优先级;

第 3 组:3 位用于指定抢占式优先级,1 位用于指定响应优先级;

第 4 组:4 位用于指定抢占式优先级,0 位用于指定响应优先级。

对于响应优先级和抢占式优先级,具有高抢占式优先级的中断可以在具有低抢占式优先级的中断处理过程中被响应,即中断嵌套。

当两个中断源的抢占式优先级相同时,将没有嵌套关系。当一个中断到来后,如果正在处理另一个中断,这个后来的中断就要等到前一个中断处理完之后才能被处理。如果这两个中断同时到达,则中断控制器根据它们的响应优先级高低来决定哪个优先处理;如果它们的抢占式优先级和响应优先级都相等,则根据它们在中断表中的排位顺序决定先处理哪一个。每一个中断源都必须定义 2 个优先级。

STM32 中,每一个 GPIO 都可以触发一个外部中断。但是,GPIO 的中断是以组为单位的,同组间的外部中断同时只能使用一个。比如,PA0,PB0,PC0,PD0,PE0,PF0,PG0 这些为 1 组,如果使用 PA0 作为外部中断源,那么别的就不能够再使用了,在此情况下,只能使用类似于 PB1,PC2 这种末端序号不同的外部中断源。每组使用一个中断标志 EXTIx。

EXTI0～EXTI4 这 5 个外部中断有着自己的单独的中断响应函数,EXTI5～EXTI9 共用一个中断响应函数,EXTI10～EXTI15 共用一个中断响应函数。使用外部中断的基本步骤如下:

① 设置好相应的时钟;

② 设置相应的中断;

③ IO 口初始化;

④ 把相应的 IO 口设置为中断线路(要在设置外部中断之前)并初始化;

⑤ 在选择的中断通道的响应函数中中断函数。

在本次实验中设定 PA0 和 PA1 为外部中断口,具体外部中断流程如图 2.6 所示。外部中断 0 下降沿触发中断,外部中断 1 上升沿触发中断。在中断函数中跳变 LED 灯,以标记进入中断函数,同时向串口发送数据。按下 K1 键,进入外部中断 0,跳变 D4 灯,向串口发送"K1pressed";按下 K2 键,进入外部中断 1,D5 跳变,向串口发送"K2pressed"数据。

4. 实验步骤

① 正确连接 JLINK 仿真器到 PC 机和 STM32 板,用串口线一端连接 STM32 开发板,另一端连接 PC 机串口。

② 用 IAR 开发环境打开实验项目文件,选择"Project"→"Rebuild All"重新编译工程。

③ 将连接好的硬件平台通电(STM32 电源开关必须拨到"ON"),接下来选择"Project"→"Download and debug"将程序下载到 STM32 开发板中。

④ 下载完后可以单击"Debug"→"Go"程序全速运行,也可以将 STM32 开发板重新上电或按下复位按钮让下载的程序重新运行。

⑤ 程序成功运行后,在 PC 机上打开串口助手或者超级终

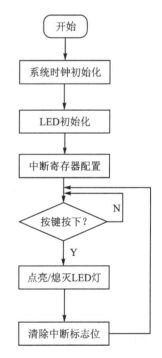

图 2.6 外部中断流程图

端,设置接收的波特率为 115 200。当显示"Stm32 example start"后,分别按下 K1 和 K2 两个按键,可以看到两盏灯分别点亮和熄灭,同时终端上显示哪个按键被按下。

2.1.3　串口实验

1. 实验目的

① 通过本次串口实验,了解并掌握如何使用 STM32 的串口发送和接收数据;

② 在 STM32 开发板上运行串口通信程序。

2. 实验环境

① 硬件:STM32 开发板,USB 接口仿真器,PC 机,串口线;

② 软件:Windows 7/Windows XP,IAR 集成开发环境,串口调试助手。

3. 实验原理

串口是一种计算机通用设备通信的协议。大多数计算机包含两个基于 RS232 的串口。串口同时也是仪器仪表设备通用的通信协议,很多 GPIB 兼容的设备也带有 RS232 串口。同时,串口通信协议也可以用于获取远程采集设备的数据。

串口通信的概念非常简单,串口按位发送和接收字节。尽管比按字节的并行通信慢,但是串口可以在使用一根线发送数据的同时用另一根线接收数据。它很简单并且能够实现远距离通信。比如 IEEE488 定义并行通信状态时,规定设备线总长不得超过 20 m,并且任意两个设备间的长度不得超过 2 m;而对于串口通信来说,长度可达 1 200 m。

典型地,串口用于 ASCII 码字符的传输。通信使用三根线完成:一根是地线,一根是发送数据线,一根是接收数据线。由于串口通信是异步通信,端口在一根线上发送数据的同时在另一根线上接收数据。其他线用于握手,但不是必需的。串口通信最重要的参数有数据位、波特率、奇偶校验和停止位,对于两个进行通信的端口,这些参数必须匹配。

① 波特率:这是一个衡量通信速度的参数,表示每秒钟传送的位的个数。例如 300 波特率表示每秒钟发送 300 个位。当提到时钟周期时,就是指波特率。例如协议需要 4 800 波特率,那么时钟的频率为 4 800 Hz。这意味着串口通信在数据线上的采样率为 4 800 Hz。波特率可以远远大于这些值,但是波特率和距离成反比。所以高波特率常被用在距离很近的仪器间的通信,典型的例子就是 GPIB 设备的通信。

② 数据位:这是衡量通信中实际数据位的参数。当计算机发送一个信息包,实际的数据不会是 8 位的,标准的值是 5,7 和 8 位。如何设置取决于想要传送的信息。比如,标准的 ASCII 码是 0~127(7 位)。扩展的 ASCII 码是 0~255(8 位)。如果数据使用简单的文本,那么每个数据包使用 7 位数据。每个包是指一个字节,包括开始/停止位、数据位和奇偶校验位。由于实际数据位取决于通信协议的选取,术语"包"指任何通信的情况。

③ 停止位:用于表示单个包的最后一位。典型的值为 1,1.5 和 2 位。由于数据是在传输线上定时的,并且每一个设备有自己的时钟,很可能在通信中两台设备间出现一点不同步。因此停止位不仅仅是表示传输的结束,并且提供计算机校正时钟同步的机会。适用于停止位的位数越多,不同时钟同步的容错率越大,数据传输率越慢。

④ 奇偶校验位:在串口通信中一种简单的检错方式。串口通信有四种检错方式:奇、偶、低和高,没有校验位也是可以的。对于奇偶校验的情况,串口会设置校验位(数据位后面的一位),用一个值确保传输的数据有偶数或者奇数个逻辑高位。例如,如果数据是 011,那么对于偶校验,校验位为 0,保证逻辑高的位数是偶数。如果是奇校验,校验位为 1,这样就有 3 个逻

辑高位。高位和低位并不会真正的检查数据,简单置位逻辑高或者逻辑低校验。这样使得接收设备能够知道某位的状态,有机会判断是否有噪声干扰了通信或者是否传输和接收数据是否同步。

USART 通过 3 个引脚与其他设备连接在一起,任何 USART 双向通信至少需要 2 个引脚:接收数据输入(RX)和发送数据输出(TX)。

RX:接收数据串行输入。通过采样技术来区别数据和噪声,从而恢复数据。

TX:发送数据输出。当发送器被禁止时,输出引脚恢复到它的 I/O 端口配置。当发送器被激活,并且不发送数据时,TX 引脚是高电平。在单线和智能卡模式里,此 I/O 口被同时用于数据的发送和接收。

因此,本实验的关键是配置 RX、TX 引脚。本实验开发板上 PA10 引脚为 RX,PA9 引脚复用为 TX,只需要配置好这两个引脚和实现相应的发送接收函数就可以让串口正常工作。图 2.7 为本次串口实验的流程图。

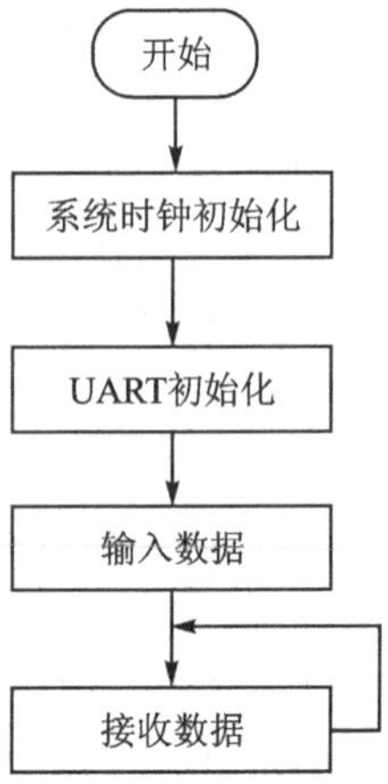

图 2.7　串口实验流程图

4. 实验步骤

① 正确连接 JLINK 仿真器到 PC 机和 STM32 板,用串口线一端连接 STM32 开发板,另一端连接 PC 机串口。

② 用 IAR 开发环境打开实验工程文件,选择"Project"→"Rebuild All"重新编译工程。

③ 将连接好的硬件平台通电(STM32 电源开关必须拨到"ON"),接下来选择"Project"→"Download and debug"将程序下载到 STM32 开发板中。

④ 下载完后可以单击"Debug"→"Go"实现程序全速运行;也可以将 STM32 开发板重新上电或者按下复位按钮让下载的程序重新运行。

⑤ 程序成功运行后,在 PC 机上打开串口助手或者超级终端,设置接收的波特率为 115 200。接收区将会显示如下信息:

```
Stm32 example start !
please enter a charater;
A
```

此时通过串口调试助手发送一个字符,比如 A,就会显示如下信息:

```
The charater is A
```

2.1.4　SYSTICK 定时器实验

1. 实验目的

① 通过本次实验掌握定时器的使用;

② 在 STM32 开发板上运行定时器程序。

2. 实验环境

① 硬件:STM32 开发板、USB 接口仿真器、PC 机、串口线;

② 软件:Windows 7/Windows XP、IAR 集成开发环境、串口调试助手。

3. 实验原理

STM32 Cortex 的内核中包含一个 SysTick 时钟。SysTick 为 24 位递减计数器,SysTick 设定初值并使能后,每经过 1 个系统时钟周期,计数值就减 1,计数到 0 时,SysTick 计数器自动重装初值并继续计数,同时内部的 COUNTFLAG 标志会置位,在中断使能的情况下触发中断。

在 STM32 的应用中,使用 Cortex – M3 内核的 SysTick 作为定时时钟,并设定每 1 ms 产生一次中断,在中断处理函数中对 TimingDelay 减 1,在 delay_ms()函数中循环检测 Timing-Delay 是否为 0,不为 0 则进行循环等待,若为 0,则关闭 SysTick 时钟,退出函数。

使用 SysTick 定时器的方法及步骤如下:

① 初始化函数 SysTick_Configuration(void)放在 while()循环外,执行一次:

```
Void SysTick_Configuration(void)
{
/* Select AHBclock(HCLK) asSysTickclocksource 设置 AHB 时钟为 SysTick 时钟 */
SysTick_CLKSourceConfig(SysTick_CLKSource_HCLK);
/* Set SysTick Priority to 3 设置 SysTicks 中断抢占优先级 3,从优先级 0 */
NVIC_SystemHandlerPriorityConfig(SystemHandler_SysTick,3,0);
/* SysTick interrupt each 1ms with HCLK equal to 72MHz 每 1ms 发生一次 SysTick 中断 */
SysTick_SetReload(72000);
/* Enable the SysTick Interrupt */
SysTick_ITConfig(ENABLE);
}
```

② 延时函数,需要延时处调用:

```
void delay_ms(__IO uint32_t nTime)
{
    TimingDelay = nTime;
    while(TimingDelay != 0);
}
```

③ 中断函数,定时器减至零时调用:

```
void SysTick_Handler()
{
    if(TimingDelay != 0x00)
    {
    TimingDelay -- ;
    }
}
```

4. 实验步骤

① 正确连接 JLINK 仿真器到 PC 机和 STM32 板,用串口线一端连接 STM32 开发板,另一端连接 PC 机串口。

② 用 IAR 开发环境打开实验工程文件,选择"Project"→"Rebuild All"重新编译工程。

③ 将连接好的硬件平台通电(STM32 电源开关必须拨到"ON"),接下来选择"Project"→

"Download and debug"将程序下载到 STM32 开发板中。

④ 下载完后可以单击"Debug"→"Go"实现程序全速运行;也可以将 STM32 开发板重新上电或者按下复位按钮让刚才下载的程序重新运行。

⑤ 程序成功运行后,在 PC 机上打开串口助手或者超级终端,设置接收的波特率为 115 200,接收区将会显示如下信息:

```
Stm32 example start ! Hello Word !
```

并且,每隔一秒后接收区会再显示一次:

```
Stm32 example start ! Hello World !
```

2.1.5　LCD 显示实验

1. 实验目的

① 通过本次实验,理解 LCD 显示的原理,掌握 STM32 的 LCD 屏幕的使用;

② 在 STM32 开发板上运行 LCD 显示的程序。

2. 实验环境

① 硬件:STM32 开发板、USB 接口仿真器、PC 机、LCD18_Node 显示屏、串口线;

② 软件:Windows 7/Windows XP、IAR 集成开发环境、串口调试助手。

3. 实验原理

(1) LCD/LCM 的基本概念

液晶显示器(LCD)是通过在两个平行玻璃之间放置液晶构成的。两个玻璃的中间有许多小的垂直和水平导线,通过通电或不通电来控制棒状晶体分子方向,进而折射光以产生图像。

LCM(LCD Module)即 LCD 显示模组、液晶模块,是指将液晶显示器件、连接件、控制与驱动等外围电路、PCB 电路板、背光源、结构件等装配在一起的组件。LCM 实物如图 2.8 所示。

在平时的学习开发中,一般使用的是 LCM,其带有驱动 IC 和 LCD 屏幕等多个模块。

图 2.8　LCM 实物图

(2) 操作方式

在 STM32 上开发 LCD 显示,可以有两种方式来对 LCD 进行操作,一种是通过普通的 IO 口,连接 LCM 的相应引脚来进行操作,第 2 种是通过 FSMC 来进行操作。本次实验是通过 IO 口对 LCD 来进行操作。

在本次实验当中,STM32 与 LCD 模块的数据通信采用 SPI 总线方式,SPI 是通过普通 IO 口模拟 SPI 的时序实现的。LCD 的正常工作,是 STM32 通过 SPI 总线向 LCD 模块的寄存器写命令数据实现的。

4. 实验步骤

① 正确连接 JLINK 仿真器到 PC 机和 STM32 板,用串口线一端连接 STM32 开发板,另一端连接 PC 机串口。

② 将 LCD 显示屏正确连接到开发板。

③ 用 IAR 开发环境打开实验工程文件,选择"Project"→"Rebuild All"重新编译工程。

④ 将连接好的硬件平台通电(STM32 电源开关必须拨到"ON"),接下来选择"Project"→"Download and debug"将程序下载到 STM32 开发板中。

⑤ 下载完后可以单击"Debug"→"Go"实现程序全速运行,也可以将 STM32 开发板重新上电或按下复位按钮让下载的程序重新运行。

⑥ 程序成功运行后,在 PC 机上打开串口助手或者超级终端,设置接收的波特率为 115 200,在串口调试助手的接收区将会显示如下信息:

Stm32 example start !

同时 LCD 显示屏上显示不同颜色的单词:

```
This --------------- 红色
is  --------------- 绿色
a   --------------- 红色
LCD --------------- 白色
example ----------- 黑色。
```

2.1.6　RTC 实验

1. 实验目的

① 通过本次实验,掌握 STM32 的 RTC 时钟的使用,具体内容包括使用库函数来初始化 RTC、启动 RTC 时钟以及读写 RTC 寄存器;

② 在 STM32 开发板上运行 RTC 的程序。

2. 实验环境

① 硬件:STM32 开发板、USB 接口仿真器、PC 机、串口线;

② 软件:Windows 7/Windows XP、IAR 集成开发环境、串口调试助手。

3. 实验原理

STM32F103x 系列的 RTC 实际是一个独立的定时器,其可以使用的时钟源可以有以下 3 种:

① HSE:外置晶振。

② HIS:内置 RC 振荡。

③ LSE:外置 RTC 振荡。

STM32 启动首先使用的是 HIS 振荡,在确认 HSE 振荡可用的情况下,才可以使用 HSE。当 HSE 出现问题,STM32 可以自动切换回 HIS 振荡维持工作。

RTC 由 APB1 总线接口和一组可编程计数器构成。APB1 总线接口用来和 APB1 总线相连,此部分还包含一个 16 位寄存器,可以通过 APB1 总线对其进行读写操作。APB1 总线接口由 APB1 总线时钟驱动,用来与 APB1 总线连接,主要用于 CPU 与 RTC 进行通信,以设置 RTC 寄存器。可编程序计数器是 RTC 的核心,其分成两个主要模块,一个是 RTC 的预分频模块,可编程产生最长为 1 s 的 RTC 时间基准 TR_CLK。RTC 的预分频模块包含了一个 20 位的可编程分频器,如果在 RTC_CR 寄存器中设置了相应的允许位,则在每个 TR_CLK 周期中 RTC 产生一个中断(秒中断)。图 2.9 为 RTC 程序流程图。

4. 实验步骤

① 正确连接 JLINK 仿真器到 PC 机和 STM32 板,用串口线一端连接 STM32 开发板,另

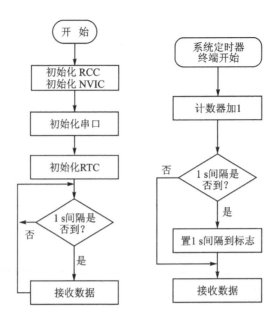

图 2.9　RTC 程序流程图

一端连接 PC 机串口。

② 用 IAR 开发环境打开实验工程文件,选择"Project"→"Rebuild All"重新编译工程。

③ 将连接好的硬件平台通电(STM32 电源开关必须拨到"ON"),接下来选择"Project"→"Download and debug"将程序下载到 STM32 开发板中。

④ 下载完后可以单击"Debug"→"Go"实现程序全速运行;也可以将 STM32 开发板重新上电或者按下复位按钮让下载的程序重新运行。

⑤ 程序成功运行后,在 PC 机上打开串口助手或者超级终端,设置接收的波特率为 115 200,接收区将会显示如下信息:

```
Stm32 example start !
2020 年 2 月 12 日
14h:52m:35s
    14h:52m:36s
......
```

并且,每一秒钟都会重新输出一次时间。

2.1.7　独立"看门狗"实验

1. 实验目的

① 通过本次实验,掌握并学会如何使用独立"看门狗";

② 在 STM32 开发板上运行独立"看门狗"程序。

2. 实验环境

① 硬件:STM32 开发板、USB 接口仿真器、PC 机、串口线;

② 软件:Windows 7/Windows XP、IAR 集成开发环境、串口调试助手。

3. 实验原理

"看门狗(Watch Dog)",准确地说应该是"看门狗"定时器,是专门用来监测单片机程序运行状态的电路结构。"看门狗"工作原理如图 2.10 所示,基本原理是:启动"看门狗"定时器后,它就会从 0 开始计数,若程序在规定的时间间隔内没有及时对其清零,"看门狗"定时器就会复位系统(相当于重启电脑)。

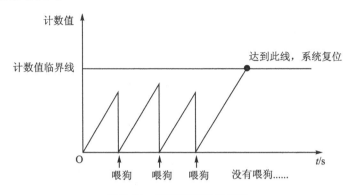

图 2.10　"看门狗"工作原理

"看门狗"的使用可以总结为:选择模式→选择定时器间隔→放狗→喂狗。实验流程如图 2.11 所示。

4. 实验步骤

① 正确连接 JLINK 仿真器到 PC 机和 STM32 板,用串口线一端连接 STM32 开发板,另一端连接 PC 机串口。

② 用 IAR 开发环境打开实验工程文件,选择"Project"→"Rebuild All"重新编译工程。

③ 将连接好的硬件平台通电(STM32 电源开关必须拨到"ON"),接下来选择"Project"→"Download and debug"将程序下载到 STM32 开发板中。

④ 下载完后可以单击"Debug"→"Go"实现程序全速运行;也可以将 STM32 开发板重新上电或者按下复位按钮让下载的程序重新运行。

⑤ 程序成功运行后,在 PC 机上打开串口助手或者超级终端,设置接收的波特率为 115 200,接收区将会显示如下信息:

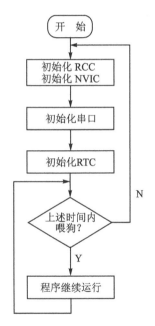

图 2.11　"看门狗"实验流程图

```
Stm32 example start !
    Delay 100ms
    Delay 200ms
    ......
```

当延时 1 s 以上时,将来不及喂狗,于是 STM32 将会复位,复位后会看到 STM32 重新开始运行,又在终端显示:

```
Stm32 example start!
```

2.1.8 窗口"看门狗"实验

1. 实验目的

① 通过本次实验,掌握 STM32 的窗口"看门狗"的使用;

② 在 STM32 开发板上运行窗口"看门狗"程序。

2. 实验环境

① 硬件:STM32 开发板、USB 接口仿真器、PC 机、串口线;

② 软件:Windows 7/Windows XP、IAR 集成开发环境、串口调试助手。

3. 实验原理

窗口"看门狗"通常被用来检测由外部干扰或者不可预见的逻辑条件造成的应用程序背离正常的运行行列而产生的软件故障。除非递减计数器的值在 T6 位变成 0 前被刷新,"看门狗"电路在达到预置的时间周期时,会产生一个 MCU 复位。在递减计数器达到窗口寄存器数值之前,如果 7 位的递减计数器数值(在控制寄存器中)被刷新,那么也将产生一个 MCU 复位。这表明递减计数器需要在一个有限的时间窗口中被刷新。

窗口"看门狗"的主要特性如下:

① 可编程的自由运行递减计数器。

② 条件复位。当递减计数器的值小于 0x40,若"看门狗"被启动,则产生复位。当递减计数器在窗口外被重新装载,若"看门狗"被启动,则产生复位。

③ 如果启动了"看门狗"并且允许中断,当递减计数器等于 0x40 时,产生早期唤醒中断(EWI),它可以被用于重载计数器以避免窗口"看门狗"(WWDG)复位。

如果"看门狗"被启动(WWDG_CR 寄存器中的 WDGA 位被置于 1),并且当 7 位递减计数器 0x40 翻转到 0x3F 时,则产生一个复位。如果软件在计数器值大于窗口寄存器中的数值时重新装载计算器,将产生一个复位。

应用程序在正常运行过程中必须定期地写入 WWDG_CR 寄存器,以防止 MCU 发生复位。只有当计数器值小于窗口寄存器的值时,才能进行写操作。储存在 WWDG_CR 寄存器中的数值必须在 0xFF~0xC0 之间。

4. 实验步骤

① 正确连接 JLINK 仿真器到 PC 机和 STM32 板,用串口线一端连接 STM32 开发板,另一端连接 PC 机串口。

② 用 IAR 开发环境打开实验工程文件,选择"Project"→"Rebuild All"重新编译工程。

③ 将连接好的硬件平台通电(STM32 电源开关必须拨到"ON"),接下来选择"Project"→"Download and debug"将程序下载到 STM32 开发板中。

④ 下载完后可以单击"Debug"→"Go"程序全速运行;也可以将 STM32 开发板重新上电或者按下复位按钮让刚才下载的程序重新运行。

⑤ 程序成功运行后,在 PC 机上打开串口助手或者超级终端,设置接收的波特率为 115 200,将会在接收区看到如下信息:

```
Stm32 example start!
```

此时,由于窗口关门狗相对于独立看门狗来说所需要的喂狗时间较短,而且可以产生一个中断,所以此时很快就会进入到窗口关门狗的中断内部,在中断里,我们将会喂狗,而且打印

WWDG RELOADED 信息,同时 D4 反转一次。

所以,可以看到终端快速地显示"WWDG RELOADED",同时开发板上的 D4 灯快速地闪烁。

2.1.9　定时器中断实验

1. 实验目的

① 通过本次实验,掌握 STM32 的定时器的使用;

② 在 STM32 开发板上运行定时器中断程序。

2. 实验环境

① 硬件:STM32 开发板、USB 接口仿真器、PC 机、串口线;

② 软件:Windows 7/Windows XP、IAR 集成开发环境、串口调试助手。

3. 实验原理

通用定时器由一个通过可编程预分频器驱动的 16 位自动装载计数器构成,适用于测量输入信号的脉冲长度(输入捕获)或者产生输出波形(输出比较和 PWM)。使用定时器预分频器和 RCC 时钟控制器预分频器,脉冲长度和波形周期可以在几个微秒到几个毫秒间调整。每个定时器都是完全独立的,没有互相共享任何资源。

通用 TIMx(TIM2、TIM3、TIM4 和 TIM5)定时器功能有:

① 16 位向上、向下、向上/向下自动装载计数器。

② 16 位可编程(可以实时修改)预分频器,计数器时钟频率的分频系数为 1～65 536 之间的任意数值。

③ 4 个独立通道:输入捕获、输出比较、PWM 生成(边缘或中间对齐模式)、单脉冲模式输出。

④ 使用外部信号控制定时器和定时器互连的同步电路。

⑤ 以下事件发生时产生中断/DMA:更新,计数器向上溢出/向下溢出,计数器初始化(通过软件或者内部/外部触发);触发事件(计数器启动、停止、初始化或者由内部/外部触发计数);输入捕获;输出比较。

⑥ 支持针对定位的增量(正交)编码器和霍尔传感器电路。

⑦ 触发输入作为外部时钟或者按周期的电流管理。

在本次实验中用到了 TIME2、TIME3 和 TIME4 定时器。使用 TIME2 定时器每 500 ms 一次溢出中断,TIME3 每 250 ms 一次溢出中断,TIME4 每 1 000 ms 一次溢出中断。定时器寄存器溢出后,能自动重载。进入 TIME2 定时器中断,跳变一次 D5;进入 TIME3 定时器中断,跳变一次 LED3;进入 TIME4 定时器中断,跳变一次 LED4。

图 2.12 为定时器的实验流程图。

4. 实验步骤

① 正确连接 JLINK 仿真器到 PC 机和 STM32 板,用

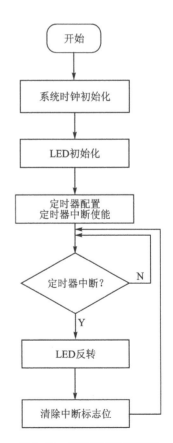

图 2.12　定时器实验流程图

串口线一端连接 STM32 开发板,另一端连接 PC 机串口。

② 用 IAR 开发环境打开实验工程文件,选择"Project"→"Rebuild All"重新编译工程。

③ 将连接好的硬件平台通电(STM32 电源开关必须拨到"ON"),接下来选择"Project"→"Download and debug"将程序下载到 STM32 开发板中。

④ 下载完后可以单击"Debug"→"Go"实现程序全速运行;也可以将 STM32 开发板重新上电或者按下复位按钮让下载的程序重新运行。

⑤ 程序成功运行后,在 PC 机上打开串口助手或者超级终端,设置接收的波特率为 115 200。由于这里开了三个定时器,其中定时器 2 的周期是 500 ms,定时器 3 的周期是 250 ms,定时器 4 的周期是 1 000 ms,对应的三个中断操作分别是 D4 反转、D5 反转、打印"This is timer test",所以实验板上 D4 以 1 s 为周期闪烁,D5 以 500 ms 为周期闪烁,打开串口助手或者超级终端,接收区将会显示如下信息:

```
Stm32 example start !
This is timer test!
......
```

2.1.10 内部温度传感实验

1. 实验目的

① 通过本次实验,掌握 STM32 的内部温度传感器的使用;

② 在 STM32 开发板上运行内部传感器的程序。

2. 实验环境

① 硬件:STM32 开发板、USB 接口仿真器、PC 机、串口线;

② 软件:Windows 7/Windows XP、IAR 集成开发环境、串口调试助手。

3. 实验原理

温度传感器产生一个与器件基材温度成正比的电压,该电压作为一个单端输入提供给 ADC 模数转换器的多路开关,当选择温度传感器作为 ADC 的一个输入并且 ADC 启动一次转换后可以经过简单数学运算将 ADC 的输出结果转换成用度数表示的温度。在本次实验中,学习使用 ADC 多通道转换方式,来验证温度测量的准确性。

在使用温度传感器之前:选择 ADCx_IN16 输入通道,选择采样时间大于 2.2 μs,设置 ADC 控制器 2(ADC_CR2)的 TSVREFE 位,以唤醒观点模式下的温度传感器;

通过设置 ADON 位启动 ADC 转换(或用外部触发),读取 ADC 数据寄存器上的 V_{SENSE} 数据结果。

温度计算式为

$$温度(℃) = \{(V_{25} - V_{\text{SENSE}})/\text{Avg\_Slope}\} + 25$$

式中:V_{25} 为 V_{SENSE} 在 25 ℃时的数值;Avg_Slope 为温度与 V_{SENSE} 曲线的平均斜率(单位为 mV/℃或 μV/℃)。

图 2.13 是温度传感器框图。当传感器没有被使用时,可以置于关电模式。

4. 实验步骤

① 正确连接 JLINK 仿真器到 PC 机和 STM32 板,用串口线一端连接 STM32 开发板,另一端连接 PC 机串口。

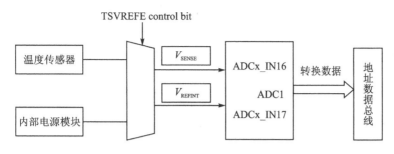

图 2.13　温度传感器框图

② 用 IAR 开发环境打开实验工程文件,选择"Project"→"Rebuild All"重新编译工程。

③ 将连接好的硬件平台通电(STM32 电源开关必须拨到"ON"),接下来选择"Project"→"Download and debug"将程序下载到 STM32 开发板中。

④ 下载完后可以单击"Debug"→"Go"实现程序全速运行;也可以将 STM32 开发板重新上电或者按下复位按钮让下载的程序重新运行。

⑤ 程序成功运行后,在 PC 机上打开串口助手或者超级终端,设置接收的波特率为 115 200,接收区将会显示如下信息:

```
Stm32 example start!
```

然后终端会每隔一秒显示一次温度,比如(显示的温度与使用环境温度和开发板通电时间均相关):

```
33.8 degree
```

此时用手轻轻触摸 STM32 芯片,可以看到温度值渐渐上升,例如:

```
34.2 degree
34.6 degree
```

2.1.11　DMA 实验

1. 实验目的

① 通过本次实验,掌握 STM32 的 DMA 的使用;

② 在 STM32 开发板上运行 DMA 实验程序。

2. 实验环境

① 硬件:STM32 开发板、USB 接口仿真器、PC 机、串口线;

② 软件:Windows 7/Windows XP、IAR 集成开发环境,串口调试助手。

3. 实验原理

DMA 即直接存储器访问。DMA 传输方式无需 CPU 直接控制传输,也没有中断处理方式那样保留现场和恢复现场的过程。为使 CPU 的效率大大提高,通过硬件为 RAM 与 I/O 设备开辟一条直接传送数据的通路,STM32F10x 有 1 个 DMA 控制器,表 2.1 所列为 DMA 各通道信息。

下面将针对 DMA 进行介绍。从外设(TIMx、ADC、SPIx、I2Cx 和 USARTx)产生的 DMA 请求,通过逻辑或输入到 DMA 控制器,这意味着此时只能有一个请求有效。外设的

DMA 请求,可以通过设置相应的外设寄存器中的控制位,被独立地开启或关闭。

表 2.1   DMA 各个通道

外设	通道1	通道2	通道3	通道4	通道5	通道6	通道7
ADC	ADC1						
SPI		SPI1_RX	SPI1_TX	SPI2_RX	SPI1_TX		
USART		USART3_TX	USART3_RX	USART1_TX	USART1_RX	USART2_RX	
I²C				I2C2_TX	I2C2_RX	I2C1_TX	I2C1_RX
TIM1		TIM1_CH1	TIM1_CH2	TIM1_TX4 TIM1_TRIG TIM1_COM	TIM1_UP	TIM1_CH3	
TIM2	TIM2_CH3	TIM2_UP			TIM2_CH1		TIM2_CH2 TIM2_CH4
TIM3		TIM3_CH3	TIM3_CH4 TIM3_UP			TIM3_CH1 TIM3_TRIG	
	TIM4_CH1			TIM4_CH2	TIM4_CH3		TIM4_UP

以通道 1 为例来解释通道或,通道 1 的几个 DMA1 请求(ADC1、TIM2_CH3、TIM4_CH1)是通过逻辑或到通道 1 的,这样在同一时间,就只能使用其中的一个。其他通道也类似。

这里要使用的是串口 1 的 DMA 传送,也就是要用到通道 4。下面介绍 DMA 设置相关的几个重要寄存器。

第一个是 DMA 中断状态寄存器(DMA_ISR),该寄存器的各标志位描述如表 2.2 所列。

表 2.2   寄存器 DMA_ISR 各位描述

31	30	29	28	27	26	25	24	23	22	21	20	19	18	17	16
保留				TEIF7	HTIF7	TCIF7	GIF7	TEIF6	HTIF6	TCIF6	GIF6	TEIF5	HTIF5	TCIF5	GIF5
				r	r	r	r	r	r	r	r	r	r	r	r

15	14	13	12	11	10	9	8	7	6	5	4	3	2	1	0
TEIF4	HTIF4	TCIF4	GIF4	TEIF3	HTIF3	TCIF3	GIF3	TEIF2	HTIF2	TCIF2	GIF2	TEIF1	HTIF1	TCIF1	GIF1
r	r	r	r	r	r	r	r	r	r	r	r	r	r	r	r

位 31:28	保留,始终读为 0
位 27,23,19,15,11,7,3	TEIFx:通道 x 的传输错误标志(x=1…7) 硬件设置这些位。在 DMA_IFCR 寄存器的相应位写入'1'可以清除这里对应的标志位 0:在通道 x 没有传输错误(TE) 1:在通道 x 发生了传输错误(TE)
位 26,22,18,14,10,6,2	HTIFx:通道 x 的半传输标志(x=1…7) 硬件设置这些位。在 DMA_IFCR 寄存器的相应位写入'1'可以清除这里对应的标志位 0:在通道 x 没有半传输事件(HT) 0:在通道 x 产生了半传输事件(HT)

位 25,21,17,13,9,5,1	TCIFx:通道 x 的传输完成标志(x=1…7) 硬件设置这些位。在 DMA_IFCR 寄存器的相应位写入'1'可以清除这里对应的标志位 0:在通道 x 没有传输完成事件(TC) 0:在通道 x 产生了传输完成事件(TC)
位 24,20,16,12,8,4,0	GIFx:通道 x 的全局中断标志(x=1…7) 硬件设置这些位。在 DMA_IFCR 寄存器的相应位写入'1'可以清除这里对应的标志位 0:在通道 x 没有 TE、HT 或者 TC 事件 0:在通道 x 产生了 TE、HT 或 TC 事件

如果开启了 DMA_ISR 中的这些中断,在达到条件后系统 CPU 就会对中断服务函数有操作权限,即使没开启,也可以通过查询这些位来获得当前 DMA 传输的状态。常用的是 TCIFx,即通道 DMA 传输完成与否的标志。

第二个是 DMA 中断标志清除寄存器(DMA_IFCR),该寄存器的各位描述如表 2.3 所列。

表 2.3　寄存器 DMA_IFCR 各位描述

31	30	29	28	27	26	25	24	23	22	21	20	19	18	17	16
				TEIF7	HTIF7	TCIF7	GIF7	TEIF6	HTIF6	TCIF6	GIF6	TEIF5	HTIF5	TCIF5	GIF5
				r	r	r	r	r	r	r	r	r	r	r	r

15	14	13	12	11	10	9	8	7	6	5	4	3	2	1	0
TEIF4	HTIF4	TCIF4	GIF4	TEIF3	HTIF3	TCIF3	GIF3	TEIF2	HTIF2	TCIF2	GIF2	TEIF1	HTIF1	TCIF1	GIF1
R	r	r	r	r	r	r	r	r	r	r	r	r	r	r	r

位 31:28	保留,始终读为 0
位 27,23,19,15,11,7,3	TEIFx:通道 x 的传输错误标志(x=1…7)硬件设置这些位。在 DMA_IFCR 寄存器的相应位写入'1'可以清除这里对应的标志位 0:在通道 x 没有传输错误(TE) 1:在通道 x 发生了传输错误(TE)
位 26,22,18,14,10,6,2	HTIFx:通道 x 的半传输标志(x=1…7)硬件设置这些位。在 DMA_IFCR 寄存器的相应位写入'1'可以清除这里对应的标志位 0:在通道 x 没有半传输事件(HT) 1:在通道 x 产生了半传输事件(HT)
位 25,21,17,13,9,5,1	TCIFx:通道 x 的传输完成标志(x=1…7)硬件设置这些位。在 DMA_IFCR 寄存器的相应位写入'1'可以清除这里对应的标志 0:在通道 x 没有传输完成事件(TC) 1:在通道 x 产生了传输完成事件(TC)
位 24,20,16,12,8,4,0	GIFx:通道 x 的全局中断标志(x=1…7)硬件设置这些位。在 DMA_IFCR 寄存器的相应位写入'1'可以清除这里对应的标志 0:在通道 x 没有 TE、HT 或者 TC 事件 1:在通道 x 产生了 TE、HT 或 TC 事件

第三个是 DMA 通道 x 配置寄存器(DMA_CCRx)(x=1～7,下同),该寄存器控制着

DMA 的很多相关信息,包括数据宽度、外设及存储器的宽度、通道优先级、增量模式、传输方向、中断允许、使能等。所以 DMA_CCRx 是 DMA 传输的核心控制寄存器。

第四个是 DMA 通道 x 传输数据量寄存器(DMA_CNDTRx),该寄存器控制 DMA 通道 x 的每次传输所要传输的数据量。其设置范围为 0～65 535,并且该寄存器的值会随着传输的进行而减少,当该寄存器的值为 0 时就代表此次数据传输已经全部发送完成。所以可以通过这个寄存器的值来知道当前 DMA 传输的进度。

第五个是 DMA 通道 x 的外设地址寄存器(DMA_CPARx),该寄存器用来存储 STM32 外设的地址,比如使用串口 1,那么该寄存器必须写入 0x40013804(其实就是 &USART1_DR)。如果使用其他外设,就修改成相应外设的地址。

最后一个是 DMA 通道 x 的存储器地址寄存器(DMA_CMARx),该寄存器和 DMA_CPARx 差不多,但是是用来放存储器的地址的。比如使用 SendBuf[5200]数组来做存储器,那么在 DMA_CMARx 中写入 &SendBuff 即可。

4. 实验步骤

① 正确连接 JLINK 仿真器到 PC 机和 STM32 板,用串口线一端连接 STM32 开发板,另一端连接 PC 机串口。

② 在 PC 机上打开串口调试软件,设置好波特率为 115 200。

③ 用 IAR 开发环境打开实验项目文件,选择"Project"→"Rebuild All"重新编译工程。

④ 将连接好的硬件平台通电(STM32 电源开关必须拨到"ON"),接下来选择"Project"→"Download and debug"将程序下载到 STM32 开发板中。

⑤ 下载完后可以单击"Debug"→"Go"实现程序全速运行;也可以将 STM32 开发板重新上电或者按下复位按钮让下载的程序重新运行。

⑥ 程序成功运行后,在 PC 机上打开串口助手或者超级终端,设置接收的波特率为 115 200,接收区将会显示如下信息:

```
Stm32 example start !
DMA Test
DMA Test
……
```

2.2 传感器实验

2.2.1 温湿度传感器实验

1. 实验目的

① 掌握 DHT11 温湿度传感器的使用;

② 通过 STM32 读取 DHT11 的温湿度数据,并通过串口显示出来。

2. 实验环境

① 硬件:STM32 开发板、USB 接口仿真器、PC 机、串口线、温湿度节点板;

② 软件:Windows 7/Windows XP、IAR 集成开发环境、串口调试工具(超级终端)。

3. 实验原理

通过 STM32 IO 口模拟 DHT11 的读取时序,读取 DHT11 的温湿度数据。

4. 实验内容

温湿度传感器实验代码通过读取 DHT11 的温湿度数据,然后从串口输出显示。

DHT11 数字温湿度传感器采用专用的数字模块采集技术和温湿度传感技术,确保产品具有极高的可靠性与长期稳定性,是一款含有已校准数字信号输出的温湿度复合传感器。传感器包括一个电阻式感湿元件和一个 NTC 测温元件,与一个高性能 8 位单片机相连接。因此该产品具有品质卓越、响应快、抗干扰能力强、性价比极高等优点。每个 DHT11 传感器都在极为精确的湿度校验室中进行校准。校准系数以程序的形式储存在 OTP 内存中,传感器内部在检测信号的处理过程中要调用这些校准系数。单线制串行接口,使系统集成变得简单快捷。超小的体积、极低的功耗、信号传输距离可达 20 m 以上,使其成为各类应用甚至最为苛刻的应用场合的最佳选择。该传感器使用 4 针单排引脚封装,连接方便。

DHT11 的串行接口

DATA 用于微处理器与 DHT11 之间的通信和同步,采用单总线数据格式。一次通信时间 4 ms 左右,数据分小数部分和整数部分,具体格式在下面说明,当前小数部分用于以后扩展,现读出为零。操作流程如下:

一次完整的数据传输 40 位,高位先出。

数据格式:8 位湿度整数数据＋8 位湿度小数数据＋8 位温度整数数据＋8 位温度小数数据＋8 位校验和。

数据传送正确时校验和数据等于"8 位湿度整数数据加 8 位湿度小数数据加 8 位温度整数数据加 8 位温度小数数据加 8 位校验和。"所得结果的末 8 位。STM32 发送一次开始信号后,DHT11 从低功耗模式转换到高速模式,等待主机开始信号结束后,DHT11 发送响应信号,送出 40 位的数据,并触发一次信号采集,用户可选择读取部分数据。从模式下,DHT11 接收到开始信号触发一次温湿度采集,如果没有接收到主机发送开始信号,DHT11 不会主动进行温湿度采集。采集数据后转换到低速模式。通信过程如图 2.14 和图 2.15 所示。

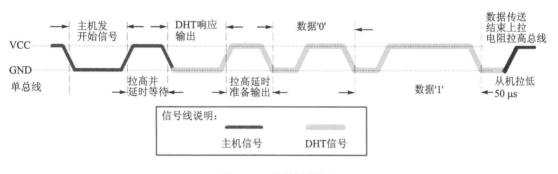

图 2.14　通信过程(1)

总线空闲状态为高电平,主机把总线拉低等待 DHT11 响应,主机把总线拉低必须大于 18 ms,保证 DHT11 能检测到起始信号。DHT11 接收到主机的开始信号后,等待主机开始信号结束,然后发送 80 μs 低电平响应信号。主机发送开始信号结束后,延时等待 20～40 μs 后,读取 DHT11 的响应信号,主机发送开始信号后,可以切换到输入模式,或者输出高电平均可,总线由上拉电阻拉高。

总线为低电平,说明 DHT11 发送响应信号,DHT11 发送响应信号后,再把总线拉高

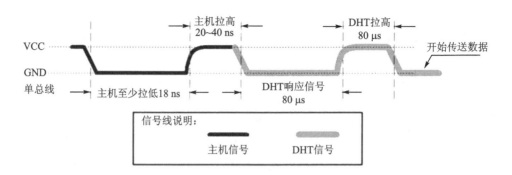

图 2.15 通信过程(2)

80 μs,准备发送数据,每一位数据都以 50 μs 低电平时隙开始,高电平的长短决定数据位是 0 还是 1,格式如图 2.16 和图 2.17 所示。如果读取响应信号为高电平,则 DHT11 没有响应,此时须检查线路是否连接正常。当最后一位数据传送完毕后,DHT11 拉低总线 50 μs,随后总线由上拉电阻拉高进入空闲状态。

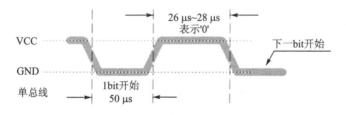

图 2.16 数字 0 信号表示方法

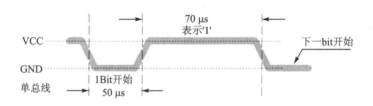

图 2.17 数字 1 信号表示方法

温湿度模块与 STM32 部分接口电路如图 2.18 所示,其中 GPIO 连接到试验台 P1 信号口。

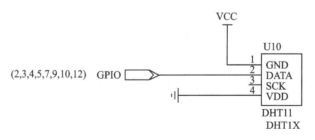

图 2.18 温湿度模块与 STM32 部分接口电路

5. 实验步骤

① 正确连接 JLINK 仿真器到 PC 机和 STM32 板,将温湿度传感器节点板正确连接到 STM32 开发板上。将串口线一端连接 STM32 开发板,另一端连接 PC 机串口。

② 用 IAR 开发环境打开实验项目文件,选择"Project"→"Rebuild All"重新编译工程。

③ 将连接好的硬件平台通电(STM32 电源开关必须拨到"ON"),接下来选择"Project"→"Download and debug"将程序下载到 STM32 开发板中。

④ 下载完后可以单击"Debug"→"Go"实现程序全速运行,也可以将 STM32 开发板重新上电或者按下复位按钮让下载的程序重新运行。

⑤ 程序成功运行后,在 PC 机上打开串口助手或者超级终端,设置接收的波特率为 115 200。

⑥ 观察串口调试工具接收区显示的数据。

6. 实验结果

在串口调试工具接收区会显示如下信息(实验数据与实验环境的温度湿度有关):

温度:24℃　　湿度:30%

此时,用手轻轻触摸传感器或者对传感器吹气,会发现温度值和湿度值都上升。

2.2.2　人体红外传感器实验

1. 实验目的

① 了解人体红外传感器原理并掌握红外传感器的使用;

② 通过 STM32 和人体红外传感器实现人体检测。

2. 实验环境

① 硬件:STM32 开发板、人体传感器节点板、USB 接口仿真器、PC 机、串口线;

② 软件:Windows 7/Windows XP、IAR 集成开发环境、串口调试工具。

3. 实验原理

普通人体会产生 10 μm 左右的特定波长的红外线,用专门设计的传感器就可以针对性的检测这种红外线是否存在,当人体红外线照射到传感器上后,因热释电效应将向外释放电荷,后续电路经检测处理后就能产生控制信号。

4. 实验内容

人体红外传感器实验代码通过检测 IO 口值的变化来读取人体红外传感器的控制信号。当检测到有人体活动时,输入的 IO 值发生变化。当传感器模块检测到有人入侵时,会返回一个 IO 口的控制信号,读取 IO 口的状态判断是否有人活动。

图 2.19 为人体红外模块与 STM32 的接口线原理图,其中 GPIO 连接到试验台的 P2 信号口,因此通过检测此 IO 口电平状态的变化,可判断是否检测到周围有人靠近,若该 IO 口为高电平则表示检测到有人靠近,若为低电平则没有检测到人靠近。

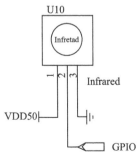

图 2.19　人体红外模块与 STM32 的接口线原理图

5. 实验步骤

① 正确连接 JLINK 仿真器到 PC 机和 STM32 板,将温

湿度传感器节点板正确连接到 STM32 开发板上。用串口线一端连接 STM32 开发板,另一端连接 PC 机串口。

② 用 IAR 开发环境打开实验项目文件,选择"Project"→"Rebuild All"重新编译工程。

③ 将连接好的硬件平台通电(STM32 电源开关必须拨到"ON"),接下来选择"Project"→"Download and debug"将程序下载到 STM32 开发板中。

④ 下载完后可以单击"Debug"→"Go"程序全速运行;也可以将 STM32 开发板重新上电或者按下复位按钮让刚才下载的程序重新运行。

⑤ 程序成功运行后,程序成功运行后,在 PC 机上打开串口助手或者超级终端,设置接收的波特率为 115200。

⑥ 观察串口调试工具接收区显示的数据。

6. 实验结果

在串口调试工具的接收区会显示如下信息:

```
No Human Detected !
```

若此时人体靠近传感器,会看到终端显示,例如,

```
Human Detected!!
……
```

2.2.3 光敏传感器实验

1. 实验目的

① 了解光敏传感器原理;

② 通过 STM32 开发板和光敏传感器实现光照检测。

2. 实验环境

① 硬件:STM32 开发板、USB 接口仿真器、PC 机、串口线、光敏传感器节点板;

② 软件:Windows 7/Windows XP、IAR 集成开发环境、串口调试工具。

3. 实验原理

光敏传感器是利用光敏元件将光信号转换为电信号的传感器,它的敏感波长在可见光波长附近,包括红外线波长和紫外线波长。光敏传感器不只局限于对光的探测,它还可以作为探测元件组成其他传感器,对许多非电量进行检测,只要将这些非电量转换为光信号的变化即可。

4. 实验内容

光敏传感器实验代码通过读取光敏传感器的控制信号,经 ADC 转换在串口显示。光照越强,显示的值越小。光敏模块与 STM32 开发板部分接口电路如图 2.20 所示。

图 2.20 中的 ADC 引脚连接实验台的 P4 信号口,通过此 IO 口输出的控制信号,可控制 ADC 转换得到相应数值。

5. 实验步骤

① 正确连接 JLINK 仿真器到 PC 机和 STM32 板,将温湿度传感器节点板正确连接到 STM32 开发板上。将串口线一端连接 STM32 开发板,另一端连接 PC 机串口。

② 用 IAR 开发环境打开实验项目文件,选择"Project"→"Rebuild All"重新编译工程。

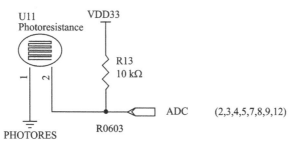

图 2.20 光敏模块与 STM32 部分接口电路

③ 将连接好的硬件平台通电(STM32 电源开关必须拨到"ON"),接下来选择"Project"→"Download and debug"将程序下载到 STM32 开发板中。

④ 下载完后可以单击"Debug"→"Go"实现程序全速运行,也可以将 STM32 开发板重新上电或者按下复位按钮让下载的程序重新运行。

⑤ 程序成功运行后,在 PC 机上打开串口助手或者超级终端,设置接收的波特率为 115 200。

⑥ 观察串口调试工具接收区显示的数据。

6. 实验结果

接收区显示如下信息(显示的值与实验环境的光照强度有关):

```
1.0 V
1.1 V
```

若此时用手遮挡光敏传感器,可以看到电压值上升,比如:

```
2.5 V
2.6 V
……
```

实验表明:光照越强,显示的 ADC 转换值越小。

2.2.4 继电器传感器实验

1. 实验目的

① 用 STM32 的 IO 口实现继电器控制;

② 通过本次实验,掌握继电器的使用。

2. 实验环境

① 硬件:STM32 开发板、继电器节点板、USB 接口仿真器、PC 机、串口线;

② 软件:Windows 7/Windows XP、IAR 集成开发环境、串口调试工具。

3. 实验原理

通过 STM32 的 IO 口输出高低电平实现继电器的控制。

4. 实验内容

继电器模块与 STM32 部分接口电路如图 2.21 和图 2.22 所示,其中 GPIO 对应实训台的 P1 信号口,ADC 对应实训台的 P2 信号口。

5. 实验步骤

① 正确连接 JLINK 仿真器到 PC 机和 STM32 板,将继电器传感器节点板正确连接到 STM32 开发板上。将串口线一端连接 STM32 开发板,另一端连接 PC 机串口。

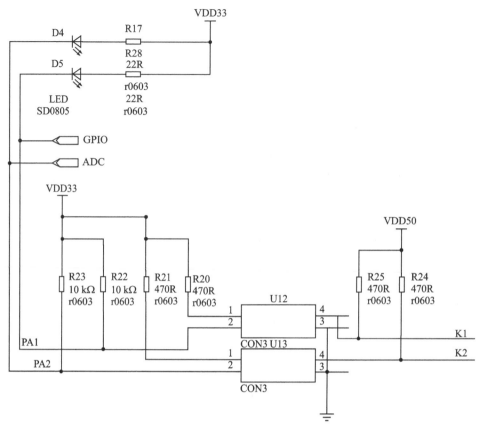

图 2.21　继电器模块

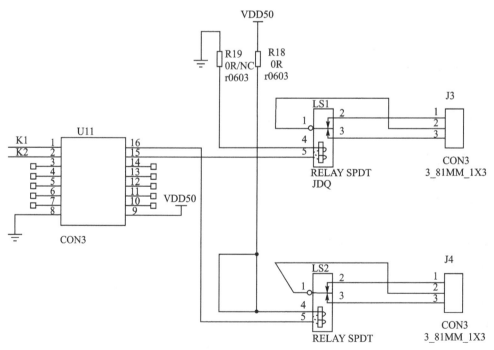

图 2.22　STM32 接口电路

② 用 IAR 开发环境打开实验项目文件,选择"Project"→"Rebuild All"重新编译工程。

③ 将连接好的硬件平台通电(STM32 电源开关必须拨到"ON"),然后选择"Project"→"Download and debug"将程序下载到 STM32 开发板中。

④ 下载完后可以单击"Debug"→"Go"实现程序全速运行,也可以将 STM32 开发板重新上电或者按下复位按钮让下载的程序重新运行。

⑤ 程序成功运行后,在 PC 机上打开串口助手或者超级终端,设置接收的波特率为 115 200。

6. 实验结果

串口调试工具的接收区显示如下信息:

```
relay reverse
relay reverse
......
```

可以看到继电器的节点板上的两个 LED 灯相互点亮,同时分别听到两个继电器发出"滴答"的响声,这表明两个继电器分别在工作。

2.2.5　可燃气体传感器实验

1. 实验目的

① 了解可燃气体传感器原理并掌握此传感器的使用;

② 通过 STM32 和可燃气体传感器实现对可燃气体的检测。

2. 实验环境

① 硬件:STM32 开发板、可燃气体传感器节点板、USB 接口仿真器、PC 机、串口线;

② 软件:Windows 7/Windows XP、IAR 集成开发环境、串口调试工具。

3. 实验原理

MQ－2 型可燃气体/烟雾传感器采用二氧化锡半导体气敏材料,属于表面离子式 N 型半导体。当温度为 200～300 ℃时,二氧化锡吸附空气中的氧,形成氧的负离子吸附,使半导体中的电子密度减少,从而使其电阻值增加。当与烟雾接触时,如果晶粒间界处的势垒受到该烟雾的影响而变化,就会引起表面电导率的变化。利用这一点就可以获得这种烟雾存在的信息,烟雾浓度越大,电导率越大输出电阻越低。使用简单的电路即可将电导率的变化转换为与该气体浓度相对应的输出信号。

4. 实验内容

可燃气体传感器实验代码通过读取可燃气体传感器的输出信号,经 ADC 转换在串口显示。当检测到附近有可燃气体时,ADC 转换的值发生变化。在本次实验中,可燃气体传感器的 ADC 口连接实验台的 P4 信号口,接口原理如图 2.23 所示。

5. 实验步骤

① 正确连接 JLINK 仿真器到 PC 机和 STM32 板,将可燃气体/烟雾传感器节点板正

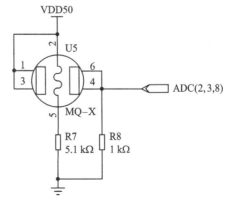

图 2.23　可燃气体传感器与 STM32 的接口原理图

确连接到 STM32 开发板上。将串口线一端连接 STM32 开发板,另一端连接 PC 机串口。

② 用 IAR 开发环境打开实验项目文件,选择"Project"→"Rebuild All"重新编译工程。

③ 将连接好的硬件平台通电(STM32 电源开关必须拨到"ON"),然后选择"Project"→"Download and debug"将程序下载到 STM32 开发板中。

④ 下载完后可以单击"Debug"→"Go"实现程序全速运行,也可以将 STM32 开发板重新上电或者按下复位按钮让下载的程序重新运行。

⑤ 程序成功运行后,在 PC 机上打开串口助手或者超级终端,设置接收的波特率为 115 200。

6. 实验结果

在串口调试工具的接收区显示如下信息:

```
0.2 V
Safe
```

若此时用打火机对着传感器喷可燃气体,传感器的电压值上升,表示检测到可燃气体并在接收区显示危险:

```
2.2 V
2.3 V
Dangerous!
……
```

2.3 灯控实验

2.3.1 LED 灯控实验

1. 实验目的

① 了解 RGB 灯的工作原理;

② 通过 STM32 实现对 RGB 灯的控制。

2. 实验环境

① 硬件:STM32 开发板、LED 灯控传感器节点板、USB 接口仿真器、PC 机;

② 软件:Windows 7/Windows XP、IAR 集成开发环境、串口调试工具。

3. 实验原理

LED 灯控实验中采用的是共阳 RGB 灯,RGB 灯由三个 LED 发光二极管组成(分别显示红光、绿光、蓝光),每个 LED 发光二极管的公共端连接 VCC。当控制 LED 发光二极管对应的引脚为低电平时,该发光二极管亮;当控制 LED 发光二极管对应的引脚为高电平时,该发光二极管灭。

4. 实验内容

LED 灯控实验代码通过给对应的引脚输出高低电平来实现对 RGB 灯的控制。在本次实验中,RGB 灯控传感器的 ADC,MISO,MOSI 口分别连接实训台的 P1,P2,P3 信号口,如图 2.24 所示。

5. 实验步骤

① 正确连接 JLINK 仿真器到 PC 机和 STM32 板,将 LED 灯控传感器节点板正确连接到 STM32 开发板上。

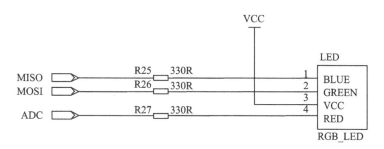

图 2.24　RGB 灯控传感器与 STM32 的接口原理图

② 用 IAR 开发环境打开实验工程文件,选择"Project"→"Rebuild All"重新编译工程。

③ 将连接好的硬件平台通电(STM32 电源开关必须拨到"ON"),然后选择"Project"→"Download and debug"将程序下载到 STM32 开发板中。

④ 下载完后可以单击"Debug"→"Go"实现程序全速运行,也可以将 STM32 开发板重新上电或者按下复位按钮让下载的程序重新运行。

⑤ 程序成功运行后,观察 RGB 灯的状态变化。

6. 实验结果

可以观察到蓝绿红灯交替闪烁,通过不同的组合输出高低电平可以得到更多颜色的灯光。

2.3.2　紧急按钮实验

1. 实验目的

① 了解紧急按钮传感器原理并掌握此传感器的使用;

② 通过 STM32 和紧急按钮传感器实现对 IO 的检测。

2. 实验环境

① 硬件:STM32 开发板、紧急按钮传感器节点板、USB 接口仿真器、PC 机、串口线;

② 软件:Windows 7/Windows XP、IAR 集成开发环境、串口调试工具。

3. 实验原理

紧急按钮一般用于紧急情况下的报警,其原理很简单,通过检测 IO 口的值来判断按钮是否按下。从图 2.25 可以看出,当按钮没被按下时,IO 口为高电平;当按钮被按下时,IO 口为低电平。

4. 实验内容

紧急按钮实验代码通过读取 IO 口的值来判断按钮是否按下,同时在串口显示提示信息。在本次实验中,紧急按钮传感器的 GPIO 口连接试验台的 P4 信号口,接口原理如图 2.25 所示。

5. 实验步骤

① 正确连接 JLINK 仿真器到 PC 机和 STM32 板,将紧急按钮传感器节点板正确连接到 STM32 开发板上。用串口线一端连接 STM32 开发板,另一端连接 PC 机串口。

② 用 IAR 开发环境打开实验项目文件,选择"Project"→"Rebuild All"重新编译工程。

③ 将连接好的硬件平台通电(STM32 电源开关必须拨到"ON"),接下来选择"Project"→"Download and debug"将程序下载到 STM32 开发板中。

④ 下载完后可以单击"Debug"→"Go"实现程序全速运行,也可以将 STM32 开发板重新上电或者按下复位按钮让下载的程序重新运行。

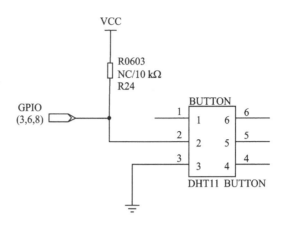

图 2.25　紧急按钮传感器与 STM32 的接口原理图

⑤ 程序成功运行后,在 PC 机上打开串口助手或者超级终端,设置接收的波特率为 115 200。

6. 实验结果

在串口调试工具的接收区显示如下信息:

```
No button pressed!
```

若此时按下紧急按钮,串口显示信息变为:

```
Button pressed!
……
```

2.3.3　数码管控制实验

1. 实验目的

① 了解数码管的工作原理;

② 通过 STM32 实现对数码管显示的控制。

2. 实验环境

① 硬件:STM32 开发板、数码管节点板、USB 接口仿真器、PC 机;

② 软件:Windows 7/Windows XP、IAR 集成开发环境、串口调试工具。

3. 实验原理

LED 数码管(LED Segment Displays)是由多个发光二极管封装在一起组成的“8”字型器件。LED 数码管的引线已在内部连接完成,只须引出想要的数字字形的笔画和公共电极即可。LED 数码管常用段数一般为七段,有的另加一个小数点。本次实验中使用的是两位八段共阳数码管,当某一字段发光二极管的阴极为低电平时,相应字段就点亮,当某一字段的阴极为高电平时,相应字段就不亮。

传感器上的 74HC595 是一款有一个 8 位移位寄存器和一个存储器,且具有三态输出功能的驱动芯片。移位寄存器和存储器分别具有独立的时钟信号。数据在 SHCP 的上升沿输入,在 STCP 的上升沿进入到存储寄存器中去。如果两个时钟连在一起,则移位寄存器总是比存储寄存器早一个脉冲。移位寄存器有一个串行移位输入(DS)、一个串行输出(Q7)和一个异步的低电平复位(MR);存储寄存器有一个并行 8 位的、具备三态的总线输出,当使能 OE 时

（为低电平），存储寄存器的数据输出到总线。

4. 实验内容

通过模拟 SPI 时序与 74HC595 进行通信来实现对数码管八段的控制，从而达到显示数字的效果。图 2.26 为数码管与 STM32 接口原理图，其中 MISO，MOSI，CS，SCK 分别对应实验台的 P1，P2，P3，P4 信号口。

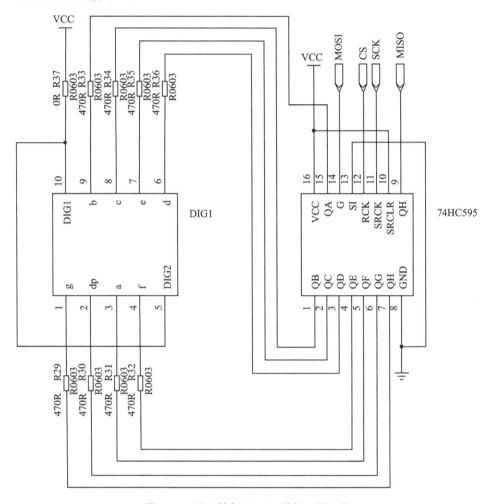

图 2.26　数码管与 STM32 的接口原理图

5. 实验步骤

① 正确连接 JLINK 仿真器到 PC 机和 STM32 板，将数码管传感器节点板正确连接到 STM32 开发板上。

② 用 IAR 开发环境打开实验项目文件，选择"Project"→"Rebuild All"重新编译工程。

③ 将连接好的硬件平台通电（STM32 电源开关必须拨到"ON"），接下来选择"Project"→"Download and debug"将程序下载到 STM32 开发板中。

④ 下载完后可以单击"Debug"→"Go"实现程序全速运行，也可以将 STM32 开发板重新上电或者按下复位按钮让下载的程序重新运行。

⑤ 程序成功运行后，观察数码管显示情况。

6. 实验结果

可以观察到数码管上循环显示数字 0～9。

2.4 电机控制实验

2.4.1 直流电机控制实验

1. 实验目的

① 了解直流电机的原理;

② 通过 STM32 实现对直流电机的控制。

2. 实验环境

① 硬件:STM32 开发板、直流电机传感器节点板、USB 接口仿真器、PC 机;

② 软件:Windows 7/Windows XP、IAR 集成开发环境、串口调试工具。

3. 实验原理

直流电机由定子、转子两部分组成。直流电机运行时静止不动的部分称为定子,定子的主要作用是产生磁场。直流电机运行时转动的部分称为转子,其主要作用是产生电磁转矩和感应电动势,是直流电机进行能量转换的枢纽,所以通常又称为电枢。定子由机座、主磁极、换向极、端盖、轴承和电刷装置等组成,转子由转轴、电枢铁心、电枢绕组、换向器和风扇等组成。

直流电机里面固定有环状永磁体,电流通过转子上的线圈产生安培力,当转子上的线圈与磁场平行时,再继续转时受到的磁场方向将改变,此时转子末端的电刷跟转换片交替接触,从而线圈上的电流方向也改变,产生的洛伦兹力方向不变,所以电机能保持一个方向转动。

4. 实验内容

直流电机控制实验代码通过设置 IO 口的电平来控制直流电机的转动。直流电机传感器与 STM32 部分接口电路如图 2.27 所示。

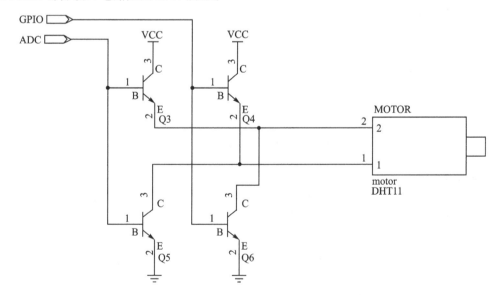

图 2.27 直流电机传感器与 STM32 部分接口电路

图 2.27 中的 GPIO 引脚连接到实验台的 P1 信号口,ADC 引脚连接到实训台的 P2 信

号口。

5. 实验步骤

① 正确连接 JLINK 仿真器到 PC 机和 STM32 板,将直流电机传感器节点板正确连接到 STM32 开发板上。

② 用 IAR 开发环境打开实验项目文件,选择"Project"→"Rebuild All"重新编译工程。

③ 将连接好的硬件平台通电(STM32 电源开关必须拨到"ON"),接下来选择"Project"→"Download and debug"将程序下载到 STM32 开发板中。

④ 下载完后可以单击"Debug"→"Go"实现程序全速运行,也可以将 STM32 开发板重新上电或者按下复位按钮让下载的程序重新运行。

⑤ 程序成功运行后,观察直流电机的转动状态。

6. 实验结果

可以观察到直流电机开始转动,每隔 10 s 状态变化一次(转—停—转)。

2.4.2　步进电机控制实验

1. 实验目的

① 了解步进电机的工作原理并掌握电机的使用方法;

② 通过 STM32 实现对步进电机的控制。

2. 实验环境

① 硬件:STM32 开发板、步进电机节点板、USB 接口仿真器、PC 机;

② 软件:Windows 7/Windows XP、IAR 集成开发环境、串口调试工具。

3. 实验原理

本次实验中使用的电机是步进电机,该电机为四相步进电机,采用单极性直流电源供电。只要对步进电机的各相绕组按合适的时序通电,就能使步进电机转动。图 2.28 是该四相反应式步进电机工作原理示意图。

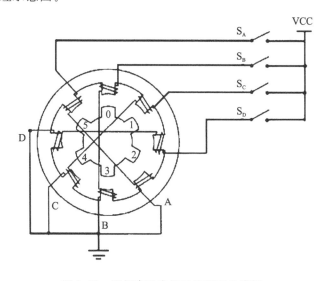

图 2.28　四相步进电机工作原理示意图

开始时,开关 S_B 接通电源,S_A,S_C,S_D 断开,B 相磁极和转子 0,3 号齿对齐,同时,转子的

1,4号齿就和C,D相绕组磁极产生错齿,2,5号齿就和D,A相绕组磁极产生错齿。

当开关S_C接通电源,S_B,S_A,S_D断开时,由于C相绕组的磁力线和1,4号齿之间磁力线的作用,使转子转动,1,4号齿和C相绕组的磁极对齐。而0,3号齿和A,B相绕组产生错齿,2,5号齿就和A,D相绕组磁极产生错齿。依次类推,A,B,C,D四相绕组轮流供电,则转子会沿着A,B,C,D方向转动。

4. 实验内容

从步进电机的工作原理可以看出,只要对连接在STM32开发板上的四个I/O口进行配置就可以让步进电机工作。图2.29为步进电机与STM32接口原理图,其中GPIO,ADC,MISO,MOSI分别对应实训台的P1,P2,P3,P4信号口。

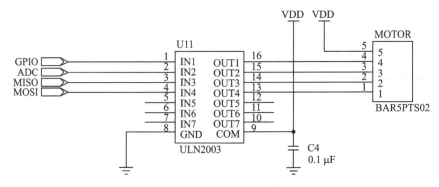

图2.29 步进电机和STM32的接口原理图

5. 实验步骤

① 正确连接JLINK仿真器到PC机和STM32板,将步进电机传感器节点板正确连接到STM32开发板上。

② 用IAR开发环境打开实验项目文件,选择"Project"→"Rebuild All"重新编译工程。

③ 将连接好的硬件平台通电(STM32电源开关必须拨到"ON"),接下来选择"Project"→"Download and debug"将程序下载到STM32开发板中。

④ 下载完后可以单击"Debug"→"Go"实现程序全速运行,也可以将STM32开发板重新上电或者按下复位按钮让下载的程序重新运行。

⑤ 程序成功运行后,观察步进电机转动方向的变化。

6. 实验结果

可以观察到步进电机在转动,每隔10 s转动方向反转一次。

第 3 章　网络层实验

3.1　ZigBee 无线通信实验

3.1.1　点对点通信实验

1. 实验目的

① 熟练掌握在 UIZB CC2530 节点板上运行相应实验程序；

② 学习通过射频通信的基本方法；

③ 练习使用 PC 机实现收发通信信息功能。

2. 实验环境

① 硬件平台：UIZB CC2530 节点板、USB 接口的 CC2530 仿真器、PC 机。

② 软件平台：Windows 7/Windows XP、IAR 集成开发环境、串口监控程序。

3. 实验原理

ZigBee 有三种通信模式：点播、组播和广播。点播，顾名思义就是点对点通信，即两个设备之间的通信，不允许第三个设备接收信息。多播，是对网络中的节点进行分组，每个成员发送的信息只能由具有相同组号的 PC 机设备接收。广播，所有的设备都可以接收由一个设备发送的信息，这也是 ZigBee 交流的基本方式。

在点对点通信过程中，接收节点先通电后初始化，然后通过 isrxon 指令打开 RF 接收机，等待接收数据，直到正确接收到数据，并通过串行口打印出来。通电后，发送节点和接收节点进行相同的初始化，然后将要发送的数据输出到 txfifo，最后调用指令 istxoncca 通过 RF 前端发送数据。

4. 实验内容

在点对点通信实验中，实现 ZigBee 点播通信。发送节点通过射频模块将数据发送到指定的接收节点。接收节点通过射频模块接收数据后，通过串行口将数据发送到 PC 机，并在串行口调试助手中显示。如果发送节点发送的数据的目标地址与接收节点的地址不匹配，则接收节点将不会接收数据。发送 ZigBee 通信信息的解析过程如下：

```
void main(void)
{
  halMcuInit();                        //初始化 mcu
  hal_led_init();                      //初始化 LED
  hal_uart_init();                     //初始化串口
  if (FAILED == halRfInit()) {         // halRfInit()为射频初始化函数
    HAL_ASSERT(FALSE);
  }
  // Config basicRF
  basicRfConfig.panId = PAN_ID;        //panId,让发送节点和接收节点处于同一网络内
  basicRfConfig.channel = RF_CHANNEL;  //通信信道
  basicRfConfig.ackRequest = TRUE;     //应答请求
# ifdef SECURITY_CCM
```

```
    basicRfConfig.securityKey = key;              //安全秘钥
#endif
    // Initialize BasicRF
#if NODE_TYPE
    basicRfConfig.myAddr = SEND_ADDR;             //发送地址
#else
basicRfConfig.myAddr = RECV_ADDR;                 //接收地址
#endif
    if(basicRfInit(&basicRfConfig) == FAILED) {
        HAL_ASSERT(FALSE);
    }
#if NODE_TYPE
    rfSendData();                                 //发送数据
#else
    rfRecvData();                                 //接收数据
#endif
}
```

以上功能主要实现:初始化 MCU,初始化 led,设置 P1.0P1.2P1.3 为公共 I/O 口并作为输出,设置 p2.0 为公共 I/O 口并作为输出。初始化串行端口 Hal UART init():配置 I/O 端口,设置波特率、奇偶校验位和停止位。初始化射频模块 halrfinit():设置网络标识、通信通道,定义发送地址和接收地址。接收节点调用 rfrecvdata()函数接收数据,发送节点调用 rf-senddata()函数发送数据。

射频模块的初始化代码解析如下:

```
uint8 halRfInit(void)
{
    // Enable auto ack and auto crc
    FRMCTRL0 |= (AUTO_ACK | AUTO_CRC);
    // Recommended RX settings
    TXFILTCFG = 0x09;
    AGCCTRL1 = 0x15;
    FSCAL1 = 0x00;
    // Enable random generator ->Not implemented yet
    // Enable CC2591 with High Gain Mode
    halPaLnaInit();
    // Enable RX interrupt
    halRfEnableRxInterrupt();
    return SUCCESS;
}
```

节点发送数据和接收数据的代码解析如下:

```
/* 射频模块发送数据函数 */
void rfSendData(void)
{
```

```
uint8 pTxData[] = {'H', 'e', 'l', 'l', 'o', ' ', 'c', 'c', '2', '5', '3', '0', '\r', '\n'};
                                                //定义要发送的数据
uint8 ret;
printf("send node start up...\r\n");
// Keep Receiver off when not needed to save power
basicRfReceiveOff();                            //关闭射频接收器
// Main loop
while (TRUE) {
ret = basicRfSendPacket(RECV_ADDR, pTxData, sizeof pTxData);  //点对点发送数据包
if (ret == SUCCESS) {
  hal_led_on(1);
  halMcuWaitMs(100);
  hal_led_off(1);
  halMcuWaitMs(900);
} else {
  hal_led_on(1);
  halMcuWaitMs(1000);
  hal_led_off(1);
}
}
}
/* 射频模块接收数据函数 */
void rfRecvData(void)
{
    uint8 pRxData[128];
    int rlen;
    printf("recv node start up...\r\n");
    basicRfReceiveOn();                          //开启射频接收器
    // Main loop
    while (TRUE) {
        while(! basicRfPacketIsReady());
        rlen = basicRfReceive(pRxData, sizeof pRxData, NULL);
        if(rlen > 0) {
          pRxData[rlen] = 0;
          printf((char *)pRxData);               //串口输出显示接收节接收到的数据
        }
    }
}
```

接收节点和发送节点的程序流程如图 3.1 所示。

5. 实验步骤

① 准备 2 块 CC2530 无线节点板,分别与厂用电源(220 V)连接;其中 1 块 CC2530 无线节点板,又通过 RS-232 交叉串行口线与 PC 机串行口连接。

② 打开 PC 机上的串行终端软件,将波特率设置为 19 200。

③ 双击实验程序,打开实验项目文件。

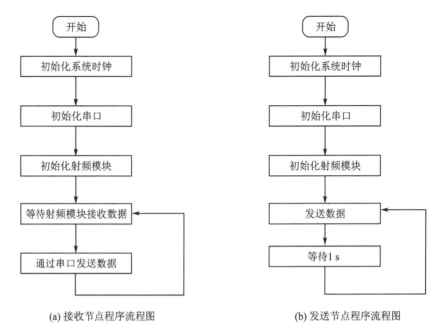

(a) 接收节点程序流程图　　　　　　　(b) 发送节点程序流程图

图 3.1　接收节点程序流程图和发送节点程序流程图

④ 打开"main. c"文件。RF_CHANNEL 宏定义了无线射频通信时使用的信道,在实验室中,当同时进行多组实验时,建议每组选择不同的通道,即每组使用不同的射频通道值(可以按顺序编号)。但在同一个实验中,两个节点需要在同一个信道中才能正确通信。

⑤ PAN_ID 用来表示不同的网络,在同一实验中,接收和发送节点需要配置为相同的值,否则两个节点将不能正常通信。

SEND_ADDR 发送节点的地址;RECV_ADDR 接收节点的地址。

⑥ 节点类型:0 表示接收节点,1 表示发送节点。在实验过程中,一个节点被定义为发送数据的节点,另一个节点被定义为接收数据的节点。

⑦ 修改"main. c"文件中的 NODE_TYPE 的值为 0,单击"保存",然后选择"Project"→"Rebuild All"重新编译工程。

⑧ 将 CC2530 仿真器连接到串口与 PC 机相连接的 CC2530 节点上,单击"Project"→"Download and debug"下载程序到节点板,此节点以下称为接收节点。

⑨ 修改"main. c"文件中的 NODE_TYPE 的值为 1,单击"保存",然后选择"Project"→"Rebuild All"重新编译工程。

⑩ 关闭接收节点的电源,卸下 CC2530 仿真器并将其连接到另一个节点,然后单击"Project"→"Download and debug"将程序下载到节点板,该节点板以下称为发送节点。

⑪ 确保接收节点的串行端口通过跨串行端口线连接到 PC 机的串行端口。

⑫ 接通接收节点的电源,检查 PC 上的串行端口输出。然后,发送节点通电。

⑬ 从 PC 机上串口调试助手观察接收节点收到的数据。

可以修改发送节点中发送数据的内容,然后编译并下载程序到发送节点,最后从串口调试助手观察收到的数据。

可以修改接收节点的地址,然后重新编译并下载程序到接收节点,最后从发送节点发送数据,观察接收节点能否正确接收数据。

6. 实验结果

发送节点将数据发送出去后,接收节点接收到数据,并通过串口调试助手打印输出。发送数据的最大长度为 125 字节(加上发送的数据长度和校验,实际发送的数据长度为 128 字节)。

3.1.2　广播通信实验

1. 实验目的

① 在 UIZB CC2530 节点板上运行源码程序;

② 理解广播的实现方式。

2. 实验环境

① 硬件:UIZB CC2530 节点板、USB 接口的 CC2530 仿真器、PC 机;

② 软件:Windows 7/Windows XP、IAR 集成开发环境、串口监控程序。

3. 实验原理

在 ZigBee 协议中,数据包可以通过单播、组播或广播传输。

当应用程序需要将数据包发送到网络的每个设备时,将使用广播模式。广播地址模式设置为 addrbroadcast,目标地址可以设置为以下广播地址之一:

① NWK_BROADCAST_SHORTADDR_DEVALL(0xFFFF),数据包将被传送到网络上的所有设备,包括睡眠模式的设备。对于睡眠模式中的设备数据包将被保留在其附近节点直到查询到它或者消息超时(NWK_INDIRECT_MSG_TIMEO 在 f8wConifg.cfg 中)。

② NWK_BROADCAST_SHORTADDR_DEVRXON(0xFFFD),数据包将被传送到网络上的所有打开接收的空闲设备(RXONWHENIDLE),也就是除了睡眠模式中的所有设备。

③ NWK_BROADCAST_SHORTADDR_DEVZCZR(0xFFFC),数据包发送给所有的路由器,包括协调器。

4. 实验内容

在本实验中,主要实现 ZigBee 广播通信。在发送节点中将目的地址设置为广播地址,让发送节点发送数据,接收节点在接收到数据后判断接收到的数据的目的地址。如果目的地址是其自己的地址或广播地址,则接收数据。

基于点对点射频通信实验,对广播通信实验进行了如下修改:

① 在"main.c"文件中修改发送节点和接收节点的地址宏;

② 修改 basicRfSendPacket 函数的第一个参数,将其改为广播地址 0xFFFF。修改如下:

```
ret = basicRfSendPacket(0xffff,pTxData,sizeof pTxData);
```

实验中一个节点通过射频向外广播数据"hello world!",如果数据成功发送出去,则发送节点向串口打印"packet sent successfull!",否则打印"packet sent failed!";接收节点接收到数据后向串口打印输出"packet received!"和接收的数据内容。

源码实现的解析过程如下:

```
void main(void)
{
    halMcuInit();                    //初始化 mcu
    hal_led_init();                  //初始化 LED
    hal_uart_init();                 //初始化串口
```

```
    if (FAILED == halRfInit()){          //halRfInit()为初始化射频模块函数
        HAL_ASSERT(FALSE);
    }
    // Config basicRF
    basicRfConfig.panId = PAN_ID;         //panID,让发送节点和接收节点处于同一网络内
    basicRfConfig.channel = RF_CHANNEL;   //通信信道
    basicRfConfig.ackRequest = TRUE;      //应答请求
# ifdef SECURITY_CCM
    basicRfConfig.securityKey = key;      //安全秘钥
# endif
    // Initialize BasicRF
# if NODE_TYPE
    basicRfConfig.myAddr = SEND_ADDR;     //发送地址
# else
    basicRfConfig.myAddr = RECV_ADDR;     //接收地址
# endif
    if(basicRfInit(&basicRfConfig) == FAILED) {
        HAL_ASSERT(FALSE);
    }
# if NODE_TYPE
    rfSendData();                         //发送数据
# else
    rfRecvData();                         //接收数据
# endif
}
```

主函数中主要实现了如下内容。

① 初始化 mcu 即 halMcuInit()：选用 32 kHz 时钟。

② 初始化 LED 灯 hal_led_init()：设置 P1.0、P1.2 和 P1.3 为普通 I/O 口并将其作为输出，设置 P2.0 为普通 I/O 口并将其作为输出。

③ 初始化串口 hal_uart_init()：配置 I/O 口、设置波特率、奇偶校验位和停止位。

④ 初始化射频模块 halRfInit()，设置网络 ID、通信信道，定义发送地址和接收地址。

⑤ 接收节点调用 rfRecvData()函数来接收数据，发送节点调用 rfSendData()函数来发送数据。

通过下面的代码来解析射频模块的初始化：

```
/* 初始化射频模块 */
uint8 halRfInit(void)
{
    // Enable auto ack and auto crc
    FRMCTRL0 | = (AUTO_ACK | AUTO_CRC);
    // Recommended RX settings
    TXFILTCFG = 0x09;
    AGCCTRL1 = 0x15;
    FSCAL1 = 0x00;
```

```
    // Enable random generator ->Not implemented yet
    // Enable CC2591 with High Gain Mode
    halPaLnaInit();
    // Enable RX interrupt
    halRfEnableRxInterrupt();
    return SUCCESS;
}
```

节点发送数据和接收数据的代码解析如下：

```
/ * 射频模块发送数据函数 */
void rfSendData(void)
{
    uint8 pTxData[] = {'H', 'e', 'l', 'l', 'o', ' ', 'c', 'c', '2', '5', '3', '0', '\r', '\n'};
                                                //定义要发送的数据包
    uint8 ret;
    // Keep Receiver off when not needed to save power
    basicRfReceiveOff();                        //关闭射频接收器

    // Main loop
    while (TRUE) {
        printf("Send: % s", pTxData);           //串口输出显示发送节点所发送的数据
        ret = basicRfSendPacket(0xffff, pTxData, sizeof pTxData);   //广播发送数据包
        if (ret == SUCCESS) {
            hal_led_on(1);
            halMcuWaitMs(100);
            hal_led_off(1);
            halMcuWaitMs(900);
        } else {
            hal_led_on(1);
            halMcuWaitMs(1000);
            hal_led_off(1);
        }
    }
}
/* 射频模块接收数据函数 */
void rfRecvData(void)
{
    uint8 pRxData[128];
    int rlen;
        basicRfReceiveOn();                     //开启射频接收器
        // Main loop
        while (TRUE) {
            while(! basicRfPacketIsReady());
            rlen = basicRfReceive(pRxData, sizeof pRxData, NULL);
            if(rlen > 0) {
                pRxData[rlen] = 0;
                printf("My Address % u , recv:", RECV_ADDR);   //串口输出显示接收节点的地址
                printf((char * )pRxData);                      //串口输出显示接收节接收到的数据
```

```
        }
    }
}
```

图 3.2 为接收节点和发送节点的程序流程图。

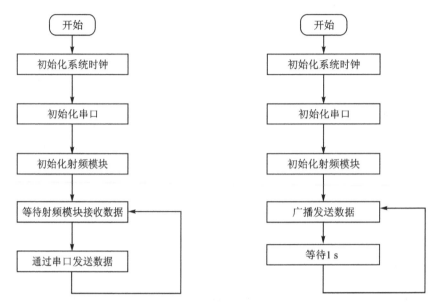

图 3.2　接收节点程序流程图和发送节点程序流程图

5. 实验步骤

① 准备三个 CC2530 无线节点板,并将它们分别连接到工厂电源。

② 打开实验项目文件。

③ 根据实验原理修改程序。首先,在"main"中设置节点类型变量"NODE_TYPE"的值为 0 作为接收节点,然后选择"Project"→"Rebuild All",重新编译工程。

④ 将 CC2530 仿真器连接到 CC2530 节点板之一,打开 CC2530 节点板的电源,然后单击"菜单"项目→"下载并调试"将程序下载到节点板上。以下将该节点称为接收节点 1。

⑤ 修改"main"中的节点短地址 RECV_ADDR 的值为 0x2510,保存,然后选择"Project"→"Rebuild All"重新编译工程。接下来通过 CC2530 仿真器把程序下载到另外一个 CC2530 节点板中,称为接收节点 2。

⑥ 将节点类型变量 NODE_TYPE 的值设置为 1,保存。然后选择"项目"→"全部重建以重新编译项目",并将其下载到 UIZB CC2530 节点板上作为发送节点。

⑦ 将发送节点通过串口线连接到 PC 上,在 PC 机上打开串口调试助手,配置串口助手波特率为 19 200。

⑧ 复位发送节点(让节点发送数据),可以看到串口调试助手上打印出如下发送情况:

```
Send:Hello CC2530
Send:Hello CC2530
Send:Hello CC2530
```

```
Send:Hello CC2530
Send:Hello CC2530
Send:Hello CC2530
```

⑨ 将接收节点 1 和接收接点 2 上电,依次通过串口线连接到 PC 上,可以看到如下串口调试助手上打印出接收的数据:

```
My Address 9504 , recv:Hello CC2530
My Address 9504 , recv:Hello CC2530
My Address 9504 , recv:Hello CC2530
My Address 9504 , recv:Hello CC2530
My Address 9504 , recv:Hello CC2530
My Address 9504 , recv:Hello CC2530
My Address 9488 , recv:Hello CC2530
My Address 9488 , recv:Hello CC2530
My Address 9488 , recv:Hello CC2530
My Address 9488 , recv:Hello CC2530
My Address 9488 , recv:Hello CC2530
```

6. 实验结果

实验中,只要节点为接收数据的节点,便能接收数据,实现射频广播的功能。事实上,若不考虑收发数据的地址,即是广播。

3.1.3　RSSI 采集实验

1. 实验目的

① 在 UIZB CC2530 节点板上运行自己的程序。

② 了解 RSSI 的获得方法。

2. 实验环境

① 硬件:UIZB CC2530 节点板 3 块、USB 接口的 CC2530 仿真器,PC 机;

② 软件:Windows 7/Windows XP、IAR 集成开发环境、串口监控程序。

3. 实验原理

RSSI(Received Signal Strength Indication)接收的信号强度指示,无线发送层的可选部分,用来判定链接质量,以及是否增大广播发送强度。

RSSI 技术是一种定位技术,它通过接收到的信号强度来测量信号点与接收点之间的距离,然后根据相应的数据进行定位计算,例如 CC2431 定位引擎采用的技术和算法,ZigBee 网络中的无线传感器芯片。

接收器测量电路获得的接收器输入的平均信号强度指示。该测量通常不包括天线增益或传输系统的损耗。RSSI 是在反向信道的基带接收滤波器之后实现的。

为了获得反向信号的特性,在 RSSI 的具体实现中进行以下处理:通过 104 μs 的基带 IQ 功率积分获得 RSSI 的瞬时值,即 RSSI(瞬时)＝sum(I^2＋Q^2);然后在约 1 s 时间内对 8 192 个 RSSI 的瞬时值进行平均以得到 RSSI 的平均值,即 RSSI(平均)＝sum(RSSI(瞬时))/8192,同时给出 1 s 内 RSSI 瞬时值的最大值和 RSSI 瞬时值大于某一门限时的比率(RSSI 瞬时值大于某一门限的个数/8 192)。由于 RSSI 是通过数字域中的功率积分获得的,然后反向外推到天线端口,因此反向信道信号的不一致传输特性将影响 RSSI 的精度。

CC2530 芯片具有一个特殊的寄存器来读取 RSSI 值。接收到数据包后,CC2530 芯片中的协处理器将数据包的 RSSI 值写入寄存器。RSSI 的产生过程如图 3.3 所示。

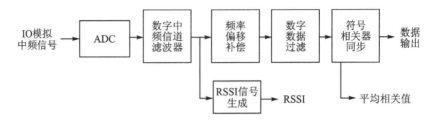

图 3.3 RSSI 的产生过程

RSS 值和接收信号功率的换算关系如下:$P = RSSI\_VAL + RSSI\_OFFSET$ [dBm]

式中,RSSI_OFFSET 是经验值,一般取 -45,在收发节点距离固定的情况下,RSSI 值随发射功率线性增长。

CC2530 芯片有一个内置的接收信号强度指示器,其数值为 8 位有符号的二进制补码,可以从寄存器 RSSIL.RSSI_VAL 读出,RSSI 值总是通过 8 个符号周期内,取平均值得到的,此为获得 RSSI 的一种方法,但是当数据接收以后这个寄存器没有被锁定,因此不宜把寄存器 RSSIL.RSSI_VAL 的值作为 RSSI 值。另外当 MDMCTRL0L.AUTOCRC 设置为 1 时(这在初始化中的函数 BOOL halRfConfig(UINT8 channel)中已通过 MDMCTRL0L |= AUTO_CRC;设定),两个 FCS 字节被 RSSI 值、平均相关值(用于链路质量指示 LQI)和 CRC OK/not OK 所取代,第一个帧校验序列(FCS)字节被 8 位的 RSSI 值取代,也可以在接收数据时读出。最后将接收的数据和 RSSI 值打印输出。

4. 实验内容

在实验中,一个节点通过 RF 将数据"Node:#"发送到另一节点。如果成功发送了数据,则发送节点的 D7 指示灯闪烁。否则,发送节点的 D7 指示灯会长时间点亮(关闭时间非常短)。在接收到数据之后,接收节点将接收到的数据内容和接收到的 RSSI 值打印到串行端口。以下是源代码实现的解析过程:

宏定义和全局变量定义如下:

```
/* 宏定义 */
#define RF_CHANNEL              25           // 2.4 GHz RF(无线电频率)信道
#define PAN_ID                  0x2007       //网络地址
#define SEND_ADDR               0x2530       //发送地址
#define RECV_ADDR               0x2520       //接收地址
#define NODE_TYPE               0            //0:接收节点,!0:发送节点
/* 全局变量 */
static basicRfCfg_t basicRfConfig;          //基本的无线电频率配置
```

发射节点发送数据函数实现如下：

```c
/* 发送数据 */
void rfSendData(void)
{
uint8 pTxData[] = {'N', 'o', 'd', 'e', ':', '0' + NODE_TYPE, 0}; //要发送的数据
    uint8 ret;
    //关闭接收器
    basicRfReceiveOff();
    //主循环
    while (TRUE) {
        //发送数据包
        ret = basicRfSendPacket(RECV_ADDR, pTxData, sizeof pTxData);
        if (ret == SUCCESS) {                         //发送成功,D7 闪烁
            hal_led_on(1);
            halMcuWaitMs(100);
            hal_led_off(1);
            halMcuWaitMs(900);
        } else {                                      //发送失败,D7 长亮(熄灭时间很短)
            hal_led_on(1);
            halMcuWaitMs(1000);
            hal_led_off(1);
        }
    }
}
```

接收节点接收数据函数解析如下：

```c
/* 接收数据 */
void rfRecvData(void)
{
    uint8 pRxData[128];                               //待接收数据的缓冲区
    int rlen;                                         //接收到的数据的长度
    basicRfReceiveOn();                               //打开接收器
        //主循环
        while (TRUE) {
            while(! basicRfPacketIsReady());          //等待数据包准备好
            rlen = basicRfReceive(pRxData, sizeof pRxData, NULL);   //接收数据
            if(rlen > 0) {                            //判断接收到数据
                pRxData[rlen] = 0;                    //字符串结束
                printf(" % s rssi: % d\r\n", (char * )pRxData, basicRfGetRssi());
                                            //打印出接收到的数据和 RSSI 值
            }
        }
}
```

主函数实现如下：

```
/* 主函数 */
void main(void)
{
    //MCU、LED、串口初始化
    halMcuInit();
    hal_led_init();
    hal_uart_init();
    //无线电射频初始化,上电时,设置默认的调谐,使能自动应答和随机数生成器
    if (FAILED == halRfInit()) {
        HAL_ASSERT(FALSE);
    }
    //配置 basicRF
    basicRfConfig.panId = PAN_ID;              //网络地址
    basicRfConfig.channel = RF_CHANNEL;        //信道
    basicRfConfig.ackRequest = TRUE;           //应答请求
#ifdef SECURITY_CCM                            //如果定义了安全模式,则配置安全密钥
    basicRfConfig.securityKey = key;
#endif
    //初始化 BasicRF
#if NODE_TYPE                                  //如果节点类型为发送节点
    basicRfConfig.myAddr = SEND_ADDR;
#else                                          //如果节点类型为接收节点
    basicRfConfig.myAddr = RECV_ADDR;
#endif
    //初始化基本的配置
    if(basicRfInit(&basicRfConfig) == FAILED) {
        HAL_ASSERT(FALSE);
    }
#if NODE_TYPE
    rfSendData();                              //发送数据
#else
    rfRecvData();                              //接收数据
#endif
}
```

实验的流程图如图 3.4 所示。

5. 实验步骤

① 准备三个 CC2530 无线节点板,并将它们分别连接到工厂电源。

② 打开实验项目文件。

③ 将工程文件"main. c"中的节点类型变量 NODE_TYPE 的值设置为 0,选择"Project"→"Rebuild All"重新编译工程。

④ 将 CC2530 仿真器连接到第 1 个 CC2530 节点板,上电 CC2530 节点板,然后单击菜单"Project"→"Download and debug"下载程序到此节点板。此节点以下称为接收节点。

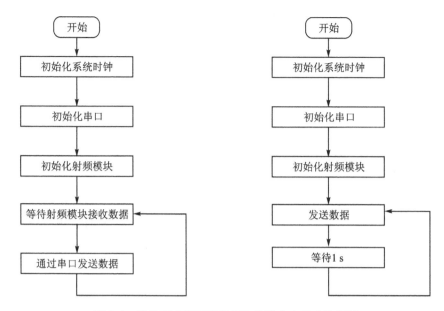

图 3.4 接收节点程序流程图和发送节点程序流程图

⑤ 在项目文件 main 中设置节点类型变量 NODE_TYPE 的值设置为 1,然后选择项目→全部重建以重新编译项目。

⑥ 将 CC2530 仿真器连接到第二个 CC2530 节点板上,打开 CC2530 节点板的电源,然后单击菜单项目→下载并调试以将程序下载到该节点板上。以下将该节点称为发送节点 1。

⑦ 将工程文件"main.c"中节点类型变量 NODE_TYPE 的值设置为 2,选择项目→下载重新编译工程。

⑧ 将 CC2530 仿真器连接到第 3 个 CC2530 节点板,上电 CC2530 节点板,然后单击菜单 P 项目→下载和调试下载程序到此节点板。此节点以下称为发送节点 2。

⑨ 将接收节点通过串口线连接到 PC 上,打开串口调试助手,配置串口助手波特率为 19 200。

⑩ 复位接收节点,然后复位发送节点 1 和发送节点 2。(节点板均上电)。

⑪ 将 2 个发送节点放置离接收节点 20 cm 处,然后观察串口输出数据。

数据如下(参考数据):

```
Node:1 rssi: -72
Node:2 rssi: -98
Node:1 rssi: -75
Node:2 rssi: -100
Node:1 rssi: -73
Node:2 rssi: -93
Node:1 rssi: -72
Node:2 rssi: -95
Node:1 rssi: -73
Node:1 rssi: -72
Node:1 rssi: -74
Node:2 rssi: -99
```

⑫ 移动两个发送节点的位置,比如增大收发节点的距离到 1 m,观察 RSSI 值的变化(距离增大时 RSSI 的值减小)。

```
Node:1 rssi: -69
Node:2 rssi: -90
Node:1 rssi: -67
Node:2 rssi: -91
Node:1 rssi: -69
Node:2 rssi: -93
```

6. 实验结果

当收发节点的距离为 20 cm 时,五次收发数据采集到如表 3.1 所列的 RSSI 值。

当收发节点的距离为 1 m 时,五次收发数据采集到如表 3.2 所列的 RSSI 值。

表 3.1　RSSI 采集值(20 cm)

编　号	节点 1	结点 2
1	-32	-37
2	-33	-32
3	-35	-34
4	-33	-34
5	-33	-33

表 3.2　RSSI 采集值(1 m)

编　号	节点 1	结点 2
1	-51	-52
2	-49	-54
3	-47	-54
4	-47	-49
5	-47	-49

从表中的数据可以看出,RSSIL 寄存器的 RSSI 值比接收帧结束时的 RSSI 值小 6 倍左右,两者的变化趋势基本相同。当接收节点和发送节点之间的距离增加时,收集的 RSSI 值将减小,但是在接收到数据后,RSSIL 寄存器未锁定,因此不应将寄存器 RSSIL. RSSI_VAL 的值视为 RSSI 值,实际上用于计算接收帧中的 RSSI 值。

3.1.4　无线控制实验

1. 实验目的

① 在 UIZB CC2530 节点板上运行自己的程序;

② 通过发送命令来实现对其他节点的外设控制。

2. 实验环境

① 硬件:UIZB CC2530 节点板 2 块、USB 接口的 CC2530 仿真器,PC 机;

② 软件:Windows 7/Windows XP、IAR 集成开发环境、串口监控程序。

3. 实验原理

D7 灯连接到 CC2530 端口 P1.0。在初始化过程中,应初始化 D7 灯,包括端口方向的设置和功能选择,并向端口 P1.0 输出高电平,以使 D7 灯初始化为关闭状态。无线控制可以通过发送命令来实现。在主体中添加宏定义 #define COMMAND 0x10,让发送数据的第一个字节为 COMMAND,表明数据的类型为命令;同时,发送节点检测用户的按键操作当检测到用户有按键操作时就发送一个字节为 COMMAND 的命令。当节点收到数据后,对数据类型进行判断,若数据类型为 COMMAND,则将端口 P1.0 的电平翻转为 0(初始化期间 D7 指示灯熄灭)。D7 的状态可以更改。

4. 实验内容

实验中一个节点通过无线射频向另一个节点发送对 D7 灯的控制信息,点亮另外一个节点上的 D7 灯或让 D7 熄灭,节点接收到控制信息后根据控制信息点亮 D7 或让 D7 熄灭。

宏定义和全局变量定义如下:

```
/* 宏定义 */
# define RF_CHANNEL          25           // 2.4 GHz RF(无线电频率)信道
# define PAN_ID              0x2007       //网络地址
# define SEND_ADDR           0x2530       //发送地址
# define RECV_ADDR           0x2520       //接收地址
# define NODE_TYPE           0            //0:接收节点,! 0:发送节点
# define COMMAND             0x10         //控制命令
```

发射节点发送数据函数实现如下:

```
/* 发送数据函数 */
void rfSendData(void)
{
    uint8 pTxData[] = {COMMAND};                         //待发送的数据
    uint8 key1;
    //关闭接收器
    basicRfReceiveOff();
    key1 = P0_1;
    //主循环
    while (TRUE) {
    if (P0_1 == 0 && key1! = 0 ) {                       //有键(K4)按下
        hal_led_on(1);
        basicRfSendPacket(RECV_ADDR, pTxData, sizeof pTxData);        //发送控制命令
        hal_led_off(1);
    }
        key1 = P0_1;
        halMcuWaitMs(50);
    }
}
```

接收节点接收数据函数实现如下:

```
/* 接收数据函数 */
void rfRecvData(void)
{
    uint8 pRxData[128];                                  //用来存放待接收的数据
    int rlen;
    //打开接收器
    basicRfReceiveOn();
    //打开接收器
    basicRfReceiveOn();
    主循环
```

```
while (TRUE) {
    while (! basicRfPacketIsReady());                        //等待数据准备好
    rlen = basicRfReceive(pRxData, sizeof pRxData, NULL);    //接收数据
    if(rlen > 0 && pRxData[0] == COMMAND) {                  //判断接收到的命令
        if (ledstatus == 0) {
            hal_led_on(1);                                   //灯开
            ledstatus = 1;                                   //灯状态标识为开
        } else {
            hal_led_off(1);                                  //灯关
            ledstatus = 0;                                   //灯状态标识为关
        }
    }
}
}
```

主函数实现如下：

```
/* 主函数 */
void main(void)
{
    //MCU、IO、LED、串口初始化
    halMcuInit();
    io_init();
    hal_led_init();
    hal_uart_init();
    if (FAILED == halRfInit()) {
        HAL_ASSERT(FALSE);
    }
    //配置 basicRF
    basicRfConfig.panId = PAN_ID;
    basicRfConfig.channel = RF_CHANNEL;
    basicRfConfig.ackRequest = TRUE;
# ifdef SECURITY_CCM
    basicRfConfig.securityKey = key;
# endif
    //初始化 BasicRF
# if NODE_TYPE
    basicRfConfig.myAddr = SEND_ADDR;
# else
    basicRfConfig.myAddr = RECV_ADDR;
# endif
    if(basicRfInit(&basicRfConfig) == FAILED) {
        HAL_ASSERT(FALSE);
    }
# if NODE_TYPE
    rfSendData();
# else
    rfRecvData();
# endif
}
```

本实验接收节点和发送节点程序流程如图 3.5 所示。

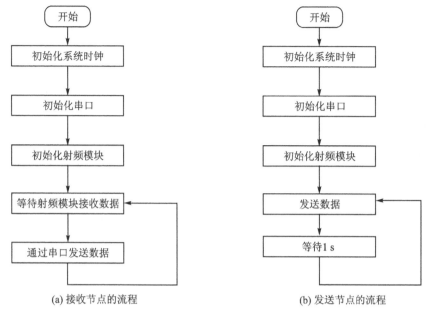

(a) 接收节点的流程　　　　　　　　　　　(b) 发送节点的流程

图 3.5　接收节点程序流程图和发送节点程序流程图

5. 实验步骤

① 准备两个 CC2530 无线节点板,并将它们分别连接到工厂电源。

② 打开实验项目文件。

③ 将工程文件"main. c"中的节点类型变量 NODE_TYPE 的值设置为 0,选择"Project"→"Rebuild All",重新编译工程(注意:在实验室中多个小组同时实验时,为防止相互间的信道干扰,RF_CHANNEL 应设置不同值,可按小组设置,示例程序中设为 25)。

④ 将 CC2530 仿真器连接到第一个 CC2530 节点板上,打开 CC2530 节点板上的电源,然后单击"菜单"项目→"下载并调试",将程序下载到该节点板上(下面将该节点称为接收节点)。

⑤ 将工程文件"main. c"中节点类型变量 NODE_TYPE 的值设置为 1,然后选择项目→全部重建以重新编译项目。

⑥ 将 CC2530 仿真器连接到第二个 CC2530 节点板上,打开 CC2530 节点板的电源,然后单击菜单项目→下载并调试以将程序下载到该节点板上。以下将该节点称为发送节点。

⑦ 打开电源并重置接收和发送节点。

⑧ 按发送节点板上的 K4 键以观察接收节点上 D7 灯的显示。接收节点上的指示灯将随着按键事件而改变。

6. 实验结果

在实验中可以观察到 D7 灯闪烁,这表明点对点 RF 通信可以控制节点的外围设备。

可以修改程序,在主程序中添加一个宏定义♯define LED_MODE_BLINK 0x02,在对数据的解析中添加对 LED_MODE_BLINK 的解析,使 LED 灯每隔 250 ms 闪烁一次,让发送节点发送的数据为 LED_MODE_BLINK(代替 LED_MODE_ON,紧接在 COMMAND 的后面)。

重新下载程序,可以观察到接收节点的 D7 灯闪烁。

3.2 ZStack 协议栈介绍

2007 年 1 月,TI 宣布推出 ZigBee 协议栈(ZStack),并于 2007 年 4 月提供了免费下载版本的 V1.4.1。ZStack 已达到德国 TUV Rheinland 评估的 ZigBee 测试的黄(gold unit)位水平,目前已被全球许多 ZigBee 开发人员广泛使用。ZStack 符合 ZigBee 2006 规范,并支持多种平台,包括用于 IEEE 802.15.4/ZigBee 的 CC2430 片上系统解决方案、基于 CC2420 收发器的新平台以及 TI 公司的 MSP430 超低功耗微控制器(MCU)。

除了完全符合 ZigBee 2006 规范外,ZStack 还支持多种新功能,例如无线下载,并可以通过 ZigBee 网状网络无线下载节点进行更新。ZStack 还支持具备定位感知(LocationAwareness)特性的 CC2431。以上功能使用户可以设计一个新的 ZigBee 应用程序,该应用程序可以根据节点的当前位置更改行为。

ZStack 与低功耗 RF 开发商网络是 TI 公司为工程师提供的广泛性基础支持的一部分,其他支持还包括培训和研讨会、设计工具与实用程序、技术文档、评估板、在线知识库、产品信息热线以及全面周到的样片供应服务。

2007 年 7 月,ZStack 升级为 V1.4.2,之后对其进行了多次更新,并于 2008 年 1 月升级为 V1.4.3。2008 年 4 月,针对 MSP430F4618 与 CC2420 的组合把 ZStack 升级为 V2.0.0;2008 年 7 月,ZStack 升级为 V2.1.0,全面支持 ZigBee 与 ZigBee PRO 特性集(即 ZigBee2007/Pro),并符合最新智能能源规范,非常适用于高级电表架构(AMI)。因其出色的 ZigBee 与 ZigBee Pro 特性集,ZStack 被 ZigBee 测试机构国家技术服务公司(NTS)评为 ZigBee 联盟最高业内水平。2009 年 4 月,ZStack 支持符合 2.4 GHz IEEE 802.15.4 标准的第二代片上系统 CC2530;2009 年 9 月,ZStack 升级为 V2.2.2,之后,于 2009 年 12 月升级为 V2.3.0;2010 年 5 月,ZStack 再次升级为 V2.3.1。

3.2.1 ZStack 的安装

ZStack 协议栈由 TI 公司出品,符合最新的 ZigBee2007 规范。它支持多平台,其中包括 CC2530 芯片。ZStack 的安装包为 ZStack-CC2530-2.4.0-1.4.0.exe,双击之后直接安装,安装完后生成"C:\Texas Instruments\ZStack-CC2530-2.4.0-1.4.0"文件夹,文件夹内包括协议栈中各层部分源程序(有一些源程序被以库的形式封装起来了),"Documents"文件夹内包含一些与协议栈相关的帮助和学习文档,"Projects"包含与工程相关的库文件、配置文件等。

3.2.2 ZStack 的结构

打开 ZStack 协议栈提供的示例工程,层次结构如图 3.6 所示。

从层次的名字就能知道代表的含义,比如 NWK 层就是网络层。一般应用中较多关注的是 HAL 层(硬件抽象层)和 App 层(用户应用),前者要针对具体的硬件进行修改,后者要添加具体的应用程序。而 OSAL 层是 ZStack 特有的系统层,相当于一个简单的操作系统,便于对各层

图 3.6 ZStack 软件结构图

次任务的管理,理解它的工作原理对开发是很重要的,下面对各层进行简要介绍。

- App(Application Programming):应用层目录,这是用户创建各种不同工程的区域,在这个目录中包含了应用层的内容和这个项目的主要内容,在协议栈里面一般是以操作系统的任务实现的。
- HAL(Hardware (H/W) Abstraction Layer):硬件层目录,包含有与硬件相关的配置和驱动及操作函数。
- MAC:MAC 层目录,包含了 MAC 层的参数配置文件及其 MAC 的 LIB 库的函数接口文件。
- MT(Monitor Test):实现通过串口可控各层,与各层进行直接交互,同时可以将各层的数据通过串口连接到上位机,以便开发人员调试。
- NWK(ZigBee Network Layer):网络层目录,含网络层配置参数文件及网络层库的函数接口文件。
- OSAL(Operating System (OS) Abstraction Layer):协议栈的操作系统。
- Profile:AF(Application work)层(应用构架)目录,包含 AF 层处理函数文件。ZStack 的 AF 层提供了开发人员建立一个设备描述所需的数据结构和辅助功能,是传入信息的终端多路复用器。
- Security:安全层目录,安全层处理函数,比如加密函数等。
- Services:地址处理函数目录,包括地址模式的定义及地址处理函数。
- Tools:工程配置目录,包括空间划分及 ZStack 相关配置信息。
- ZDO(ZigBee Device Objects):ZigBee 设备对象层(ZDO)提供了管理一个 ZigBee 设备的功能。ZDO 层的 API 为应用程序的终端提供了管理 ZigBee 协调器、路由器或终端设备的接口。这包括创建、查找和加入一个 ZigBee 网络,绑定应用程序终端以及安全管理。
- ZMac:MAC 层目录,包括 MAC 层参数配置及 MAC 层 LIB 库函数回调处理函数。
- ZMain:主函数目录,包括入口函数及硬件配置文件。
- Output:输出文件目录,这个 EW8051 IDE 自动生成的。

在 ZStack 协议栈中各层次具有一定的关系,图 3.7 所示是 ZStack 协议栈的体系结构。

TI ZStack 协议栈是一个基于轮转查询式的操作系统,它的"main"函数在"ZMain"目录下的"ZMain.c"中,该协议栈总体上来说,一共做了两件工作,一个是系统初始化,即由启动代码来初始化硬件系统和软件构架需要的各个模块,另外一个就是开始启动操作系统实体,如图 3.8 所示。

1. 系统初始化

系统启动代码需要完成初始化硬件平台和软件架构所需的各个模块,为微操作系统的运行做好准备工作。主要分为初始化系统时钟,检测芯片工作电压,初始化堆栈,初始化各个硬件模块,初始化 FLASH 存储,形成芯片 MAC 地址,初始化非易失变量,初始化 MAC 层协议,初始化应用帧层协议,初始化操作系统等十余部分,其具体流程和对应的函数如图 3.9 所示。

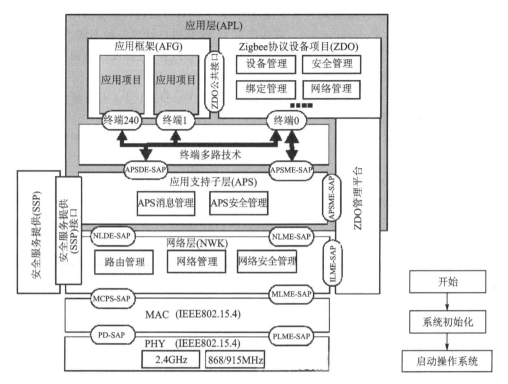

图 3.7　ZSTACK 协议栈的体系结构图　　　　图 3.8　协议栈主要工作流程

2. 启动操作系统

系统初始化为操作系统的运行做好准备工作以后,就开始执行操作系统入口程序,并由此彻底将控制权交给操作系统,其实,启动操作系统实体只有一行代码,如下:

```
osal_start_system();
```

该函数没有返回结果,通过将该函数一层层展开之后就知道该函数是一个死循环。这个函数就是轮转查询式操作系统的主体部分,它所做的就是不断地查询每个任务是否有事件发生,如果发生,执行相应的函数,如果没有发生,就查询下一个任务。

3. 设备的选择

ZigBee 无线通信中一般含有 3 种节点类型,分别是协调器、路由节点和终端节点。本实验指导书打开 ZStack 协议栈官方提供的实验例子工程,并在 IAR 开发环境下的 workspace 下拉列表中选择设备类型,选择设备类型为协调器,路由器或终端节点(选择与具体开发版对应的选项)。当选择设备类型为协调器或路由节点时,编译连接命令文件应选择"Texas Instruments\ZStack - 2.4.0 - 1.4.0\Projects\zstack\Tools\CC2530D"目录下的"f8w2530.xcl"文件(在"Project/Options/Linker"中的"Config"标签中选择),如图 3.10 所示。若选择设备类型为终端节点,编译连接命令文件应选择"f8w2530pm.xcl"文件。

4. 定位编译选项

对于一个特定的工程,编译选项存在于两个地方,一些很少需要改动的编译选项存在于连接控制文件中,每一种设备类型对应一种连接控制文件,当选择了相应的设备类型后,会自动

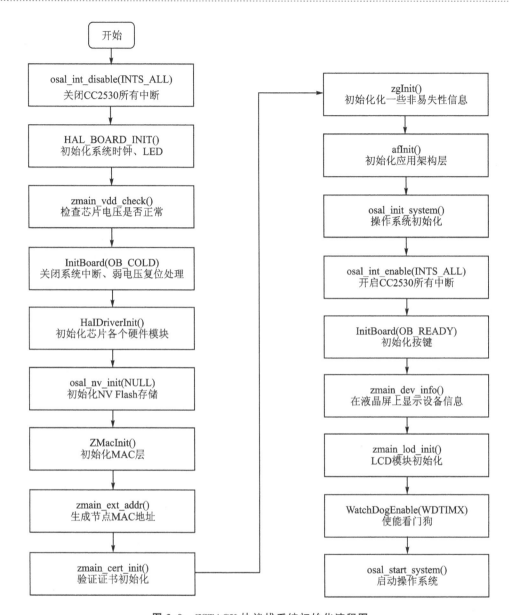

图 3.9　ZSTACK 协议栈系统初始化流程图

选择相应的配置文件,如选择了设备类型为终端节点后"f8wEndev. cfg""f8w2530. xcl"和
"f8wConfig. cfg"配置文件被自动选择,如图 3.11 所示;选择了设备类型为协调器,则工程会
自动选择"f8wCoord. cfg""f8w2530. xcl"和"8wConfig. cfg"配置文件;选择了设备类型为路由
器后,"f8wRouter. cfg""f8w2530. xcl"和"f8wConfig. cfg"配置文件被自动选择。

　　这些文件中定义的就是一些工程中常用到的宏定义,由于这些文件用户基本不需要改动,
所以在此不做介绍,用户可参考 ZStack 的帮助文档。

　　在 ZStack 协议栈的例程开发时,有时候需要自定义添加一些宏定义来使能/禁用某些功
能,这些宏定义的选项在 IAR 的工程文件中,下面进行简要介绍。

　　在 IAR 工程中选择"Project/Options/C/C++ Complier"中的"Processor"标签,如

图 3.12 和图 3.13 所示。

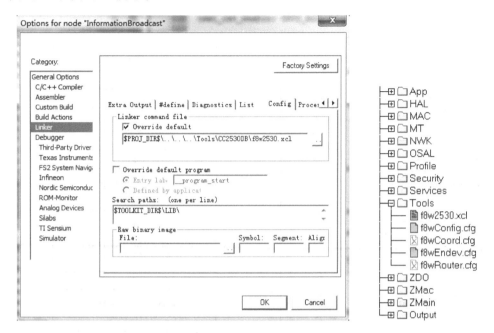

图 3.10 编译连接命令   图 3.11 终端节点的配置文件

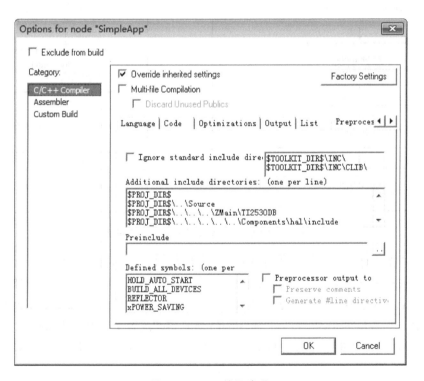

图 3.12 IAR 编译选项

图 3.13 所示为系统任务、任务标识符和任务事件处理函数之间的关系。其中 tasksArr 数组中存储了任务的处理函数,tasksEvents 数组中则存储了各任务对应的事件,由此便可得

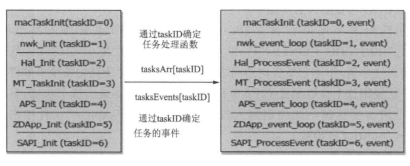

图 3.13　任务事件之间的关系

出任务与事件之间是多对多的关系,即多个任务对应着多个事件。系统调用 osalInitTasks() 函数进行任务初始化时首先将 taskEvents 数组的各任务对应的事件置 0,也就是各任务没有事件。当调用了各层的任务初始化函数之后,系统就会调用 osal_set_event(taskID,event) 函数将各层任务的事件存储到 taskEvent 数组中。系统任务初始化结束之后就会轮询调用 osal_run_system() 函数开始运行系统中所有的任务,运行过程中任务标识符值越低的任务优先运行。执行任务的过程中,系统就会判断各任务对应的事件是否发生,若发生了则执行相应的事件处理函数。

根据上述的解析过程可知系统是按照死循环形式工作的,模拟了通常的多任务操作系统,把 CPU 分成 N 个时间片,在高速的频率下就是同时运行多个任务了。

3.2.3　ZStack 中的串口通信

串口通信的目的是协调器把整个网络的信息发给上位机进行可视化和数据存储等处理。同时在开发阶段非常需要有串口功能的支持,以了解调试信息。ZStack 已经把串口部分的配置简单化了,设置的位置是 mt_uart.c 的 MT_UartInit()函数。配置方法是给 uartConfig 这一结构体赋值,它包括了波特率、缓冲区大小、回调函数等参数。需要注意的有以下几个参数。

- 波特率:赋值为宏 MT_UART_DEFAULT_BAUDRATE,进一步跟踪查询可知就是 38 400 Baud,这决定了和上位机通信的速率。
- 流控,默认是打开的,本项目没有使用,改为关闭。
- 回调函数,在主动控制模块中会用到。

1. 配置信道

每一个设备都必须有一个 DEFAULT_CHANLIST 来控制信道集合,对于一个 ZigBee 协调来说,表 3.3 用来扫描噪声最小的信道;对于终端节点和路由器节点来说,表 3.3 用来扫描并加入一个存在的网络。

表 3.3　信道配置表

节点类型	配置文件
协调器	DZDO_COORDINATOR
路由器	DRTR_NWK
终端设备	—

2. 配置 PANID 和要加入的网络

PANID 可选配置项用来控制 ZigBee 路由器和终端节点要加入哪个网络。文件"f8wConfg. cfg"中的"ZDO_CONFIG_PAN_ID"参数可以设置为 0～0x3FFF 范围内的一个值。协调器使用这个值,作为它要启动的网络的 PANID。而对于路由器节点和终端节点来说只要加入一个已经用这个参数配置了 PAN ID 的网络。如果要关闭这个功能,只要将这个参数设置为 0xFFFF。要更进一步控制加入过程,需要修改"ZDApp. c"文件中的 ZDO_NetworkDiscoveryConfirmCB 函数。

3. 最大有效载荷大小

对于一个应用程序最大有效载荷的大小基于几个因素。MAC 层提供了一个有效载荷长度常数 102。NWK 层需要一个固定头大小,一个有安全的大小和一个没有安全的大小。APS 层必须有一个可变的基于变量设置的头大小,包括 ZigBee 协议版本,KVP 的使用和 APS 帧控制设置等。最后,用户不必根据前面的要素来计算最大有效载荷大小。AF 模块提供一个 API,允许用户查询栈的最大有效载荷或者最大传送单元(MTU)。用户调用函数 afDataReqMTU,该函数将返回 MTU 或者最大有效载荷大小。

```
typedef struct
{
uint8         kvp;
APSDE_DataReqMTU_t         aps;
}afDataReqMTU_t;
uint8 afDataReqMTU( afDataReqMTU_t * fields )
```

通常 afDataReqMTU_t 结构只需要设置 kvp 的值,这个值表明 kvp 是否被使用,而 aps 保留。

4. 非易失性存储器

ZigBee 设备有许多状态信息需要被存储到非易失性存储空间中,这样能够让设备在意外复位或者断电的情况下复原,否则将无法重新加入网络或者起到有效作用。为了启用这个功能,需要包含"NV_RESTORE"编译选项。注意,在一个真正的 ZigBee 网络中,这个选项必须始终启用。关闭这个选项的功能也仅仅是在开发阶段使用。ZDO 层负责保存和恢复网络层最重要的信息,包括最基本的网络信息(Network Information Base NIB,管理网络所需要的最基本属性);子节点和父节点的列表;应用程序绑定表。此外,如果使用了安全功能,还要保存类似于帧个数这样信息。当一个设备复位后重新启动,这类信息恢复到设备当中。如果设备重新启动,这些信息可以使设备重新恢复到网络当中。

在"ZDAPP_Init"中,函数 NLME_RestoreFromNV()的调用指示网络层通过保存在 NV 中的数据重新恢复网络。如果网络所需的 NV 空间没有建立,这个函数的调用将同时初始化这部分 NV 空间。NV 同样可以用来保存应用程序的特定信息,用户描述符就是一个很好的例子。NV 中用户描述符 ID 项是 ZDO_NV_USERDESC(在 ZComDef. h 中定义)。在 ZDApp_Init()函数中,调用函数 osal_nv_item_init()来初始化用户描述符所需要的 NV 空间。如果针对这个 NV 项,且这个函数是第一次调用,初始化函数将为用户描述符保留空间,并且将它设置为默认值 ZDO_DefaultUserDescriptor。当需要使用保存在 NV 中的用户描述符时,就像 ZDO_ProcessUserDescReq()(在 ZDObject. c 中)函数一样,调用 osal_nv_read()函数从

NV 中获取用户描述符。如果要更新 NV 中的用户描述符,就像 ZDO_ProcessUserDescSet() (在 ZDObject.c 中)函数一样,调用 osal_nv_write()函数更新 NV 中的用户描述符。记住: NV 中的项都是独一无二的。如果用户应用程序要创建自己的 NV 项,那么必须从应用值范围 0x0201~0x0FFF 中选择 ID。

3.3　组织信息实验

3.3.1　多点自组织组网实验

1. 实验目的

① 理解 ZigBee 协议及相关知识;

② 在 UIZB CC2530 节点板上实现自组织的组网;

③ 在 ZStack 协议栈中实现单播通信。

2. 预备知识

① 了解 CC2530 应用程序的框架结构;

② 了解并安装 zstack 协议栈;

③ 了解 ZigBee 协议进行组网的过程。

3. 实验环境

① 硬件:UIZB CC2530 节点板,USB 接口的 CC2530 仿真器,PC 机 Pentium100 以上;

② 软件:Windows 7/Windows XP,IAR 集成开发环境,ZTOOL 程序。

4. 实验原理

程序执行的流程如图 3.12 所示,在进行一系列的初始化操作后程序进入事件轮询状态。对于终端节点,若没有事件发生且定义了编译选项 POWER_SAVING,则节点进入休眠状态。

协调器是 ZigBee 三种设备中最重要的一种。它负责网络的建立,包括信道选择,确定唯一的 PAN 地址并把信息向网络中广播,为加入网络的路由器和终端设备分配地址,维护路由表等。ZStack 中打开编译选项 ZDO_COORDINATOR,也就是在 IAR 开发环境中选择协调器,然后编译出的文件就能启动协调器。具体工作流程是:操作系统初始化函数 osal_start_system 调用 ZDAppInit 初始化函数,ZDAppInit 调用 ZDOInitDevice 函数,ZDOInitDevice 调用 ZDApp_NetworkInit 函数,在此函数中设置 ZDO_NETWORK_INIT 事件,在 ZDApp_event_loop 任务中对其进行处理。由第一步先调用 ZDO_StartDevice 启动网络中的设备,再调用 NLME_NetworkFormationRequest 函数进行组网,这一部分涉及网络层细节,无法看到源代码,在库中处理。ZDO_NetworkFormationConfirmCB 和 nwk_Status 函数有申请结果的处理。如果成功则 ZDO_NetworkFormationConfirmCB 先执行,不成功则 nwk_Status 先执行。接着,在 ZDO_NetworkFormationConfirmCB 函数中会设置 ZDO_NETWORK_START 事件。由于第三步,ZDApp_event_loop 任务中会处理 ZDO_NETWORK_START 事件,调用 ZDApp_NetworkStartEvt 函数,此函数会返回申请的结果。如果不成功能量阈值会按 ENERGY_SCAN_INCREMENT 增加,并将 App_event_loop 任务中的事件 ID 置为 ZDO_NETWORK_INIT,然后跳回第二步执行;如果成功则设置 ZDO_STATE_CHANGE_EVT 事件让 ZDApp_event_loop 任务处理。

对于终端或路由节点,调用 ZDO_StartDevice 后将调用函数 NLME_NetworkDiscoveryRequest 进行信道扫描启动发现网络的过程,这一部分涉及网络层细节,无法看到源代码,在库中处理。NLME_NetworkDiscoveryRequest 函数执行的结果将会返回到函数 ZDO_NetworkDiscoveryConfirmCB 中,该函数将会返回选择的网络,并设置事件 ZDO_NWK_DISC_CNF,在 ZDApp_ProcessOSALMsg 中对该事件进行处理,调用 NLME_JoinRequest 加入指定的网络,若加入失败,则重新初始化网络,若加入成功则调用 ZDApp_ProcessNetworkJoin 函数设置 ZDO_STATE_CHANGE_EVT,在对该事件的处理过程中将调用 ZDO_UpdateNwkStatus 函数,此函数会向用户自定义任务发送事件 ZDO_STATE_CHANGE。

本实验代码是 Zstack 的实例代码 simpleApp 修改而来的。首先介绍任务初始化的概念,由于自定义任务需要确定对应的端点和簇等信息,并且将这些信息在 AF 层中注册,所以每个任务都要初始化后才会进入 OSAL 系统循环。在 ZStack 流程图中,上层的初始化集中在 OSAL 初始化(osal_init_system)函数中,包括存储空间、定时器、电源管理和各任务初始化。其中用户任务初始化的流程如图 3.14 所示。

任务 ID(taskID)的分配是 OSAL 要求的,为后续调用事件函数、定时器函数提供参数。网络状态在启动的时候需要指定,之后才能触发 ZDO_STATE_CHANGE 事件,确定设备的类型。目的地址分配包括寻址方式、端点号和地址的指定,本实验中数据的发送使用单播方式。之后设置应用对象的属性,这是非常关键的。由于涉及很多参数,ZStack 专门设计了 SimpleDescriptionFormat_t 这一结构来方便设置,包括如下几项。

- EndPoint,该节点应用的端点数值为 1～240,用来接收数据;
- AppProfId,该域是确定 EndPoint 端点支持的应用 profile 标识符,从 ZigBee 联盟获取具体的标识符;
- AppNumInClusters,指示这个端点所支持的输入簇的数目;
- pAppInClusterList,指向输入簇标识符列表的指针;
- AppNumOutClusters,指示这个端点所支持的输出簇的数目;
- pAppOutClusterList,指向输出簇标识符列表的指针。

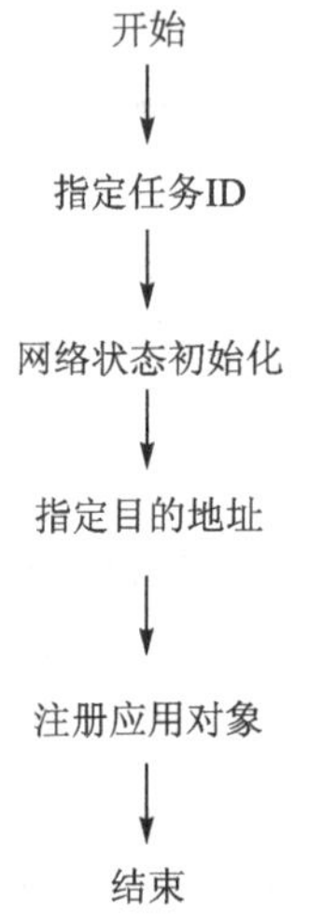

开始 → 指定任务ID → 网络状态初始化 → 指定目的地址 → 注册应用对象 → 结束

图 3.14 用户任务初始化流程图

本实验 profile 标识符采用默认设置,输入输出簇设置为相同 MY_PROFILE_ID,设置完成后,调用 afRegister 函数将应用信息在 AF 层中注册,使设备知晓该应用的存在,初始化完毕。一旦初始化完成,在进入 OSAL 轮询后,zb_HandleOsalEvent 一有事件被触发,就会得到及时处理。事件号是一个以宏定义描述的数字。系统事件(SYS_EVENT_MSG)是强制的,其中包括了几个子事件的处理。ZDO_CB_MSG 事件处理 ZDO 的响应,KEY_CHANGE 是事件处理按键,AF_DATA_CONFIRM_CMD 则是作为发送一个数据包后的确认,AF_INCOMING_MSG_CMD 是接收到一个数据包后会产生的事件,协调器在收到该事件后调用函数 SAPI_ReceiveDataIndication,将接收到的数据通过 HalUARTWrite 向串口打印输出。

若 ZDO_STATE_CHANGE 状态和网络状态发生改变,则视为终端或路由节点发送用户自定义的数据帧:FF 源节点短地址(16bit,调用 NLME_GetShortAddr()获得)、父节点短地址(16bit,调用 NLME_GetCoordShortAddr())、节点编号 ID(8bit,为长地址的最低字节,调用 NLME_GetExtAddr()获得,在启动节点前应先用 RF Programmer 将非 0XFFFFFFFFFFFFFFFF 的长地址写到 CC2530 芯片存放长地址的寄存器中),协调器不做任何处理,只是等待数据的到来。终端和路由节点在用户自定义的事件 MY_REPORT_EVT 中发送数据并启动定时器来触发下一次的 MY_REPORT_EVT 事件,实现周期性的发送数据(发送数据的周期由宏定义 REPORT_DELAY 确定)。

5．实验内容

在实验设计为协调器、路由节点和终端节点 3 种节点类型的多点自组织组网实验。其中,协调器负责建立 ZigBee 网络;路由节点、终端节点加入协调器建立的 ZigBee 网络后,周期性地将自己的短地址、父节点的短地址,以及 ID 封装成数据包发送给协调器;协调器节点通过串口传给 PC 机,PC 机利用 TI 提供串口监控工具就可以查看节点的组网信息。

本实验的数据流图如图 3.15 所示。

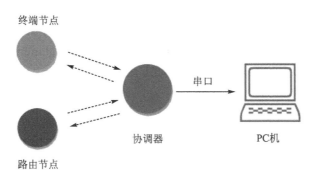

图 3.15　实验数据流图

注意:当终端节点与协调器的位置有变化时,终端节点可能会直接与路由节点相连,并将数据包转发给路由节点进行转发到协调器。

在本实验中设定路由节点、终端节点每隔 10 s 向协调器发送自己的网络信息包,信息包的长度为 6 字节,其中包的信息内容结构如表 3.4 所列。

表 3.4　终端、路由节点发送信息包格式

第 1 字节	第 2 字节	第 3 字节	第 4 字节	第 5 字节	第 6 字节
0xFF	本机网络地址高位	本机网络地址低位	父节点网络地址高位	父节点网络地址低位	设备 ID

下面结合本实验的实验原理以及实验内容的设计,分别对终端节点、路由节点和协调器节点的关键源程序进行解析。

(1) 终端节点、路由节点

根据本小节内容的设计,终端节点、路由节点加入 ZigBee 网络后,每隔一段时间上报自己的网络信息,因此终端节点和路由节点的任务事件都一样。根据 ZStack 协议栈的工作流程,在程序源代码 MPEndPont.c 或 MPRouter.c 中可以看到 ZStack 协议栈成功启动后(协议栈启动后会调用 zb_StartConfirm 函数),设置了一个定时器事件,在该定时器事件中触发了自定义的 MY_REPORT_EVT 事件,其中 MY_REPORT_EVT 事件被宏定义为 0x0002。

程序中第一次触发 MY_REPORT_EVT 事件代码如下:

```
void zb_StartConfirm( uint8 status )
{
    if ( status == ZB_SUCCESS )//ZigBee 协议栈启动成功
    {
```

```
        myAppState = APP_START;
        HalLedSet( HAL_LED_2, HAL_LED_MODE_ON );
        //设置定时器事件来触发自定义的 MY_REPORT_EVT 事件
        osal_start_timerEx( sapi_TaskID, MY_REPORT_EVT, REPORT_DELAY );
    }
    Else        //ZigBee 协议栈启动失败重新启动
    {
        // Try joining again later with a delay
        osal_start_timerEx( sapi_TaskID, MY_START_EVT, myStartRetryDelay );
    }
}
```

当定时器事件触发后就会触发用户的 MY_REPORT_EVT 事件,触发 MY_REPORT_EVT 事件的函数入口为 MPEndPont.c 或 MPRouter.c 中的 zb_HandleOsalEvent 函数,在该函数中编写了应用程序事件的处理过程,代码如下:

```
void zb_HandleOsalEvent( uint16 event )
{
    if (event & ZB_ENTRY_EVENT) {              //ZigBee 入网事件
        ....
    }

    if ( event & MY_START_EVT ) {              //启动 ZStack 协议栈事件
        zb_StartRequest();
    }

    if (event & MY_REPORT_EVT) {               // MY_REPORT_EVT 事件触发处理
        myReportData();
        osal_start_timerEx( sapi_TaskID, MY_REPORT_EVT, REPORT_DELAY );
    }
}
```

通过上述代码可以看到,当处理 MY_REPORT_EVT 事件时,调用了 myReportData()方法函数,然后又设置了一个定时器事件来触发 MY_REPORT_EVT 事件,这样做的目是每隔一段时间循环触发 MY_REPORT_EVT 事件。了解了 MY_REPORT_EVT 事件循环触发的原理之后,再来观察 myReportData()函数实现了哪些功能。myReportData()的源码解析过程如下:

```
static void myReportData(void)
{
    byte dat[6];
    uint16 sAddr = NLME_GetShortAddr();        //读取本地的网络短地址
    uint16 pAddr = NLME_GetCoordShortAddr();   //读取协调器的网络短地址
    //上报过程中 LED 灯闪烁一次
    HalLedSet( HAL_LED_1, HAL_LED_MODE_OFF );
    HalLedSet( HAL_LED_1, HAL_LED_MODE_BLINK );
    //数据封装
```

```
dat[0] = 0xff;
dat[1] = (sAddr >> 8) & 0xff;        //本地网络短地址
dat[2] = sAddr & 0xff;
dat[3] = (pAddr >> 8) & 0xff;        //父节点短地址(协调器短地址)
dat[4] = pAddr & 0xff;
dat[5] = MYDEVID;                    //设备 ID 号
//将数据包发送给协调器(协调器的地址为 0x0000)
zb_SendDataRequest(0, ID_CMD_REPORT, 6, dat, 0, AF_ACK_REQUEST, 0 );
}
```

（2）协调器

协调器的任务就是收到终端节点、路由节点发送的数据信息后通过串口发送给 PC 机。通过 3.2 节的工程解析实验可得知，ZigBee 节点接收到数据之后，最终调用了 zb_ReceiveDataIndication 函数，该函数如下：

```
void zb_ReceiveDataIndication( uint16 source, uint16 command, uint16 len, uint8 * pData )
{
    char buf[32];
    //接收到数据之后 LED 灯闪烁 1 次
    HalLedSet( HAL_LED_1, HAL_LED_MODE_OFF );
    HalLedSet( HAL_LED_1, HAL_LED_MODE_BLINK );
    //将接收到的数据进行处理
    if (len == 6 && pData[0] == 0xff) {
        //将 pData 的数据复制到 buf 缓冲区
        sprintf(buf, "DEVID: % 02X SAddr: % 02X % 02X PAddr: % 02X % 02X",
        pData[5], pData[1], pData[2], pData[3], pData[4]);
        debug_str(buf);    //将数据通过串口发送给上位机
    }
}
```

由于 ZStack 协议栈的运行涉及很多任务，而且也比较复杂，所以在本节实验中，将终端节点、路由节点和协调器的程序流程图进行了简化，简化后的程序流程如图 3.16 所示。

6．实验步骤

由于出厂源码 ZigBee 网络 PAN ID 均设置为 0x2100，为了避免实验环境下多个实验平台之间网络互相串扰，每个实验平台需要修改 PAD ID，修改工程内文件："Tools"→"f8wConfig.cfg"，可将 PAN ID 修改为个人学号的后四位(范围 0x0001～0x3FFF)。

① 确认已安装 ZStack 的安装包。

② 准备 3 个 CC2530 射频节点板。

③ 打开例程：将例程整个文件夹复制到"C:\Texas Instruments\ZStack－CC2530－2.4.0－1.4.0\Projects\zstack\Samples"文件夹下，双击"Networking\CC2530DB\ Networking.eww"文件。

④ 在工程界面中按图 3.17 所示，选定"MPCoordinator"配置，生成协调器代码，然后选择"Project"→"Rebuild All"重新编译工程。

⑤ 在工程界面中按图 3.18 所示，选定"MPEndPoint"配置，生成终端节点代码，然后选择

"Project"→"Rebuild All"重新编译工程。

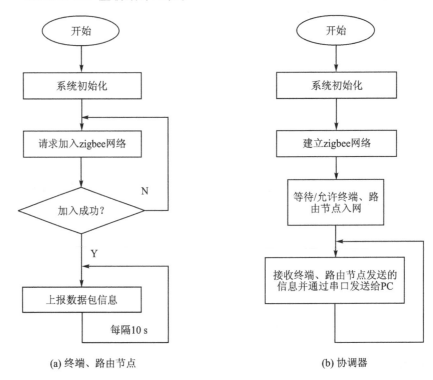

(a) 终端、路由节点　　　　　　　　(b) 协调器

图 3.16　实验流程图

图 3.17　选择协调器工程

图 3.18　选择终端节点工程

⑥ 在工程界面中按图 3.19 所示,选定"MPRouter"配置,生成路由器节点代码,然后选择"Project"→"Rebuild All"重新编译工程。

图 3.19　选择路由节点工程

⑦ 把 CC2530 仿真器连接到 CC2530 无线节点,使用"Flash Programmer"工具把上述程序分别下载到对应的 CC2530 无线节点板中。

⑧ 用串口线将协调器节点与 PC 机连接起来。

⑨ 在 PC 端打开 ZTOOL 程序(C:\Texas Instruments\ZStack - CC2530 - 2.4.0 - 1.4.0 \Tools\Z - Tool,如果打开提示"运行时"错误,需要安装.net framework:04 -常用工具\dot-netfx.exe)。

⑩ ZTOOL 启动后,配置连接的串口设备。单击菜单"Tools"→"Settings",弹出对话框,在对话框中选择"Serial Devices"选项(会根据 PC 机的硬件实际情况出现 com 口),如图 3.20 所示。

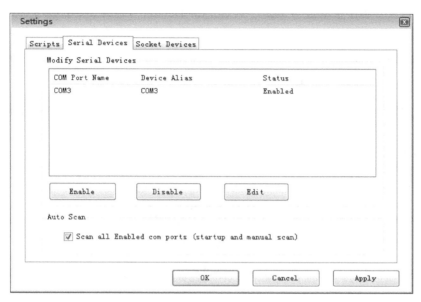

图 3.20　查看串口设备

⑪ 接下来配置 PC 上与协调器节点连接的串口。通常为 COM1(用户根据实际连接情况选择)。以 COM3 为例,在图 3.20 中单击"COM3"项,然后单击"Edit",在弹出的对话框中(见图 3.21)进行配置,然后单击"OK"返回。

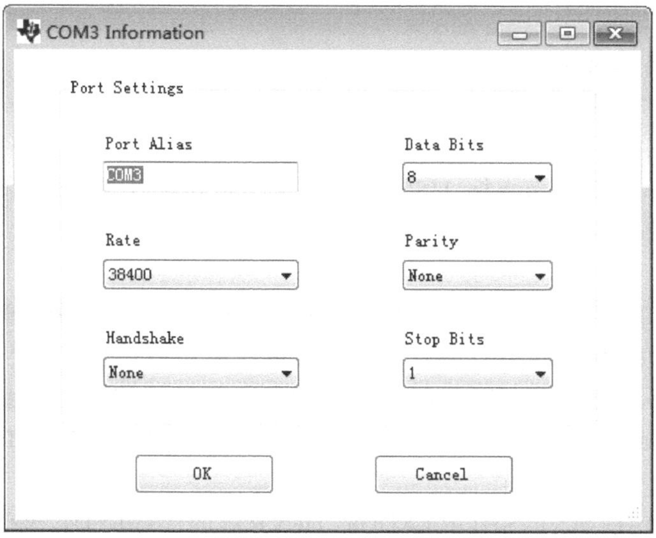

图 3.21　串口配置

⑫ 先拨动无线协调器的电源开关为"ON"状态,此时 D6 LED 灯开始闪烁,当正确建立好网络后,D6 LED 灯会常亮。

⑬ 当无线协调器建立好网络后,分别拨动无线路由节点和终端节点的电源开关为"ON"状态,此时每个无线节点的 D6 LED 灯开始闪烁,直到加入到协调器建立的 ZigBee 网络中后,D6 LED 灯开始常亮。

⑭ 当有数据包进行收发时,无线协调器和无线节点的 D7 LED 灯会闪烁。

⑮ 在 ZTOOL 程序中单击"Tools"→"Scan for Devices",观察 3 个射频节点的组网结果,如图 3.22 所示。

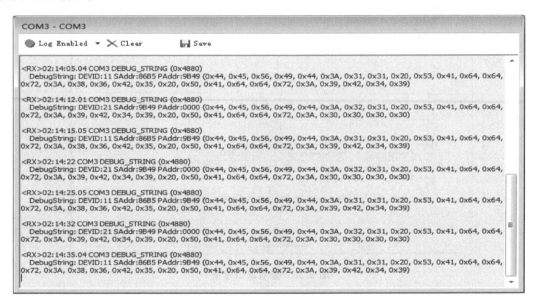

图 3.22　观察到的数据

3.3.2　信息广播/组播实验

1. 实验目的

① 理解 ZigBee 协议及相关知识;

② 在 ZStack 协议栈下实现信息的广播和组播功能。

2. 实验环境

① 硬件:UIZB CC2530 节点板、USB 接口的 CC2530 仿真器、PC 机;

② 软件:Windows 7/Windows XP、IAR 集成开发环境、ZTOOL 程序。

3. 实验原理

当应用层须发送一个数据包到所有网络中的所有设备时使用广播传输模式,为实现广播模式,需设置地址模式为 AddrBroadcast,目的地址被设置为下列之一:

① NWK_BROADCAST_SHORTADDR_DEVALL(0xFFFF):该信息将被发送到网络中的所有设置信息或者该信息时间溢出(在"f8wConfig.cfg"中的 NWK_INDIRECT_MSG_TIMEOUT 选项)。

② NWK_BROADCAST_SHORTADDR_DEVRXON(0xFFFD):该信息将被发送到网络中有接收器并处于 IDLE(RX ON WHEN IDLE)状态下的所有设备。也就是说,除了休眠

模式设备的其他所有设备。

③ NWK_BROADCAST_SHORTADDR_DEVZCZR（0xFFFC）：该信息被发送到所有路由器（包括协调器）。本实验选择的目的地址为 NWK_BROADCAST_SHORTADDR_DE-VALL。

当应用层须发送一个数据包到一个设备组的时候使用组播模式。为实现组播模式，须设置地址模式为"afAddrGroup"。在网络中须预先定义组，并将目标设备加入已存在的组（看 ZStack API 文档中的 aps_AddGroup()）。广播可以看作是组播的特例。

在对 ZDO_STATE_CHANGE 事件的处理中，启动定时器来触发协调器发送数据的事件 MY_REPORT_EVT，在对 MY_REPORT_EVT 事件的处理中发送数据 hello world，并启动定时器再一次触发 MY_REPORT_EVT 事件，进行周期广播或组播。为实现组播，应在终端或路由节点的程序中注册一个组（注册的组号应与发送数据的目的地址一致）。ZStack 中，组以链表的形式存在，首先需要定义组表的头节点，定义语句为 apsGroupItem_t * group_t;，然后再定义一个组 group1(aps_Group_t group1;)，在初始化函数中对组表分配空间（调用函数 osal_mem_alloc），并初始化组号和组名，然后调用 aps_AddGroup 将这个组加入定义的端点应用中（为使用 aps_AddGroup 函数，程序中应包含 aps_groups.h 头文件）。

4. 实验内容

协调器节点上电后进行组网操作，终端节点和路由节点上电后进行入网操作，接着协调器周期性地向所有节点广播（或部分节点组播）数据包（Hello World），节点收到数据包后通过串口传给 PC 机，通过 ZTOOL 程序观察接收情况。

本实验的数据流如图 3.23 所示。

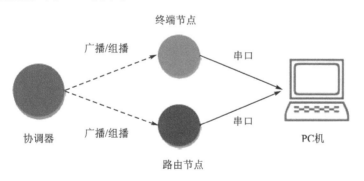

图 3.23 实验数据流图

下面结合本实验的实验原理以及实验内容的设计，分别对终端节点、路由节点和协调器节点的关键源程序进行解析。

（1）终端节点、路由节点

根据本小节内容的设计，先将终端节点、路由节点加入 ZigBee 网络，当接收到协调器节点发送的数据包后就通过串口向 PC 机输出数据信息，因此终端节点和路由节点的任务事件都一样。

ZigBee 节点接收到数据之后，最终调用 zb_ReceiveDataIndication 函数，该函数如下：

```
void zb_ReceiveDataIndication( uint16 source, uint16 command, uint16 len, uint8 * pData )
{
    char buf[64];
    //接收到数据之后 LED 灯闪烁 1 次
    HalLedSet( HAL_LED_1, HAL_LED_MODE_OFF );
    HalLedSet( HAL_LED_1, HAL_LED_MODE_BLINK );
    //将接收到的数据进行处理
    if (len > 0) {
        osal_memcpy(buf, pData, len);          //将 pData 的数据复制到 buf 缓冲区
        buf[len] = 0;
        debug_str(buf);                        //将数据通过串口发送给上位机
    }
}
```

(2) 协调器

协调器的任务就是周期地向终端节点和路由节点广播/组播发送数据。根据 ZStack 协议栈的工作流程,在程序源代码 MPCoordinator.c 中可以看到 ZStack 协议栈成功启动后(协议栈启动后会调用 zb_StartConfirm 函数),设置了一个定时器事件,在该定时器事件中触发了自定义的 MY_BOCAST_EVT 事件,其中 MY_BOCAST_EVT 事件被宏定义为 0x0002。

程序中第一次触发 MY_BOCAST_EVT 事件的代码如下:

```
void zb_StartConfirm( uint8 status )
{
// If the device sucessfully started, change state to running
    if ( status == ZB_SUCCESS )   //ZigBee 协议栈启动成功
    {
        myAppState = APP_START;
        HalLedSet( HAL_LED_2, HAL_LED_MODE_ON );
        // Set event timer to send data
        //设置定时器事件来触发自定义的 MY_BOCAST_EVT 事件
        osal_start_timerEx( sapi_TaskID, MY_BOCAST_EVT, REPORT_DELAY );
    }
    else            //ZigBee 协议栈启动失败重新启动
    {
        // Try again later with a delay
        osal_start_timerEx( sapi_TaskID, MY_START_EVT, myStartRetryDelay );
    }
}
```

当定时器事件触发后就会触发用户的 MY_BOCAST_EVT 事件,触发 MY_BOCAST_EVT 事件的函数入口为"MPCoordinator.c"中的 zb_HandleOsalEvent 函数,在该函数中编写了应用程序事件的处理过程,代码如下:

```
void zb_HandleOsalEvent( uint16 event )
{
    if (event & ZB_ENTRY_EVENT) {       //ZigBee 入网事件
```

```
        ....
    }
    if (event & MY_BOCAST_EVT) {     // MY_BOCAST_EVT 事件触发处理
    myReportData();
    osal_start_timerEx( sapi_TaskID, MY_BOCAST_EVT, REPORT_DELAY );
    }
}
```

通过上述源代码可以看到,当处理 MY_BOCAST_EVT 事件时,调用了 myReportData() 方法,然后又设置了一个定时器事件来触发 MY_BOCAST_EVT 事件,这样做的目的是每隔一段时间循环触发 MY_BOCAST_EVT 事件。了解了 MY_BOCAST_EVT 事件循环触发的原理之后,再来观察 myReportData() 函数实现了哪些功能。myReportData() 的源码解析过程如下:

```
static void myReportData(void)
{
    byte dat[] = "Hello World";
    //发送数据时 LED 灯闪烁一次
    HalLedSet( HAL_LED_1, HAL_LED_MODE_OFF );
    HalLedSet( HAL_LED_1, HAL_LED_MODE_BLINK );
#if defined( GROUP )    //组播
    if(afStatus_SUCCESS == AF_DataRequest(&Group_DstAddr, &sapi_epDesc, ID_CMD_REPORT, sizeof dat,
                dat, 0, AF_ACK_REQUEST, 0))
    {
    }
    else
    {
    }
#else        //广播
    zb_SendDataRequest(0xffff, ID_CMD_REPORT, sizeof dat, dat, 0, AF_ACK_REQUEST, 0 );
#endif
}
```

可以看出,在 myReportData() 函数中,协调器发送数据的方式有广播和组播两种。实验源码默认的是广播发送,当测试广播发送数据时,终端节点和路由节点都会收到协调器发送的数据包。

如果需要测试组播发送数据,需要配置如下信息:先在工程文件下选择"MPCoordinator",右键选择"Options"→"C/C++ Compiler"→"Preprocessor",添加"GROUP"。同样地,选择"MPRouter"和"MPEndPoint",重复上述过程。具体配置如图 3.24 所示。

在组播测试实验中,为了让终端节点和路由节点中只能有一个节点可以接收到协调器发送的数据包,可以通过改变"MPEndPoint.c"或者"MPRouter.c"文件里的 zb_HandleOsalEvent 函数中的"Group1.ID"的值来决定哪个节点可以接收到协调器发送的数据包,只有当 Group1.ID 的值与 MPCoordinator.c 中 Group1.ID 的值相同时才能接收到数据包。

本实验中,终端节点、路由节点和协调器的程序流程如图 3.25 所示。

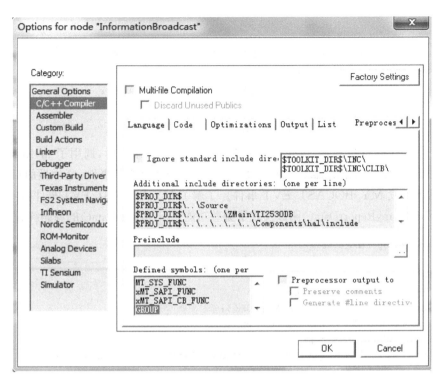

图 3.24 添加"GROUP"宏定义

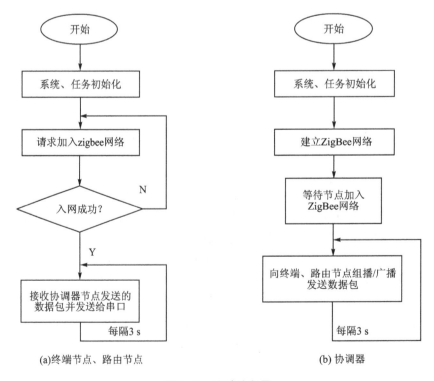

(a)终端节点、路由节点

(b) 协调器

图 3.25 实验流程图

5．实验步骤

由于出厂源码 ZigBee 网络 PAN ID 均设置为 0x2100，为了避免实验环境下多个实验平台之间网络互相干扰，每个实验平台需要修改 PAD ID，修改工程内文件："Tools"→"8wConfig.cfg"，可将 PAN ID 修改为个人学号的后四位（范围 0x0001～0x3FFF）。

① 确认已安装 ZStack 的安装包，安装完后默认生成"C:\TexasInstruments\ZStack - CC2530 - 2.4.0 - 1.4.0"文件夹。

② 准备 3 个 CC2530 射频节点板，确定按照前面的设置节点板跳线为模式一，分别接上出厂电源。

③ 打开例程。

④ 在工程界面按图 3.26 所示，选定"MPCoordinator"配置，生成协调器代码，然后选择"Project"→"Rebuild All"重新编译工程。

图 3.26　选择协调器工程

⑤ 在工程界面按图 3.27 所示，选定"MPEndPoint"配置，生成终端节点代码，然后选择"Project"→"Rebuild All"重新编译工程。

图 3.27　选择终端节点工程

⑥ 在工程界面中按图 3.28 所示，选定"MPRouter"配置，生成路由器节点代码，然后选择"Project"→"Rebuild All"重新编译工程。

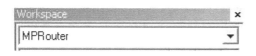

图 3.28　选择路由节点工程

⑦ 把 CC2530 仿真器连接到 CC2530 无线节点，使用"Flash Programmer"工具把上述程序分别下载到对应的 CC2530 无线节点板中。

⑧ 用串口线将终端节点或者路由器节点与 PC 机连接起来。

⑨ 先拨动无线协调器的电源开关为 ON 状态，此时 D6 LED 灯开始闪烁，当正确建立好网络后，D6 LED 灯会常亮。

⑩ 当无线协调器建立好网络后，拨动无线终端节点和无线路由节点的电源开关为"ON"状态，此时每个无线节点的 D6 LED 灯开始闪烁，直到加入协调器建立的 ZigBee 网络中后，D6 LED 灯开始常亮（注意按上述顺序复位）。

⑪ 当有数据包进行收发时，无线协调器和无线节点的 D7 LED 灯会闪烁。

⑫ 启动 ZTOOL 工具，ZTOOL 工具自动扫描。观察到与串口相连接的射频节点的输出

信息。

接下来将串口线依次连上终端节点或路由器节点,查看其接收到的信息,该信息是由协调器节点发出的,终端节点或路由器节点接收到信息后通过串口输出来。

当测试广播/组播发送数据时,串口打印的消息如图 3.29 所示。

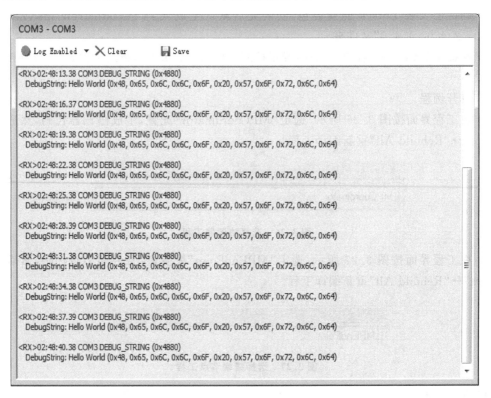

图 3.29 ZTOOL 接收到的广播/组播数据

说明:本实验默认情况下是广播实验,如果要做组播实验则需要按照实验内容部分依次在终端、路由和协调器节点工程中添加"Group"宏定义,工程重新编译后再重新按照上述步骤做实验即可。

为了体现出组播实验的效果,建议将终端节点、路由节点设置为不同的组号,这样只有与协调器的组号相同的节点才能收到组播信息。

6. 实验结果

当地址模式设置为广播模式时(假设终端和路由节点已成功入网),网络中所有的节点都能接收到协调器节点广播的信息。

当地址模式设置为组播模式时(假设终端和路由节点已成功入网),网络中只有处于指定组号内的节点能接收到协调器节点组播的信息。

3.3.3 节点信息采集实验

1. 实验目的

① 理解 ZigBee 协议及相关知识;

② 在 UIBEE CC2530 节点板上实现对 STM32 的信息采集;

③ 在 ZStack 协议栈中实现数据通信；

④ 了解实训台项目通信协议。

2．实验内容

协调器节点上电后进行组网操作,终端节点上电后进行入网操作,接着按下协调器的 K4 和 K5 按键向终端节点发送开关灯以及读取灯状态命令({OD0＝1,D0＝?}或者{CD0＝1，D0＝?}),观察终端节点 D4 灯的状态以及串口返回的采集信息。

3．实验环境

① 硬件:UIBEE CC2530 节点板(带 STM32),USB 接口的 CC2530 仿真器,J-Link 仿真器,PC 机;

② 软件:Windows 7/Windows XP,IAR 集成开发环境。

4．实验原理

已经实现了节点间点对点的通信,只需要知道终端节点的网络地址,协调器就可以向终端节点发送命令数据包。当终端节点入网成功后,向协调器节点主动上报自己的网络地址,通过此网络地址协调器向终端节点发送命令数据包。命令数据包到达终端节点后,如何将命令数据包发送给节点板上的 STM32(本实训台的传感器都工作在 STM32 上)?可以通过硬件电路实现,UIBEE CC2530 节点板上的 CON9、CON10 两个跳线都往下跳时,CC2530 的 UART0 和 STM32 的 UART2 连通,这时只需要将收到的命令数据包通过串口发送出去,STM32 就能收到相应的命令数据包;再通过命令解析函数解析命令,执行相应的操作。若需要将传感器的信息上报给协调器,则也是将需要上报的信息封装成通信协议数据包通过串口发送给终端节点 CC2530,最后通过无线 ZigBee 网络发送给协调器。

数据包格式:以 {开始,}结束,多个数据以逗号隔开,如{D0＝1},{A0＝88,A1＝99}等。

5．实验步骤

① 确认已安装 ZStack 的安装包。

② 准备 2 个 CC2530 射频节点板,确定按照节点板简介中设置节点板跳线为模式一,分别接上出厂电源。

③ 打开例程。

④ 在工程界面中按图 3.26 所示,选定"MPCoordinator"配置,生成协调器代码,然后选择"Project"→"Rebuild All"重新编译工程。

⑤ 将 CC2530 仿真器连接到其中一个 CC2530 节点板,给 CC2530 节点板上电,然后单击菜单"Project"→"Download and debug"下载程序到节点板,此节点为协调器节点。

⑥ 在工程界面中按图 3.27 所示,选定"MPEndPoint"配置,生成终端节点代码,然后选择"Project"→"Rebuild All"重新编译工程。

⑦ 将 CC2530 仿真器连接到第 2 个 CC2530 节点板,给 CC2530 节点板上电,然后单击菜单"Project"→"Download and debug"下载程序到节点板,此节点为终端节点。

⑧ 将终端节点的跳线设置为模式二,将 Light(在"05-实验例程\第 3 章\Light"文件夹下)程序烧写到 STM32 中。

⑨ 用串口线将协调器节点与 PC 机连接起来,打开超级终端或者串口调试工具,设置 115 200 波特率,8 位数据位,1 位停止位,无硬件流控制。

⑩ 先拨动无线协调器的电源开关为"ON"状态,此时 D6 LED 灯开始闪烁,当正确建立好

网络后,D6 LED 灯会常亮。

⑪ 当无线协调器建立好网络后,拨动无线终端节点的电源开关为"ON"状态,此时每个无线节点的 D6 LED 灯开始闪烁,直到加入协调器建立的 ZigBee 网络中后,D6 LED 灯开始常亮(注意按上述顺序复位)。

⑫ 当有数据包进行收发时,无线协调器和无线节点的 D7 LED 灯会闪烁。

⑬ 待终端节点 D7 第一次闪烁后,按下协调器节点的 K4,K5 按键,观察 D4 灯的状态变化,同时查看串口返回信息。

6. 实验结果

待终端节点 D7 灯第一次闪烁后,按下协调器节点的 K4 按键,终端节点的 D4 亮,串口返回{D0=1};按下协调器节点的 K5 按键,终端节点的 D4 灯灭,串口返回{D0=0}。

第4章 应用层实验

4.1 智能仓储货架实验

4.1.1 智能仓储货架概述

许多资产具有价值高、流动性强、安全管理难等特点,为了清查或清点资产的实时状况,跟踪资产的流向,需要浪费大量时间、人力和物力。传统的资产管理方式一般为以纸张文件为基础的非自动化方式来记录、追踪管理,效率低下。随着资产数量的增加,仓库管理人员的负担越来越重。人工清点也容易遗漏或重复,造成实物很难与账面相符,数据更新不及时,出错率高等问题。

为了优化库存,提高资产管理的效率,实时掌握库存状况,准确掌握资产的流向,实现库存管理的智能化、科学化和自动化,有效控制由于库存资产管理的不善带来的资产丢失或闲置,提高管理效率和服务形象,基于 RFID 的智能仓储货架应运而生。该仓储货架采用先进的 RFID 技术和计算机软件技术,以 RFID 电子标签作为信息存储媒介并粘贴在资产上,在芯片中存储该资产的基本信息和领用归还状态,可以实现资产的登记、入库、查找、清点、出库、在线检测等工作过程的信息化管理。

物联网综合实训操作台智能仓储货架是以 RFID 技术为核心的实训设备,以仓储物流系统中最典型的货架为原型进行设计的。它主要由 9 个货位和一个控制板组成,每个货位上的安装了一个 RFID 扩展天线,控制板可以通过扩展天线读取每个货位上的 RFID 标签,从而实现货架货物的自动盘点、自动录入、货物定位等功能。

4.1.2 智能仓储货架控制器简介

智能仓储货架控制器是智能仓储货架的核心部件,采用 RFID 技术对智能仓储货架上的物品进行识别,智能仓储货架支持 12 路天线的扩展。当天线区域内检测到物品时,相应货架的指示 LED 灯会点亮,取掉物品后 LED 熄灭。智能仓储货架会定期地检索当前货架上的所有物品,并定期将货架上的物品按照指定的协议规范上传到 Android 客户端。

1. 智能仓储货架硬件连接方法

（1）12 V 电源接口

智能仓储货架控制器采用 12 V 电源供电,使用时向下拨打开关,可以看到两个电源指示灯点亮,如图 4.1 所示(如果智能仓储货架区域从物联网综合实训操作台上取下单独使用时,可以通过 DC005 的电源端子供电,也可以通过智能仓储货架控制器背面的绿色 2pin 的 DG3.81 端子供电。)。

（2）JLink 下载器接口

JLINK 下载器连接方式如图 4.2 所示,做实验或者恢复出厂设置时需要使用 JLink 进行程序的下载(出厂已下载出厂程序)。

（3）串口屏的连接

串口屏的连接如图 4.3 和图 4.4 所示。

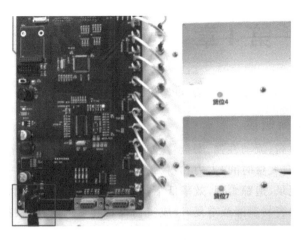

图 4.1　控制器 12 V 电源接口

图 4.2　JLINK 下载器接口

图 4.3　串口屏正面接口

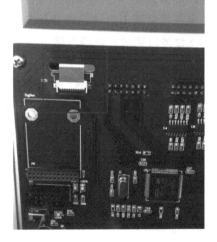

图 4.4　串口屏背面接口

（4）智能仓储货架控制器与天线板的连接方法

智能仓储货架控制器与天线采用 SMA 天线延长线连接 9 个货位,保证了数据的可靠性,如图 4.5 所示。

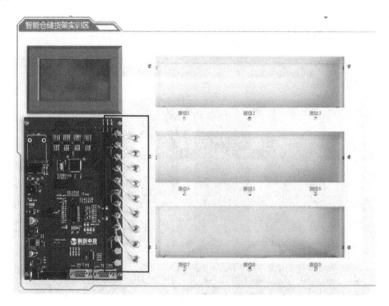

图 4.5 仓储货架控制器与货位连接图

另外智能仓储货架控制器通过一组排线连接到 3 块天线板,实现对货架指示 LED 灯的控制,如图 4.6 所示。

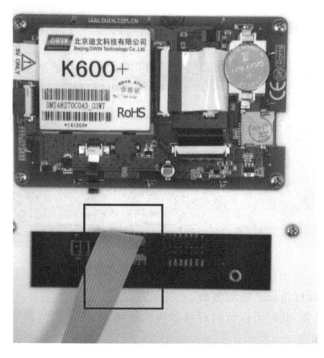

图 4.6 排线与天线板连接图

智能仓储货架控制器在没有接 Android 网关时,可以通过长度约 14.3 m 的串口屏进行货架物品信息的显示。串口屏使用串口指令控制屏幕的显示,不需要写代码即可以实现对屏幕的显示。使用屏幕显示货架物品信息时需要按照以下步骤进行。

① 在货架上放置贴有标签的货物(比如放置在货位 1 的位置),可以听到蜂鸣器短鸣,相应货位指示灯点亮,并且串口屏显示存货情况,如图 4.7 所示。

图 4.7 串口屏显示存货

② 单击串口屏上的货物图标,可以读取货物的信息,包括:货号、标签号、数据信息,并显示在串口屏上,如图 4.8 所示。

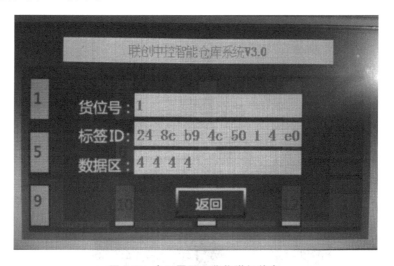

图 4.8 串口屏显示货物详细信息

③ 单击"返回",即可返回之前的界面。

④ 将货物拿下货架,此时可以听到蜂鸣器再次短鸣,相应货位的指示灯熄灭并且串口屏上的货物图标消失,如图 4.9 所示。

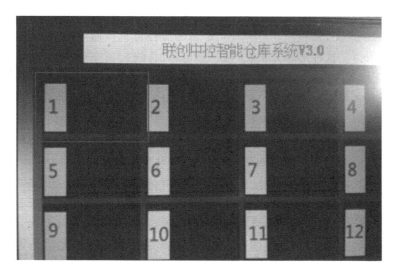

图 4.9　货物拿下货架后显示

⑤ 此时,如果再次单击图标的位置,想要读取信息的话,串口屏会提示读取失败,并显示"NO Card!(没有卡片)"的提示,如图 4.10 所示。

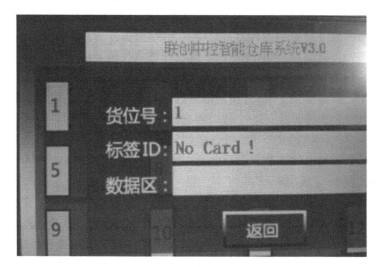

图 4.10　串口屏显示没有货物信息提示

4.1.3　智能仓储货架开发

1. 智能仓储货架基本原理

智能仓储货架是智能库房管理的基础,其多采用 RFID 无线射频技术实现。当标签进入磁场后,接收解读器发出的射频信号,凭借感应电流所获得的能量发送出存储在芯片中的产品信息,或者主动发送某一频率的信号;阅读器读取信息并解码后,传送至中央信息系统进行有关数据处理。一切 RFID 系统皆由此经典的三角结构衍生而来。在零售企业中,最接近企业实际业务,同时也最广泛地被企业接受的,便是基于智能仓储货架的 RFID 部署方案。

在智能仓储货架系统中,用户使用安装于特别设计的货架上的 RFID 阅读器来获得放置于货架上的货物信息,在此基础上进行物流跟踪、客流分析等应用层面的工作。不仅如此,相对于采用 EAN/UCC 编码规则的传统非电子标签,RFID 标签可以通过标签本身传递丰富的信息,包括商品的生产商,保质期和各种按需定制的属性可直接通过读取得到,无须在业务系统中管理烦杂的数据。这种部署方案在形式上也接近传统卖场布局,一定基础上可由当前设施改造而成,从而成为 RFID 应用初期最为广泛的选择方案。包括麦德龙在内的多家大型零售企业便采用过其各种衍生方案进行卖场管理。但是,也必须看到这种方案的局限性:首先,这是一套昂贵的投资计划,大规模地部署 RFID 读取器势必在硬件费用上带来很大压力。其次,由于此方案多采用读取距离小的被动式 RFID 标签,在某些情况下需要使用多个阅读器来覆盖同一货架来保证数据采集的正确率,这会导致一定程度的资源浪费。

为了克服早期智能仓储货架的缺点,RFID 供应商试图在 RFID 系统的各个部分提供进阶的解决方案。一种思想是采用主动式的 RFID 标签。主动式标签和被动式标签的主要区别在于其采用内置的电池作为能源,主动发射射频信号,从而可以采用密度小以及接受敏感度较低的阅读器来读取。同时,主动式标签的可靠性也较被动式标签高。只是因为主动式标签本身成本较高,寿命受电池影响,而其阅读器也价格不菲,目前无法在销售卖场广泛应用。但随着大规模生产带来的成本降低,和其支持 802.11 标准的先天优势,主动式标签将会在零售业中占据一席之地。根据最新的资料,采用主动式 RFID 标签的使用者和供应商在过去的一年中整整翻了一番,而根据业内预测这一速度在将来的几年还会加快。

另一种解决问题的思路是采用配置了方向性天线的长距离阅读器来替代固定的阅读器。大功率的方向性阅读器可以做到"扫过"货架即可完成识别,并可一次性处理大量的标签信息,使得采集工作效率大为提高。但是,正是由于其这一特点也给其应用带来了一定的不可控性。在美国军方进行的一系列实验和应用中,发现在某些情况下,这类设备需要额外的工作来将之前已经读取过的标签信息鉴别出来,防止对标签的重复识别;同时,因为识别器的敏感度较高,区别标签信号和电子背景噪声也是一个必须考虑的问题。最近,方向性天线已经被成功地应用在电子标签本身,芬兰 Wisteq 公司已经开始销售成本低廉的该类产品,他们的产品甚至在金属和液体中也能令人满意地工作。

让固定的阅读器转变成"移动"的也不失为一个好办法。在很多场合并不需要持续的 RFID 信息,只需要定时或者需要时能够完成识别即可。在这种情况下,完全可以采用人工持有的便携式阅读器完成采集工作。同时,基于如 Windows CE 等智能操作系统的便携电子设备将给此方案带来极其丰富的扩展可能。甚至有人根据分析得到的数据指出,将适当的阅读器部署于智能购物车上,不仅能够对放入其中的货物进行即时识别,支持自助收银服务,还能对顾客经过的货架上的各种标签信息进行采集,巧妙地利用顾客的移动完成原本需要复杂的阅读器部署方案来解决的问题。

作为标签和阅读器之间传输纽带的天线模块也在被持续地改进着。目前已经在使用的智能天线技术便是其中之一。这种技术采用并列的自适应天线组,在特别设计的处理器控制下工作。通过对不同天线接收到的信号分析,该系统可准确地定位出标签所处的方向和距离,提供了多维的识别信息。这类设备可广泛应用于仓库管理等位置相关的领域。另外,采用导电墨水来印制 RFID 电路和天线的技术也已经逐步走向应用。就在不久以前,位于韩国大田市的 ABC 纳米技术公司发布消息声称其已经研究成功了新型的导电墨水,这种纳米级的材料将不仅可以被用于印刷电路板,用其印刷的 RFID 天线也具有与传统铜线圈同样的性能。这一成果的普及将大幅度降低 RFID 的成本,为其带来更为广阔的应用前景。

RFID 技术将给零售业带来的变革是前所未有的,广泛应用 RFID 相关技术的"未来商店"模型无疑给零售业描绘了一个美好的未来。同时,也给软件和硬件供应商提出了更多的新问题。RFID 标签和阅读器的成本还不能被大多数零售商接受,预测指出,当标签的需求至少达到百万张数量级时,其成本才能降至可被接受的 3～5 美分/张的水平。而 RFID 的读取准确率也需要进一步提高,即使在美国军方的应用中也只能达到 99％的准确率,其余 1％的遗漏或错误仍需要其他系统的特别处理。

即使如此,随着 RFID 技术地不断发展,这些难关终将被克服,相信会有更多的应用模式脱颖而出,服务于始终跟随潮流前进的零售业从业者们。

2. RFID 基础知识

射频识别(Radio Frequency Identification,RFID)是一种非接触的自动识别技术,作为实体,它是利用无线射频技术对物体对象进行非接触式和即时自动识别的无线通信信息系统。

RFID 最早的应用可追溯到第二次世界大战,其用于飞机的"敌我辨识"系统。随着技术的进步,RFID 应用领域日益扩大,现已涉及人们日常生活的各个方面,并将成为未来信息社会建设的一项基础技术。

RFID 典型应用包括:在物流领域用于仓库管理、生产线自动化、日用品销售。在交通运输领域,用于集装箱与包裹管理、高速公路收费与停车收费;在农牧渔业,用于羊群、鱼类、水果等的管理以及宠物、野生动物跟踪;在医疗行业,用于药品生产、病人看护、医疗垃圾跟踪;在制造业,用于零部件与库存的可视化管理。RFID 还可以应用于图书与文档管理、门禁管理、定位与物体跟踪、环境感知和支票防伪等多领域。

目前,RFID 已成为 IT 行业的研究热点,被视为 IT 行业的下一个"金矿"。各大软硬件厂商,包括 NXP、TI、IBM、Motorola、Microsoft、Oracle、Sun、BEA、SAP 等在内的各家企业都对 RFID 技术及其应用具有浓厚的兴趣,相继投入大量研发经费,推出了各自的软件或硬件产品及系统应用解决方案。在应用领域,以 Wal-Mart、UPS、Gillette 等为代表的大批企业已经开始准备采用 RFID 技术对业务系统进行改造,以提高企业的工作效率并为客户提供各种增值服务。在标签领域,RFID 标签与条码相比,具有读取速度快、存储空间大、工作距离远、穿透性强、外形多样、工作环境适应性强和可重复使用等多种优势。RFID 系统组成见图 4.11 和表 4.1。

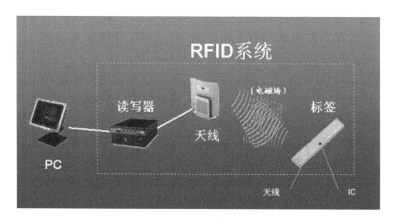

图 4.11　RFID 系统组成

表 4.1　RFID 系统组成部分

组成部分	说　明
读写器(Reader)	读取(有时还可以写入)标签信息的设备,可设计为手持式或固定式
天线(Antenna)	在标签和读取器间传递射频信号
标签(Tag)	由耦合元件及芯片组成,标签含有内置天线,用于与射频天线间通信。每个标签具有唯一的电子编码,附着在物体上标识目标对象;每个标签都有一个全球唯一的 ID 号码——UID,UID 是在制作芯片时放在 ROM 中的,无法修改;标签分为有源标签和无源标签

3. RFID 系统的工作原理

电子标签中一般保存有约定格式的电子数据。RFID 系统在实际应用中,电子标签附着在待识别物体的表面,电子标签中保存有约定格式的电子数据。阅读器可无接触地读取并识别标签中所保存的电子数据,从而达到自动识别物体的目的。阅读器通过天线发送出一定频率的射频信号,当标签进入磁场时产生感应电流从而获得能量,发送出自身编码信息,被阅读器读取并解码后送至电脑主机进行有关处理。

(1) RFID 系统的工作频率

通常阅读器发送时所使用的频率被称为 RFID 系统的工作频率。常见的工作频率有低频 125 kHz、134.2 kHz 及 13.56 MHz 等。低频系统一般指其工作频率小于 30 MHz,典型的工作频率有:125 kHz、225 kHz、13.56 MHz 等,这些频点应用的射频识别系统一般都有相应的国际标准予以支持。低频系统基本特点是电子标签的成本较低、标签内保存的数据量较少、阅读距离较短、电子标签外形多样(卡状、环状、纽扣状、笔状)、阅读天线方向性不强等。RFID 系统的工作频率如表 4.2 所列。

表 4.2　RFID 系统的工作频率

频　段	描　述	作用距离	穿透能力
125~134 kHz	低频(LF)	3~20 cm	能穿透大部分物体
13.553~13.567 MHz	高频(HF)	3~20 cm	勉强能穿透金属和液体
400~1 000 MHz	超高频(UHF)	0.5~10 m	穿透能力较弱
2.45 GHz	微波(Microwave)	1~100 m	穿透能力最弱

高频系统一般指其工作频率大于 400 MHz,典型的工作频段有:915 MHz、2.45 GHz、5.8 GHz 等。高频系统在这些频段上也有众多的国际标准予以支持。高频系统的基本特点是电子标签及阅读器成本均较高、标签内保存的数据量较大、阅读距离较远(可达几米至十几米)、适应物体高速运动性能好,外形一般为卡状,阅读天线及电子标签天线均有较强的方向性。

(2) RFID 标签类型

RFID 标签分为被动标签(Passive Tags)和主动标签(Active Tags)两种。

主动标签自身带有电池供电,读/写距离较远时体积较大,与被动标签相比成本更高,也称为有源标签,一般具有较远的阅读距离,不足之处是电池不能长久使用,能量耗尽后须更换电池。

被动标签在接收到阅读器(读出装置)发出的微波信号后,将部分微波能量转化为直流电供自己工作,一般可做到免维护。其成本很低并具有很长的使用寿命,比主动标签更小也更轻,读写距离较近,也被称为无源标签。相比有源系统,无源系统在阅读距离及适应物体运动速度方面略有限制,RFID 无源标签如图 4.12 所示。

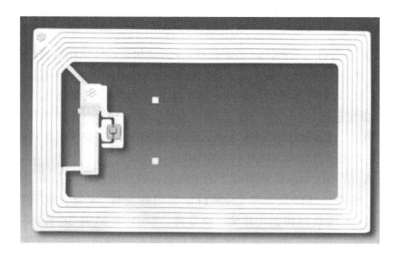

图 4.12 RFID 无源标签

按照存储的信息是否被改写,标签也被分为只读式标签(Read Only)和可读写标签(Read and Write)。只读式标签内的信息在集成电路生产时即将信息写入,以后不能修改,只能被专门设备读取;可读写标签将保存的信息写入其内部的存储区,需要改写时也可以采用专门的编程或写入设备擦写。一般将信息写入电子标签所花费的时间远大于读取电子标签信息所花费的时间,写入所花费的时间为秒级,阅读花费的时间为毫秒级。

4. RFID 技术特点及优势

RFID 是一项易于操控、简单实用且特别适合用于自动化控制的灵活性应用技术,识别工作无须人工干预,它既可支持只读工作模式也可支持读写工作模式,且无须接触或瞄准;可自由工作在各种恶劣环境下(短距离射频产品不怕油渍、灰尘污染等恶劣的环境,可以替代条码),例如用在工厂的流水线上跟踪物体;长距离射频产品多用于交通上,识别距离可达几十米,(如自动收费或识别车辆身份等)。RFID 技术所具备的独特优越性是其他识别技术无法企及的。

主要有以下几个方面特点。

① 读取方便快捷:数据的读取无需光源,甚至可以透过外包装来进行。有效识别距离更大,采用自带电池的主动标签时,有效识别距离可达到 30 m 以上。

② 识别速度快:标签一进入磁场,解读器就可以即时读取其中的信息,而且能够同时处理多个标签,实现批量识别。

③ 数据容量大:数据容量最大的二维条形码(PDF417),最多也只能存储 2 725 个数字;若包含字母,存储量则会更少;RFID 标签则可以根据用户的需要扩充到数 10K。

④ 使用寿命长,应用范围广:其无线电通信方式,使其可以应用于粉尘、油污等高污染环境和放射性环境,而且其封闭式包装使得其寿命远远超过印刷的条形码。

⑤ 标签数据可动态更改:利用编程器可以向写入数据,从而赋予 RFID 标签交互式便携数据文件的功能,而且写入时间相比打印条形码更少。

⑥ 安全性高:不仅可以嵌入或附着在不同形状、类型的产品上,还可以为标签数据的读写设置密码保护,从而具有更高的安全性。

⑦ 动态实时通信:标签以 50~100 次/秒的频率与解读器进行通信,所以只要 RFID 标签所附着的物体出现在解读器的有效识别范围内,就可以对其位置进行动态的追踪和监控。

5. RFID 技术标准

RFID 的标准化是当前急需解决的重要问题,各国及相关国际组织都在积极推进 RFID 技术标准的制定。目前,还未形成完善的关于 RFID 的国际和国内标准。RFID 的标准化涉及标识编码规范、操作协议及应用系统接口规范等多个部分。其中标识编码规范包括:标识长度、编码方法等;操作协议包括:空中接口、命令集合、操作流程等规范。当前主要的 RFID 相关规范有欧美的 EPC 规范、日本的 UID(Ubiquitous ID)规范和 ISO 18000 系列标准。其中 ISO 标准主要定义标签和阅读器之间互操作的空中接口。

EPC 规范由 Auto‐ID 中心及后来成立的 EPCglobal 负责制定。Auto‐ID 中心于 1999 年由美国麻省理工学院(MIT)发起成立,其目标是创建全球"实物互联"网(internet ofthings),该中心得到了美国政府和企业界的广泛支持。2003 年 10 月 26 日,成立了新的 EPC-global 组织接替以前 Auto‐ID 中心的工作,管理和发展 EPC 规范。关于标签,EPC 规范已经颁布第一代规范。

UID(Ubiquitous ID)规范由日本泛在 ID 中心负责制定。日本泛在 ID 中心由 T‐Engine 论坛发起成立,其目标是建立和推广物品自动识别技术并最终构建一个无处不在的计算环境。该规范对频段没有强制要求,标签和读写器都是多频段设备,能同时支持 13.56 MHz 或 2.45 GHz 频段。UID 标签泛指所有包含 ucode 码的设备,如条码、RFID 标签、智能卡和主动芯片等,并定义了 9 种不同类别的标签。

6. 射频芯片 CLRC632

CLRC632 恩智浦公司推出的适用于工作频率为 13.56 MHz 的非接触式智能卡和标签射频基站芯片,并且支持这个频段范围内多种 ISO 非接触式标准,其中包括 ISO1443 和 ISO15693。特点如下:

① 读卡距离可达 10 cm;

② 3~5 V 工作电压;

③ 标准并行接口;

④ 标准 SPI 接口;

⑤ 可读 ISO/IEC 14443 Type A 和 Type B 的卡;

⑥ 可读 ISO/IEC 15693 标准的卡。

CLRC632 负责读写器对非接触式智能卡和标签的读写等功能,其基本功能包括调制、解调、产生射频信号、安全管理和防冲突处理,是读写器 MCU(微控制器)与非接触式智能卡和标签交换信息的桥梁。

CLRC632 硬件接口电路可分为以下三个部分:

① MCU(微处理机 CPU)接口电路;

② 天线射频接口电路;

③ 电源接口电路。

MCU 通过对 CLRC632 寄存器的控制,实现非接触式智能卡和标签的读写操作。MCU 对 CLRC632 的控制有三种方式:

① 执行命令进行初始化函数和控制数据操作;

② 通过设置配置位来设置电气和函数的行为;

③ 读状态标识监控 CLRC632 的状态。

这三种方式本质都是通过读、写 CLRC632 的寄存器来实现。执行命令即是将命令代码写入 CLRC632 的命令寄存器,通过 CLRC632 的 FIFO 缓冲区来传递参数和交换数据;设置配置位即是设置 CLRC632 的寄存器的相应位;监控 CLRC632 的状态是通过读 CLRC632 的寄存器来实现的。CLRC632 内部有 64 个寄存器,这些寄存器被分为 8 页,每页有 8 个寄存器。无论页是否被选中,页寄存器总可以被访问。

7. 硬件开发

(1) MCU

本系统 CPU 采用了 STM32F103VCT6,MCU 的原理电路如图 4.13 和图 4.14 所示。

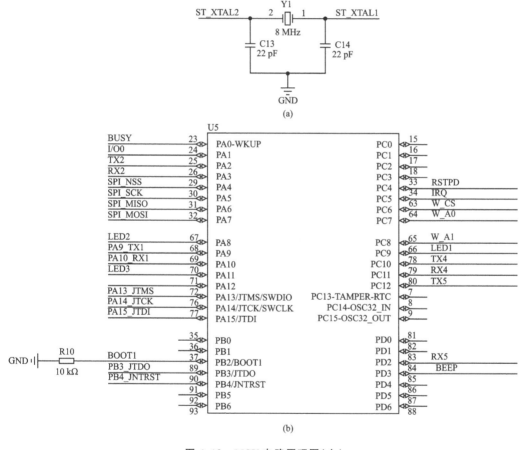

图 4.13　MCU 电路原理图(上)

① 图 4.13(a)的 Y1 为晶振,C13 和 C14 为晶振滤波电容。

② R10 为 BOOT1 的状态设置电阻,即设置 BOOT1 为低电平,BOOT1 和 BOOT0 的状态影响 CPU 的启动方式。

③ 图 4.14 中 K1 与 R14 为 BOOT0 状态设置电路;K1 按下,BOOT0 为高电平,松开则为低电平。

④ R17、K2、C15 组成了 CPU 的按键复位电路。

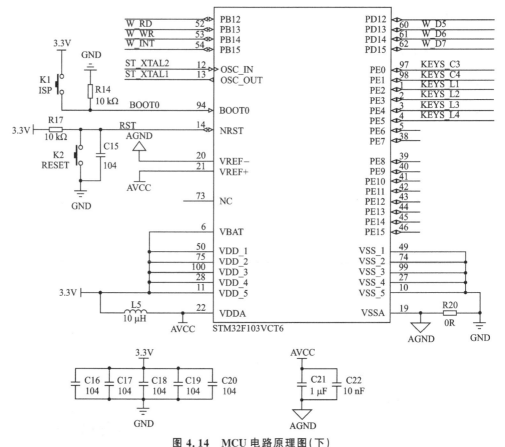

图 4.14　MCU 电路原理图(下)

⑤ C16~C22 为 CPU 的电源滤波电容。

(2)射频电路

本模块,射频功能主要由 CLRC632 控制,电路如图 4.15 所示。

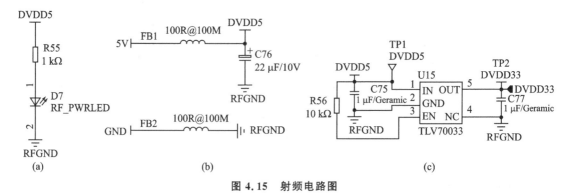

图 4.15　射频电路图

图 4.15 中,图(a)为状态指示灯电路;图(b)为电源隔离与滤波电路(抗干扰设计);图 4.15 (c)为电源稳压电路(5 V 转 3.3 V)。

滤波电路如图 4.16 所示,第一部分为射频天线滤波与阻抗匹配电路,第二部分为电源隔离、滤波电路。

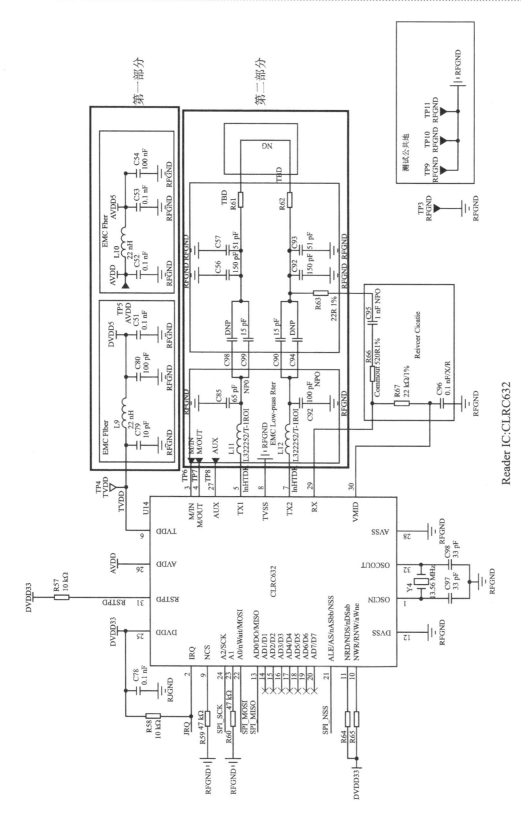

Reader IC:CLRC632

图4.16　滤波电路图

（3）电源设计

系统所需电源为 5 V 电压与 3.3 V 电压，5 V 电压采用 LM2596 稳压芯片获得，3.3 V 采用 AMS1117 稳压芯片获得，如图 4.17 所示。

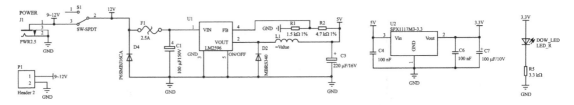

图 4.17　电源电路图

（4）ZigBee

P6 为 ZIGBEE 扩展接口，通过串口 5 与 STM32 单片机通信。P7 为 ZigBee 芯片 CC2530 的调试接口，其电路如图 4.18 所示。

（5）串口屏

通过串口屏可以实现实时对智能货架上物品的显示。屏幕采用 5 V 电源供电，连接到 STM32 的串口 2，串口屏的电路连接如图 4.19 所示。

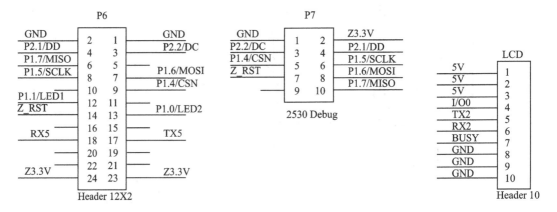

图 4.18　ZigBee 电路图　　　　图 4.19　串口屏电路连接图

（6）串口通信

最为经典的设备通信接口，为了用户调试以及开发方便，一般预留 2 个 RS232 的串口，如图 4.20 所示。

（7）JLINK 调试

JLink 是 SEGGER 公司为支持仿真 ARM 内核芯片推出的 JTAG 仿真器。配合 IAR EWAR、ADS、KEIL、WINARM、RealView 等集成开发环境支持 ARM7/ARM9/ARM11、Cortex M0/M1/M3/M4、Cortex A4/A8/A9 等内核芯片的仿真，与 IAR、Keil 等编译环境无缝连接，操作方便、连接方便、简单易学，是学习开发 ARM 最好最实用的开发工具。JLINK 如图 4.21 所示。

（8）蜂鸣器

采用 Q2（PNP 三极管）驱动蜂鸣器，BEEP 蜂鸣器为无源蜂鸣器，需要使用脉冲来驱动，

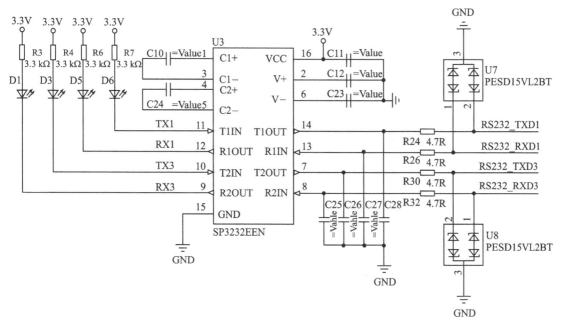

图4.20 串口通信电路图

R16、R19 为限流电阻,蜂鸣器电路如图 4.22 所示。

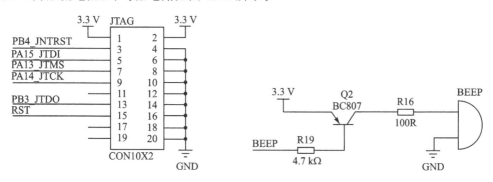

图4.21 JLINK 电路图   图4.22 蜂鸣器电路图

（9）LED 驱动

LED 驱动电路图如图 4.23 所示,其中 U6 为非门芯片,此芯片起翻转电平的作用,高电平驱动 LED 亮,电阻均为限流电阻,C9 为滤波电容。

（10）模拟选择开关

模拟选择开关电路如图 4.24 所示,其中 U11 为模拟选择开关,（1 分 4）,通过控制 6、9、10 的电平来控制输出,C31 为电源滤波电容。

8. 软件开发

（1）代码结构

代码结构如图 4.25 所示。各项说明如下:

① USER 为用户区,是一些用户自己编辑的程序代码。

● Stm32f10x_conf.h 是头文件,需要用户自行添加。

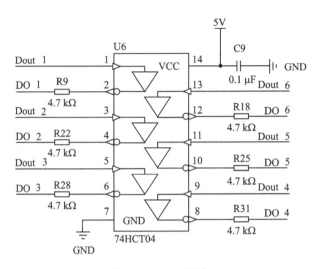

图 4.23 LED 驱动

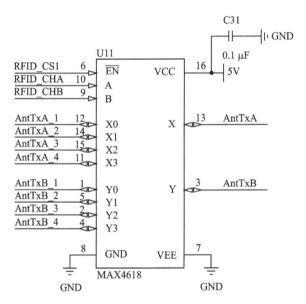

图 4.24 模拟选择开关电路图

● Stm32f10x_it.c 是中断处理函数,本项目中没有用此文件,而是把中断处理函数放在了 iw_it.c 中。

● Main.c 函数是主服务程序。

② Stdperiph_driver 是 STM32 的库文件。

③ CMSIS 是 STM32 的核心文件与启动文件。

④ IWLIB 是用户自建的一些驱动函数。

● iw_menu.c 是串口屏的通信函数。

● iw_system.c 是一些系统的初始化函数。

● iw_delay.c 是一些延时函数。

● iw_usrt.c 是串口相关的函数。

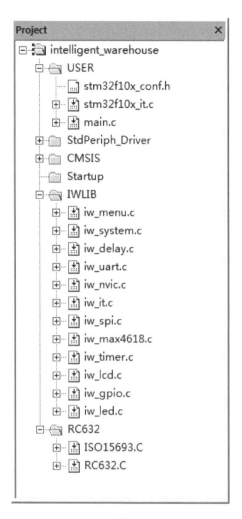

图 4.25　代码结构图

- iw_nvic.c 是一些中断的初始化与配置函数。
- iw_it.c 是中断处理函数。
- iw_spi.c 是 SPI 通信相关的函数。
- iw_max4618.c 是模拟选择开关的相关处理以及初始化函数。
- iw_timer.c 是定时器的处理与初始化函数。
- iw_lcd.c 是串口屏的命令处理函数。
- iw_gpio.c 是 IO 口的初始化函数。
- iw_led.c 是指示灯的控制函数。

⑤ RC632 是射频芯片 CLRC632 的控制与处理函数。

- ISO15693.c 是 15693 射频协议的实现函数。
- RC632.c 是 CLRC632 的初始化以及配置函数。

（2）程序讲解

1）开始系统的初始化

① 开始系统的初始化，代码如下：

```
void IwSystemInit(void)
{
    SystemInit();                            //系统时钟初始化
    JTAG_Config();                           //JTAG 初始化
    IwDelayInit();                           //延时初始化
    IwUartInit();                            //串口初始化
    IwTimer2Init(100,719);                   //定时器初始化
    IwTimer5PwmInit(600,72);                 //定时器初始化
    TIM_SetCompare2(TIM5,0);                 //定时器初始化
    IwGpioInit();                            //io 口的初始化
    IwMax4618Init();                         //模拟选择开关的初始化
    IwDelayMs(500);                          //延时
    SPI1_Init();                             //spi 的初始化
    IwNvicInit();                            //中断的初始化
    if(RC632_Init() == 0)                    //clrc632 射频芯片的初始化
    IwBeep(100);LEDtime = 100; LEDTest = 1;  //蜂鸣器短鸣,并测试指示灯
}
```

② 串口屏上显示"联创中控智能仓库系统 V3.0"，如下：

```
IwLcdWriteString(LCD_IW_INFO_ADDR, name_of_application, 32);
```

③ 串口屏上图标默认不显示，代码如下：

```
IwUpdataico();
```

④ 跳转至串口屏的第二个页面，代码如下：

```
MenuJumpPage(2);
```

⑤ 蜂鸣器短鸣，并且所有的指示灯闪烁已测试指示灯的好坏，代码如下：

```
IwBeep(100);
LEDTest = 1;
LEDtime = 100;
```

2）初始化射频为 ISO15693 协议

初始化射频为 ISO15693 协议，代码如下：

```
ConfigISOType( ISO15693);
```

3）进入主循环 while(1)

① 解析上位机与串口屏发来的命令，并执行相关的任务，代码如下：

```
ProcessUart1();          //接收上位机或者串口屏命令
```

② 自动寻卡，如果寻到卡片以后，将图标显示在串口屏上的相应位置，代码如下：

```
void AutoScan(    unsigned char bianhao)
{
    static u8 status,times;
    IwRfidAntCHx(bianhao - 1);              //切换至模拟开关对应通道
    status_of_RFID[bianhao - 1][0] = status_of_RFID[bianhao - 1][1];

    times = 0;
    status = 1;
    while(status! = 0)                      //5 次寻卡
    {
        status = ISO15693_Search(0x26,0x00,0x00,
                           (unsigned char * )RFID_INFO[bianhao - 1].uid,
                           (unsigned char * )RFID_INFO[bianhao - 1].resp);
        times ++ ;
        if(times > 5)break;
    }
    if(! status)                            //寻卡成功
    {
        LED_2_L
        IwDelayMs(100);
        LED_2_H

        status_of_RFID[bianhao - 1][1] = 0;
    }
    else                                    //寻卡失败
    {
        status_of_RFID[bianhao - 1][1] = 1;
    }


    if((status_of_RFID[bianhao - 1][0] == 1)&&(status_of_RFID[bianhao - 1][1] == 0))   //成功
    {
        IwBeep(150);                        //响蜂鸣器
        IwRfidLedSet_12(bianhao,1);         //亮灯
        PictureDesplay(bianhao - 1,1);      //显示图标

    }
    if((status_of_RFID[bianhao - 1][1] == 1)&&(status_of_RFID[bianhao - 1][0] == 0))   //失败
    {
        IwBeep(150);                        //响蜂鸣器
        IwRfidLedSet_12(bianhao,0);         //灭灯
        PictureDesplay(bianhao - 1,3);      //图标消失

    }
}
```

4）将执行结果返回

将执行结果返回,代码如下:

```
if(Success_Flag)                        //成功串口返回
    {
        Success_Flag = 0;
        UartReturnSuccess();
    }
    if(Wrong_Flag)                      //失败串口返回
    {
        Wrong_Flag = 0;
        UartReturnWrong();
    }
```

9. 协议详解

（1）智能货架指令列表

① 主机发送命令,如表 4.3 所列。

表 4.3　指令信息表

指令类型	指令编码	数据区的组成	备　注
单次读取信息	0x01	货位号＋存储地址	货位号:1～12 存储地址:1～27 FF 代表读取 1～4 四个存储地址(16 个字节)
修改信息	0x02	货位号＋存储地址＋写入的信息	存储地址 1～27 时,信息长度为 4 字节 存储地址为 FF 时,信息长度为 16 字节

② 波特率:115 200。

（2）智能货架指令分析

1）读取信息

主机发送信息如表 4.4 所列。

表 4.4　发送信息

名　称	协议帧头	节点地址	数据位长度	指令类型	数据区	校验和
指令	FF FE	03	2	01	见指令列表	SUM

回执信息如表 4.5 所列。

表 4.5　回执信息

名　称	协议帧头	节点地址	数据位长度	通讯错误	指令类型	数据区	校验和
指令	FF FE	03	成功: DataLen 失败:00	结果标志	01	成功:读取的信息 失败:无	SUM

说明：

结果标志:02:寻卡失败,01:读取失败,04:校验错误,08::其他错误。

DataLen:数据区的数据长度。

例：读取货位5,地址1数据(比如存放的都是1)。

发送：　　FF FE 03 02 01 05 0109

接收成功:FF FE 03 06 00 01 05 01 01 01 01 01 11

失败：　　FF FE 03 00 02 01 03

2) 修改信息

主机发送信息如表4.6所列。

表 4.6　发送信息

名　称	协议帧头	节点地址	数据位长度	指令类型	数据区	校验和
指令	FF FE	03	DataLen	02	见指令列表	SUM

说明:扇区编号、块编号取值参照指令列表。

回执信息如表4.7所列。

表 4.7　回执信息

名　称	协议帧头	节点地址	数据位长度	通讯错误	指令类型	数据区	校验和
指令	FF FE	03	00	结果标志	02	无	SUM

说明:结果标志:02:寻卡失败,01:修改失败,04:校验错误,08:其他错误

例：往货位5地址1写入四个01。

发送：　　　FF FE 03 06 02 05 01 01010101 12

接收(写成功):FF FE 03 00 00 02 02

写失败：　　FF FE 03 00 02 02 04

4.1.4　安卓网关操作

安卓网关操作时,首先需要在Andriod设备终端(本实验台所使用的上位机)安装UStor-age.apk应用。此设备安装完成后,软件图标会显示在应用程序中,如图4.26所示。

具体操作步骤如下:

① 使用平行串口线将网关与智能货架控制器的串口1连接。然后单击"UStorage"软件图标,打开启仓库管理系统,如图4.27所示。

② 单击"MECU"按键,在屏幕下方将出现"设置、提示、退出"三个黑色背景的功能区,如图4.28所示。单击"设置",将进入到串行口选择界面。

③ 选择的串口号为步骤1时连接的串口(例如:硬件连接是串口2,则在串口号下拉列表中选择"/dev/s3c2410_serial2");波特率设置为"115 200",然后单击"打开",此时需要等待1 s左右,提示"串口打开成功"时,"开始"变为"关闭",如图4.29和图4.30所示。

图 4.26　Andriod 终端系统界面

图 4.27　仓库管理系统界面

图 4.28　串行口选择界面

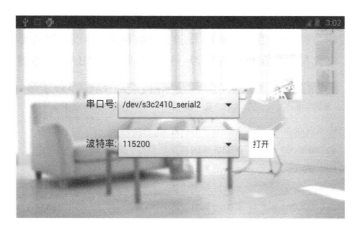

图 4.29　设置波特率界面

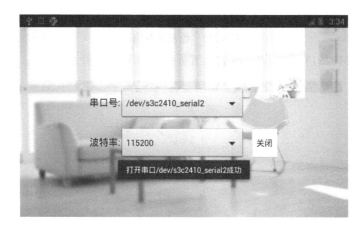

图 4.30　打开串口界面

④ 单击"BACK"按键,将返回到"UStorage"软件基本操作界面,如图 4.31 所示。注意:此时界面右下方的"存储"背景为红色,证明目前处于存储状态,其余为绿色。然后将货物随机摆放到货架上,并确认货架指示灯是否正常亮起,等待 10 s 左右。

图 4.31　返回主界面

⑤ 单击界面右下角“列表”，将打开货物摆放记录列表，如图 4.32 所示，此列表将显示“标签 ID 号、物品位置、物品种类”，因首次使用未定义物品种类，所以显示物品种类为“空”；确认列表显示货物数量、位置与实际摆放位置是否一致。然后单击“BACK”按键，返回。

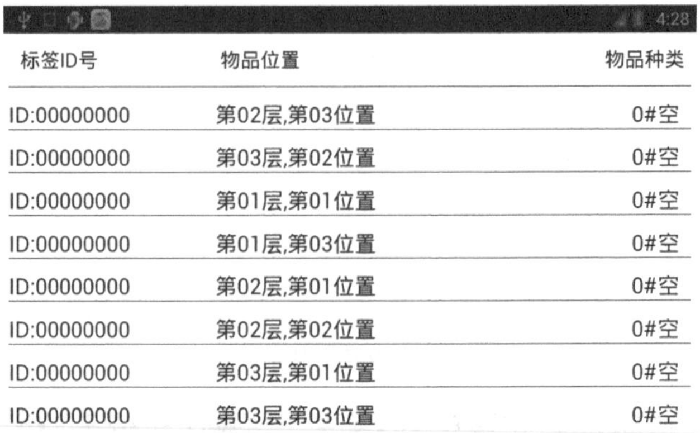

4:28
标签ID号
物品位置
物品种类
ID:00000000 第02层,第03位置 0#空
ID:00000000 第03层,第02位置 0#空
ID:00000000 第01层,第01位置 0#空
ID:00000000 第01层,第03位置 0#空
ID:00000000 第02层,第01位置 0#空
ID:00000000 第02层,第02位置 0#空
ID:00000000 第03层,第01位置 0#空
ID:00000000 第03层,第03位置 0#空

图 4.32　物品位置图

⑥ 单击其中的物品，将进入物品种类设置界面，如图 4.33 所示。

1:24
编号: 0
物品: 空
价格(元): 0
确定

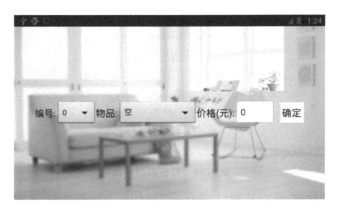

图 4.33　物品种类设置

⑦ 分别单击“编号”“物品”的下拉列表，将打开物品种类选择界面，如图 4.34、图 4.35 和图 4.36 所示；价格处直接写入 16～255 范围内的整数。

1:37
5
6
7
8
9
确定

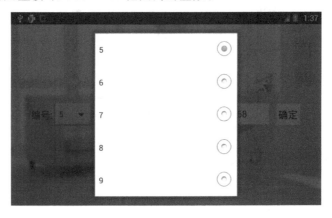

图 4.34　物品编号

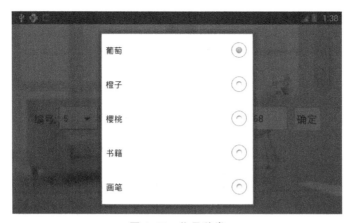

图 4.35　物品种类

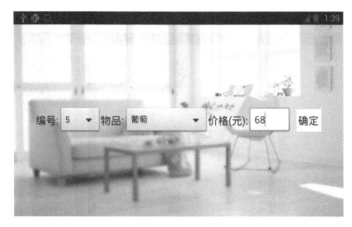

图 4.36　物品价格

⑧ 为货物进行设置后,单击"确认"。

⑨ 单击"BACK"按键,返回到"UStorage"软件基本操作界面,此时刚才修改的物品种类将显示为设置好的,如图 4.37 所示。

图 4.37　返回基本操作界面

⑩ 重复步骤⑥～⑨,完成其他物品的种类选择,如图 4.38 所示。

图 4.38　其他物品种类选择

⑪ 将货架上部分物品取下,等待片刻后,管理界面将显示相应位置为"空",如图 4.39 所示。

图 4.39　取下货物

⑫ 将物品分类并按自定顺序摆放到货架上,此时"UStorage"软件界面将如图 4.40 所示,物品分类明确不杂乱。

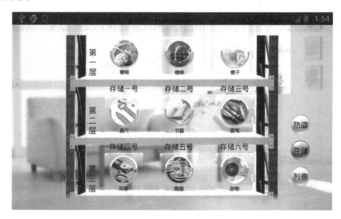

图 4.40　自定义摆放

⑬ 单击"列表",可以查看货物"位置、种类"的变更记录(见图 4.41),方便了对货物的管理

与统计。

标签ID号	物品位置	物品种类
ID:040b043c	第02层,第02位置	4#樱桃
ID:040d0412	第01层,第02位置	4#樱桃
ID:040d0311	第01层,第03位置	3#橙子
ID:0406011e	第03层,第01位置	1#苹果
ID:04060c1e	第03层,第01位置	12#耳塞
ID:0e0709b4	第03层,第02位置	9#陶瓷
ID:10040d13	第03层,第03位置	13#杂物
ID:040b053c	第02层,第02位置	5#书籍

图 4.41 货物位置变更记录

4.2 智能家居实验

4.2.1 智能家居系统概述

智能家居综合体现了物联网技术在日常生活中的应用方式。随着物联网技术的广泛应用,未来家居在智能化、舒适性、安全性、绿色节能等方面会出现飞跃式的发展,并且将极大改变人们的生活方式。

智能家居是物联网这个大产业方向的一个最具体的落实点,在物联网大产业还处于摸索期时,智能家居已经开始形成行业规范、产业雏形。智能家居行业在快速发展,但由于物联网教育刚刚起步,人才供应远远不足,高校开展智能家居工程及设计人才教育培养具有重大的现实意义。

联创中控针对物联网相关专业的教学需求,设计了物联网综合实训操作台的智能家居实训区,其具有使用操作方便、内容丰富有趣的优点,非常适合学生做实验。

1. 智能家居控制系统原理概述

图 4.42 为智能家居系统结构框图,核心为智能家居网关控制器,网关控制通过 ZigBee 网

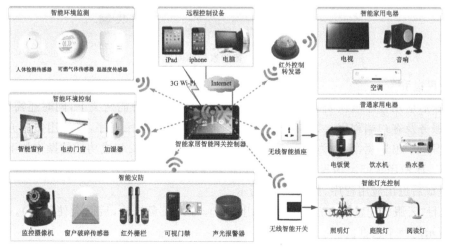

图 4.42 智能家居系统结构图

络控制各种传感器、执行器智能节点,通过红外控制转发器控制家居里的电器设备,通过无线智能开关和插座,控制没有智能接口的电器。

智能网关通过 Wi-Fi、以太网、3G 接入互联网,实现智能家居的广域网访问和控制。

2. 智能家居实验区硬件组成

智能家居实验区主要模拟了一套完整的智能家居项目,包含环境监测、电器遥控、安防监控、电子门禁、摄像监控、电动窗帘、风扇控制、情景模式等,整个实验区主要由各种商用传感器和无线节点模块组成。

智能家居实验区提供 6 组无线节点模块,无线节点的硬件介绍见 2.1 节,每个节点除了提供 P1～P4 信号外,还增加了 12 V、5 V 两组电源接口,如图 4.43 所示。

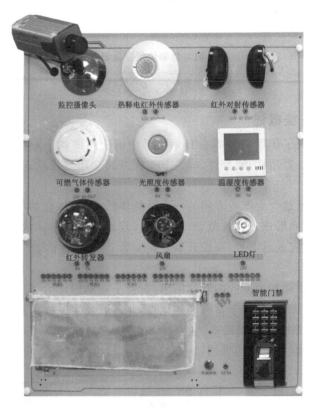

图 4.43　智能家居实验区

3. 使用指引

智能家居应用程序默认安装在智能物联网实训操作台的智能网关上,同时还需要运行相应的网关服务及客户端程序。如果系统被破坏,或是未安装应用程序,可使用实验光盘"UI-IOT-OPS\02-出厂镜像\网关\aapp"的应用程序进行安装。安装成功后的操作如下:

① 第一次使用智能家居程序,需要先运行"网关设置"应用程序,将 ZigBee 的服务选项勾选,设置完成后退出应用程序,如图 4.44 所示。

② 运行"云服务配置工具"(记住这个用户 ID,可以任意修改,后面会使用到),并勾选下图 4.45 所示的两个选框。

③ 选择"设置"→"应用程序"→"已下载",确认是否已经安装 WsnDroidClientService。如

图 4.44　ZigBee 配置

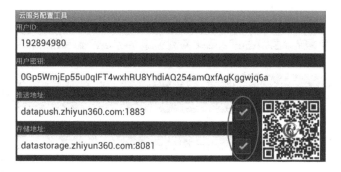

图 4.45　云服务配置

没有安装,在"UI - IOT - OPS\02 -出厂镜像\网关\aapp"目录下安装 WsnDroidClientService. apk 即可。

④ 运行"ZSmartHome"智能家居应用程序,进入到程序主界面,主界面由时钟模块、功能模块、系统设置及情景模式设置模块组成。功能模块包含环境监测、灯光控制、电器遥控、安防设备、电子门禁、摄像监控、智能窗帘以及风扇控制,可通过左右拖动显示并选择,如图 4.46 所示。

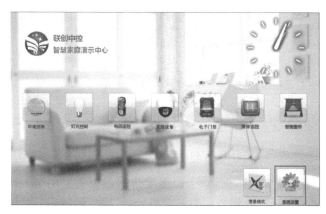

图 4.46　"智能家居"主界面

⑤ 单击系统设置模块图标,进行相应的系统设置,包括网关地址配置及紧急联系人电话设置,如图 4.47 所示。

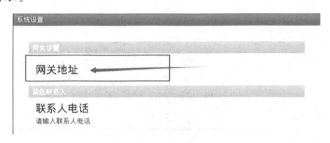

图 4.47 网关地址配置

⑥ 单击网关地址,进入网关地址配置界面,输入在"WsnService"中分配的用户 ID,启动内网自动配置即可,设置完成后退出该客户端服务配置程序,如图 4.48 所示。

图 4.48 客户端服务配置

⑦ 单击"环境监测"图标,进入环境监测模块,可以看到温度、湿度、光线感应三个图标及显示文本框,如图 4.49 所示。

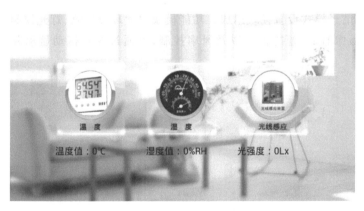

图 4.49 环境监测模块

⑧ 长按"温度"图标,弹出对话框,输入温湿度传感器上所贴的 mac 地址,就可以实现绑定,然后可以在显示文本中可读取到当前温湿度值(光线感应的同理),如图 4.50 所示。

⑨ 其他模块及功能用户可以自行去实验。

图 4.50　绑定温湿度传感器

4.2.2　协议详解

（1）协议说明

应用程序与 ZigBee 智能网关通信遵循的协议命令格式如表 4.8 所列。

表 4.8　命令格式

标　示	SOP	CMD	LEN	DATA	FCS
长度（B）	1	2	1	N	1

下面对各位进行解释说明：

① SOP：命令开始标示，取值固定为 0x02。

② CMD：命令标示码，用于区别不同的命令。

● 取值：0x2900　　发送数据　前置机→网关。

0x6900　　响应数据　网关→前置机。

0x6980　　响应数据　网关→前置机。

③ LEN：Data 域的长度，如果 len＝0 则没有 data 域。

④ DATA：数据位，以 0x7b、0x7d 即"{"、"}"开始和结束。

⑤ FCS：从 CMD 到 DATA 的异或和。

（2）节点具体命令

在智能网关的程序中，不仅实现了与应用程序及协调器进行通信的功能，还处理了数据及命令的解析和封装。所以应用程序发送给网关的命令不需要上面的完整协议命令格式，只需要发送 DATA 位，以"{"、"}"作为首尾即可，由网关来完成命令的封装用以发送给协调器，这样降低了用户编程的难度，而且更容易理解应用程序。

定义节点的 DATA 位通信格式：

① 所有指令采用 Ascii 编码；

② 每个节点包含以下 4 个属性，属性取值为"?"或数字。

● D0：开关量，取值 0～255，支持 8 路开关量状态表示。

● A0，A1，A4：模拟量。

③ 每个节点支持如下 2 条指令：

● OD0：取值 0～255 bit 为 1 的位须将相应开关量置 1。

● CD0：取值 0～255 bit 为 1 的位须将相应开关量置 0。

④ 每条属性用","隔开;当属性值为"?"表示读取,数字表示写入;当读取的节点不支持的属性时,节点不返回该属性的值。

智能家居实验将 10 个不同传感器分为 6 个节点来控制,每个不同节点所发指令的详细说明如表 4.9 所列。

表 4.9 智能家居实验节点详细指令

所属节点	传感器	命 令	说 明
节点 1	可燃气体	{D0=?}	读取可燃气体当前开关状态
		{OD0=1,D0=?}	打开可燃气体电源,并返回状态
		{CD0=1,D0=?}	关闭可燃气体电源,并返回状态
		{A4=?}	读取当前可燃气体监测状态
节点 2	红外转发	{A0=−n}	按键 n 学习控制
		{A0=n}	按键 n 遥控控制
	热释电红外	{D0=?}	读取人体红外当前开关状态
		{OD0=1,D0=?}	打开人体红外电源,并返回状态
		{CD0=1,D0=?}	关闭人体红外电源,并返回状态
		{A4=?}	读取当前人体红外监测状态
节点 3	风扇	{D0=?}	读取风扇当前开关状态
		{OD0=1,D0=?}	打开风扇,并返回状态
		{CD0=1,D0=?}	关闭风扇,并返回状态
节点 4	红外对射	{D0=?}	读取红外对射当前开关状态
		{OD0=1,D0=?}	打开红外对射电源,并返回状态
		{CD0=1,D0=?}	关闭红外对射电源,并返回状态
		{A4=?}	读取当前红外对射监测状态
	光照	{A0=?}	读取当前光照值
节点 5	LED 灯	{D0=?}	读取 LED 灯当前开关状态
		{OD0=1,D0=?}	打开 LED 灯,并返回状态
		{CD0=1,D0=?}	关闭 LED 灯,并返回状态
	温湿度	{A0=?}	读取当前温度值
		{A1=?}	读取当前湿度值
节点 6	门磁	{D0=?}	读取电磁锁当前开关状态
		{OD0=1,D0=?}	打开电磁锁,并返回状态
		{CD0=1,D0=?}	关闭电磁锁,并返回状态
	窗帘	{D0=?}	读取窗帘当前开关状态
		{OD0=16,D0=?}	打开窗帘正转,并返回状态
		{CD0=16,D0=?}	打开窗帘反转,并返回状态
		{SD0=1,D0=?}	停止窗帘转动,并返回状态

4.2.3　硬件代码解析及测试

智能家居实验的硬件代码分为两块，一是 CC2530 节点工程，负责传感器数据与协调器之间的无线收发功能；二是 STM32 节点工程，负责采集传感器数据，进行命令解析等功能。下面分别进行说明：

1. CC2530 节点实验

CC2530 节点控制程序运行在每个传感器节点的 CC2530 芯片上，本实验台主要通过 STM32 来采集传感器数据，CC2530 只用来建立协调器与节点板之间的通信及数据传递，所以所有节点的 CC2530 控制程序都是同一个，它是基于 ZsTack 协议栈的，并且都是在 SampleApp 的基础上修改而来的。

下面对其工程进行介绍：

① 打开例程：将光盘中的例程"05-实验例程\第 6 章\Universal"整个文件夹拷贝到"C:\Texas Instruments\ZStack-CC2530-2.4.0-1.4.0\Projects\zstack\Samples"文件夹下。双击"Universal\ CC2530DB\Universal.eww"工程文件，节点工程总视图如图 4.51 所示。

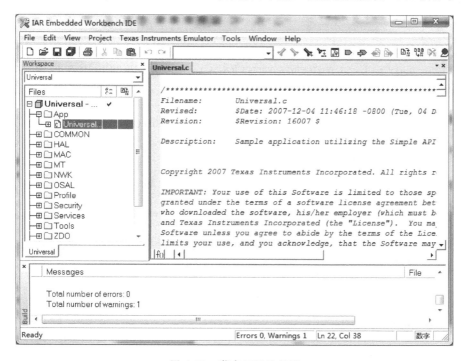

图 4.51　节点工程总视图

② 修改工程内文件："Tools"→"f8wConfig.cfg"，修改信道号，并将"PAN ID"修改为个人学号的后四位：

```
- DDEFAULT_CHANLIST = 0x00004000        // 14 - 0x0E 信道号 11 - 26 可选
- DZDAPP_CONFIG_PAN_ID = 0x2808         //修改为学号，比如 0x0008
```

注意：同一个实验台的 ID 要相同，不同实验台的 ID 要不同，否则会造成传感器入网不良或入网错误，从而导致各种问题。同一个实验台信道号必须一样，不同的实验台信道号不做要求，可以一样，也可以不一样。

③ 在"Workspace"窗口下拉菜单选择需要编译的工程,这里只有"Universal"工程,单击"IAR"环境菜单栏"Project"→"Rebuild All",重新编译源码。通用节点工程如图 4.52 所示。

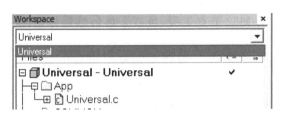

图 4.52　通用节点工程

CC2530 节点的应用功能代码实现文件是"Universal.c"在工程文件夹 App 目录下具体实现可参考源码。编译好之后可将代码下载到节点板的 CC2530 芯片中。

④ 工程代码简要解析:除协调器外,所有节点都是使用同一个 CC2530 程序,在上电时可以通过按键 K4 和 K5 选择节点作为路由器还是终端节点,默认启动后节点均是终端节点。解释代码如下:

```
key_init();
    zb_ReadConfiguration( ZCD_NV_LOGICAL_TYPE, sizeof(uint8), &logicalType );
    if ( logicalType ! = ZG_DEVICETYPE_ENDDEVICE && logicalType ! = ZG_DEVICETYPE_ROUTER ) {
                                                                          //默认启动
        selType = ZG_DEVICETYPE_ENDDEVICE;
        zb_WriteConfiguration(ZCD_NV_LOGICAL_TYPE, sizeof(uint8), &selType);
        zb_SystemReset();
    }
    if ( K5 == 0 && logicalType ! = ZG_DEVICETYPE_ENDDEVICE ) {     //按下
        selType = ZG_DEVICETYPE_ENDDEVICE;
        zb_WriteConfiguration(ZCD_NV_LOGICAL_TYPE, sizeof(uint8), &selType);
        zb_SystemReset();
    }
    if ( K4 == 0 && logicalType ! = ZG_DEVICETYPE_ROUTER) {         //按下
        selType = ZG_DEVICETYPE_ROUTER;
        zb_WriteConfiguration(ZCD_NV_LOGICAL_TYPE, sizeof(uint8), &selType);
        zb_SystemReset();
    }
```

CC2530 芯片与协调器之间的数据收发是通过 ZigBee 无线网络实现的,发送过程是首先 CC2530 接收从 STM32 采集到的传感器数据,进行解析,然后发送给协调器;接收过程是 CC2530 接收从协调器无线发送过来的命令,解析成底层所能识别的命令,然后发送给相应的传感器。具体实现代码如下:

```
void zb_HanderMsg(osal_event_hdr_t * msg)
{
    mtSysAppMsg_t * pMsg = (mtSysAppMsg_t * )msg;
    uint16 dAddr;
    uint16 cmd;
```

```
uint16 addr = NLME_GetShortAddr();
HalLedSet( HAL_LED_1, HAL_LED_MODE_OFF );
HalLedSet( HAL_LED_1, HAL_LED_MODE_BLINK );
if (pMsg->hdr.event == MT_SYS_APP_MSG) {
//if (pMsg->appDataLen < 4) return;
dAddr = pMsg->appData[0] << 8 | pMsg->appData[1];
cmd = pMsg->appData[2] << 8 | pMsg->appData[3];
if (dAddr == 0) {
    processCommand(cmd, pMsg->appData + 4, pMsg->appDataLen - 4);
} else {
    zb_SendDataRequest(dAddr, cmd, pMsg->appDataLen - 4, pMsg->appData + 4, 0, AF_ACK_RE-
QUEST, 0 );
    }
  }
}
```

其中,processCommand 就是对命令和数据进行解析的函数。

2. 测 试

默认网关上安装了"WsnClientServiceTest"应用程序,使用它可以用来测试硬件代码是否编写正确,这样就不需要提前编写 Android 应用来测试了,降低了硬件研发的测试难度。测试应用如图 4.53 所示。

图 4.53 测试应用

通过 WSN 服务配置连接网关,然后输入所写代码烧写进去的节点板的 mac 地址,选择相应命令或手动输入命令来进行测试。如果 ZigBee 网络连接没有问题,节点代码编写无误,会在历史数据传输记录里看到返回的结果,用户可以根据返回的结果调试代码。

4.3 传感器分项实验

4.3.1 可燃气体传感器实验

1. 实验目的

① 掌握可燃气体传感器的使用；

② 通过 STM32 读取可燃气体传感器的值,通过串口从 PC 上显示出来。

2. 实验环境

① 硬件:STM32 开发板,USB 接口仿真器,PC 机,串口线,可燃气体传感器 1 个,香蕉端子线 2 条。

② 软件:Windows 7/Windows XP、IAR 集成开发环境、串口调试工具(超级终端)。

3. 实验原理

催化探头式气体传感器被设计用以监视周围空气中可燃气体浓度在爆炸下限中从 0～100%的范围内的变化。该传感技术是催化燃烧型,传感器由成对的探头组成,探头可在现场更换。催化探头对于种类繁多的可燃性气体有敏锐的反应。该技术对于可燃性气体普遍适用,可用于对几种特定可燃性气体的探测和监视。传感器经特殊设计,具有防毒气功能,能在多数工业环境中可靠工作 5～10 年。

探测方式是扩散和吸附。空气和检测气体通过一个烧结的不锈钢过滤网与探测器及平衡器充分接触。探测器上受热的表面促进可燃气体分子的氧化;而经过处理的平衡器不支持这一氧化过程,是惰性的。平衡器可在很复杂的环境下保持零点漂移的稳定性。当可燃气体分子在探测器上氧化时,将产生一个温度的增量并且它的电阻也随之改变。阻值的改变经惠斯通电桥精确测量。

根据上位机和下位机之间的通信协议,"{OD0=1,D0=?}"打开可燃气体,并返回状态。"{CD0=1,D0=?}"关闭可燃气体,并返回状态,"{A4=?}"读取当前红可燃气体状态,"{D0=?}"读取可燃气体当前开关状态。

节点 1 可燃气体传感器,主要实现可燃气体传感器的电源开关控制及监测状态的主动上传与读取。实验首先进行一些基本的时钟、IO 口等的初始化操作,然后处理从 CC2530 发送过来的命令,进行相应的控制。代码如下:

```
void main(void)
{
    unsigned int tm = clock_s() + 10;  //设定超时时间 10s
    unsigned int dy = 0;
    char dat[10] = {0x7B,0x4D,0x41,0x43,0x3D,0x3F,0x7D};//{MAC=?}
    clock_init();
    uart1_init();
    gpio_init();
    SPI_LCD_Init();
    lcd_initial();
    Display_Clear(0x001f);
    process_command_init();
    process_set_command_call(process_command_callback);
    Delay_ms(1000);//上电等待 1 秒,等到 CC2530 稳定后发送查询 MAC 地址的指令
```

```
// ================ 获取 MAC 地址 ====================
    process_command_send(dat, 7);
    Delay_ms(1000);
    process_uart_command();
    Display_Desc(name, mac);
    while(1){
        process_uart_command();
        // IO 检测
        if (1 == GPIO_ReadInputDataBit(GPIOA, GPIO_Pin_1))
        {
            if(st == 0)
            {
                process_command_send("{A4=1}", 6);
                DEBUG_TAG("{A4=1}\r\n");
                st = 1;
            }
            dy = 0;
        }else if(st == 1)
        {
            if (dy == 0) {
                dy = clock_s() + 2;
            } else
            if (timeout_s(dy)) {
                process_command_send("{A4=0}", 6);
                DEBUG_TAG("{A4=0}\r\n");
                st = 0;
                dy = 0;
            }
        }
        if (timeout_s(tm)) {     //超时处理
            tm = clock_s() + 10;
        }
    }
}
```

其中,while(1)循环中实现的是可燃气体监测状态上传功能。当监测到可燃气体之后,
PA1 脚会被拉高,STM32 检测到电平的变化后就会上传一个"{A4=1}",上层程序就会识别
该指令,然后进行相应的控制及报警处理。反之,当可燃气体消除之后,会上传一个"{A4=0}"。

While 循环中还处理了串口发送过来的命令 process_uart_command(),函数如下:

```
void process_uart_command(void)
{
    int rxidx;
    rxidx =   check_rxbuf();
    if (rxidx >= 0) {
        int pkglen = - rxlens[rxidx];
        char * pkg = rxbufs[rxidx];
        process_package(pkg, pkglen);
        free_rxbuf(rxidx);
    }
}
```

这里会调用一个命令解析函数 process_package()：

```
static void process_package(char * pkg, int len)
{
    char * p;
    char * ptag = NULL;
    char * pval = NULL;
    static char wbuf[256];
    char * pwbuf = wbuf + 1;
    //判断是否为为一个完整的命令
    if (pkg[0] ! = '{' || pkg[len - 1] ! = '}') return;
    pkg[len - 1] = 0;
    p = pkg + 1;
    //下面的do while循环为将命令数据中的多条属性解析出来
    do {
        ptag = p;
        p = strchr(p, '=');
        if (p ! = NULL) {
            * p++ = 0;
            pval = p;
            p = strchr(p, ',');
            if (p ! = NULL) * p++ = 0;
            DEBUG_TAG("tag = % s val = % s\r\n", ptag, pval);
            if (process_command_call ! = NULL) {
                int ret;
                //调用 process_command_callback()函数对命令进行处理
                ret = process_command_call(ptag, pval, pwbuf);
                if (ret > 0) {
                    pwbuf + = ret;
                    * pwbuf ++ = ',';   //返回的命令中属性以","隔开
                }
            }
        }
    } while (p ! = NULL);
    if (pwbuf - wbuf > 1) {                //对返回命令进行规格化处理
        wbuf[0] = '{';
        pwbuf[0] = 0;
        pwbuf[ - 1] = '}';
        DEBUG_TAG(" >>> % s", wbuf);
        uart_write(wbuf, pwbuf - wbuf);
    }
}
```

若接收到的是一条完整有效的命令，经解析之后，此时就可以根据所收到的属性及值来进行相应的操作。process_command_callback 处理函数如下：

```c
static int process_command_callback(char * ptag, char * pval, char * pout)
{
    iint val;
    int ret = 0;
    val = atoi(pval);

    if (0 == strcmp("CD0", ptag)) {
        if (val == 1) {
            Sensor_ST = 0;
            GPIO_WriteBit(GPIOB, GPIO_Pin_2, 0);
        }
    }
    if (0 == strcmp("OD0", ptag)) {
        if (val == 1) {
            Sensor_ST = 1;
            GPIO_WriteBit(GPIOB, GPIO_Pin_2, 1);
        }
    }
    if (0 == strcmp("D0", ptag)) {
        if (0 == strcmp("?", pval)) {
            ret = sprintf(pout, "D0 = % u", Sensor_ST);
        }
    }
    if (0 == strcmp("A4", ptag)) {
        if (0 == strcmp("?", pval)) {
            ret = sprintf(pout, "A4 = % u", st);
        }
    }
    //MAC 地址
    if (0 == strcmp("MAC", ptag))
    {
        strcpy(mac_temp , pval);
        mac[0] = mac_temp[0];
        mac[1] = mac_temp[1];
        mac[3] = mac_temp[2];
        mac[4] = mac_temp[3];
        mac[6] = mac_temp[4];
        mac[7] = mac_temp[5];
        mac[9] = mac_temp[6];
        mac[10] = mac_temp[7];
        mac[12] = mac_temp[8];
        mac[13] = mac_temp[9];
        mac[15] = mac_temp[10];
        mac[16] = mac_temp[11];
        mac[18] = mac_temp[12];
```

```
        mac[19] = mac_temp[13];
        mac[21] = mac_temp[14];
        mac[22] = mac_temp[15];
    }
    return ret;
}
```

以查看当前传感器开关状态值为例,可以看到,若上层发送过来的是完整的"{D0＝?}"这样一条命令,经层层解析之后,就是 ptag 为"D0",pval 为"?"的命令,然后判断符合之后,就返回当前开关状态"D0＝%u",Sensor_ST。

通过上述代码流程,当传感器监测到可燃气体后,会上传一个"{A4＝1}",上层程序就会识别该指令,然后进行相应的控制及报警处理。反之,当可燃气体消除之后,会上传一个"{A4＝0}"。这样上位机就可以根据传感器的不同状态进行不同的控制。

4. 实验内容

下载节点 1 程序,按照表 4.10 所列进行传感器连接。本实验代码通过读取可燃气体传感器数据,然后通过串口从 PC 显示出来。

表 4.10　传感器连接方式

传感器		所属节点		CPU 控制	
名称	信号	节点号	信号	CPU 控制引脚	说明
可燃气体	12 V	节点 1	12 V	PB2(I/O)	I/O 输出控制电源
	IO－OUT		P4	PA1(I/O)	I/O 输入检测状态

5. 实验步骤

① 正确连接 JLINK 仿真器到 PC 机和 STM32 板,将温可燃气体传感器节点板参照实验内容的表格正确连接到无线节点的接线端子。用串口线一端连接节点下载转接板,另一端连接 PC 机串口。

② 用 IAR 开发环境打开实验例程:在文件夹"05－实验例程\第 6 章\SmartHome\Node－1\Node－1.eww"下,选择"Project"→"Rebuild All"重新编译工程。

③ 将连接好的硬件平台通电(STM32 电源开关必须拨到"ON"),接下来选择"Project"→"Download and debug"将程序下载到 STM32 开发板中。

④ 下载完后可以单击"Debug"→"Go"实现程序全速运行;也可以将 STM32 开发板重新上电或者按下复位按钮让刚才下载的程序重新运行。

⑤ 程序成功运行后,在 PC 机上打开串口助手"commix10.exe"或者超级终端,串口助手软件在文件夹"DISK－IOTOPS\04－常用工具\"中可以找到,设置串口接收的波特率为115 200,设置正确的串口号,之后打开串口。

⑥ 用少量可燃气进行测试(打火机释放少量气体);一定注意安全! 在不确定是否安全的情况下不要进行此实验,观察串口调试工具接收区显示的数据。

6. 实验结果

串口发送"{OD0＝1,D0＝?}",返回结果如图 4.54 所示。

打开传感器后,当有可燃气体时,触发传感器,传感器闪灯同时发出蜂鸣器滴滴声,串口助手收到数据"{A4=1}",如图 4.55 所示。

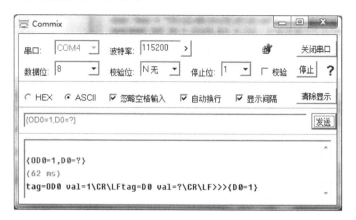

图 4.54 实验结果返回值

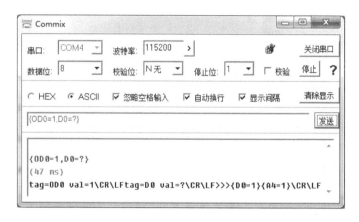

图 4.55 返回可燃气体数据

发送"{A4=?}"有可燃气体,返回结果如图 4.56 所示。

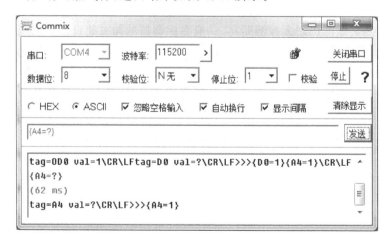

图 4.56 有燃气体结果

发送"{A4=?}"未检测到可燃气体,返回结果如图 4.57 所示。

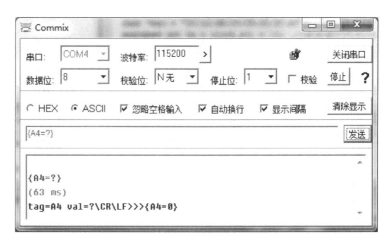

图 4.57　无可燃气体结果

4.3.2　热释电红外传感器实验

1. 实验目的

① 掌握热释电红外传感器的使用；

② 通过 STM32 读取传感器数值，并通过串口显示出来。

2. 实验环境

① 硬件：热释电红外传感器，USB 接口仿真器，PC 机，串口线，热释电红外传感器节点板（节点 2 一块）；

② 软件：Windows 7/Windows XP、IAR 集成开发环境、串口调试工具（超级终端）。

3. 实验原理

热释电红外线传感器主要是由一种高热电系数的材料，如锆钛酸铅系陶瓷、钽酸锂、硫酸三甘钛等制成尺寸为 2×1 mm 的探测元件。在每个探测器内装入一个或两个探测元件，并将两个探测元件以反极性串联，以抑制由于自身温度升高而产生的干扰。由探测元件将探测并接收到的红外辐射转变成微弱的电压信号，经装在探头内的场效应管放大后向外输出。为了提高探测器的探测灵敏度以增大探测距离，一般在探测器的前方装设一个菲涅尔透镜，该透镜用透明塑料制成，将透镜的上、下两部分各分成若干等份，制成一种具有特殊光学系统的透镜，它和放大电路相配合，可将信号放大 70 dB 以上，这样就可以测出 10～20 m 范围内人的行动。

菲涅尔透镜利用透镜的特殊光学原理，在探测器前方产生一个交替变化的"盲区"和"高灵敏区"，以提高它的探测接收灵敏度。当有人从透镜前走过时，人体发出的红外线就不断地交替从"盲区"进入"高灵敏区"，这样就使接收到的红外信号以忽强忽弱的脉冲形式输入，从而增强其能量幅度。

人体辐射的红外线中心波长为 9～10 μm，而探测元件的波长灵敏度在 0.2～20 μm 范围内几乎稳定不变。在传感器顶端开设了一个装有滤光镜片的窗口，这个滤光片可通过光的波长范围为 7～10 μm，正好适合于人体红外辐射的探测，而对其他波长的红外线由滤光片予以吸收，这样便形成了一种专门用作探测人体辐射的红外线传感器。

人体都有恒定的体温，一般为 37 ℃，所以会发出特定波长 10 μm 左右的红外线，被动式红外探头就是靠探测人体发射的 10 μm 左右的红外线而进行工作的。人体发射的 10 μm 左右的红外线通过菲泥尔滤光片增强后聚集到红外感应源上。红外感应源通常采用热释电元件,这种元件在接收到人体红外辐射温度发生变化时就会失去电荷平衡,向外释放电荷,后续电路经检测处理后就能产生报警信号。

根据上位机和下位机之间的通信协议。出厂默认"{A0＝1}"是监测到人体经过,"{A0＝0}"是没有检测到人体经过。对该指令的代码如下:

节点 2 热释电红外传感器,主要实现是否有人体经过的开关控制及监测状态的主动上传与读取。实验首先进行一些基本的时钟、IO 口等的初始化操作,然后处理从 CC2530 发送过来的命令,进行相应的控制。

```c
void main(void)
{
    unsigned int tm = clock_s() + 10;    //设定超时时间 10s
    unsigned int dy = 0;
    char dat[10] = {0x7B,0x4D,0x41,0x43,0x3D,0x3F,0x7D};//{MAC = ?}
    clock_init();
    uart1_init();
    uart3_init();
    gpio_init();
    SPI_LCD_Init();
    lcd_initial();
    Display_Clear(0x001f);
    process_command_init();
    process_set_command_call(process_command_callback);
    Delay_ms(1000);//上电等待 1 秒,等到 CC2530 稳定后发送查询 MAC 地址的指令
// ================ 获取 MAC 地址 ====================
    process_command_send(dat, 7);
    Delay_ms(1000);
    process_uart_command();
    Display_Desc(name, mac);
    while(1){
        process_uart_command();
        // IO 检测
        if (1 == GPIO_ReadInputDataBit(GPIOA, GPIO_Pin_1))//检测到人体
        {
            if(st == 0)
            {
                process_command_send("{A4 = 1}", 6);
                DEBUG_TAG("{A4 = 1}\r\n");
                st = 1;
            }
            dy = 0;
        }else if(st == 1)
        {
            if(dy == 0) {
```

```
                dy = clock_s() + 1;
            } else
        if (timeout_s(dy)) {
                process_command_send("{A4 = 0}", 6);
                DEBUG_TAG("{A4 = 0}\r\n");
                st = 0;
                dy = 0;
            }
        }
        if (timeout_s(tm)) {      //超时处理
            tm = clock_s() + 10;
        }
    }
}
```

上述函数对串口缓冲区进行判断,当缓冲区有数据的时候就调用函数 process_package() 来对该缓冲区里面的数据进行解析,解析缓冲区的函数 process_package()的实现如下:

```
static void process_package(char * pkg, int len)
{
    char * p;
    char * ptag = NULL;
    char * pval = NULL;
    static char wbuf[256];
    char * pwbuf = wbuf + 1;
    //判断是否为为一个完整的命令
    if (pkg[0] != '{' || pkg[len - 1] != '}') return;
    pkg[len - 1] = 0;
    p = pkg + 1;
    //下面的 do while 循环为将命令数据中的多条属性解析出来
    do {
        ptag = p;
        p = strchr(p, '=');
        if (p != NULL)
        {
            * p++ = 0;
            pval = p;
            p = strchr(p, ',');
            if (p != NULL) * p++ = 0;
            DEBUG_TAG("tag = % s val = % s\r\n", ptag, pval);
            if (process_command_call != NULL)
            {
                int ret;
                //调用 process_command_callback()函数对命令进行处理
                ret = process_command_call(ptag, pval, pwbuf);
                if (ret > 0) {
```

```
                    pwbuf += ret;
                    * pwbuf ++ = ',';                    //返回的命令中属性以","隔开
                }
            }
        }
    } while (p != NULL);
    if (pwbuf - wbuf > 1)
    {
                                                          //对返回命令进行规格化处理
        wbuf[0] = '{';
        pwbuf[0] = 0;
        pwbuf[-1] = '}';
        DEBUG_TAG(" >>> % s", wbuf);
        uart_write(wbuf, pwbuf - wbuf);
    }
}
```

若接收到的是一条完整有效的命令,经解析之后,就可以根据它所收到的属性及值来进行相应的操作。process_command_callback 处理函数如下:

```
static int process_command_callback(char * ptag, char * pval, char * pout)
{
    int ret = 0;
    int val;
    val = atoi(pval);
    //人体红外命令处理
    if (0 == strcmp("CD0", ptag)) {
        if (val == 1) {
            Sensor_ST = 0;
            GPIO_WriteBit(GPIOB, GPIO_Pin_2, 0);
        }
    }
    if (0 == strcmp("OD0", ptag)) {
        if (val == 1) {
            Sensor_ST = 1;
            GPIO_WriteBit(GPIOB, GPIO_Pin_2, 1);
        }
    }
    if (0 == strcmp("D0", ptag)) {
        if (0 == strcmp("?", pval)) {
            ret = sprintf(pout, "D0 = % u", Sensor_ST);
        }
    }
    if (0 == strcmp("A4", ptag)) {
        if (0 == strcmp("?", pval)) {
            ret = sprintf(pout, "A4 = % u", st);
        }
```

```
    }
    //红外遥控命令处理
    if (0 == strcmp("A0", ptag)) {
        if (val < 0) {
            val = abs(val) + 63;
            learn((char)val);          //学习
        }
        else{
            val + = 63;
            send((char)val);
        }
    }
    //MAC 地址
    if (0 == strcmp("MAC", ptag))
    {   strcpy(mac_temp , pval);
        mac[0] = mac_temp[0];
        mac[1] = mac_temp[1];
        mac[3] = mac_temp[2];
        mac[4] = mac_temp[3];
        mac[6] = mac_temp[4];
        mac[7] = mac_temp[5];
        mac[9] = mac_temp[6];
        mac[10] = mac_temp[7];
        mac[12] = mac_temp[8];
        mac[13] = mac_temp[9];
        mac[15] = mac_temp[10];
        mac[16] = mac_temp[11];
        mac[18] = mac_temp[12];
        mac[19] = mac_temp[13];
        mac[21] = mac_temp[14];
        mac[22] = mac_temp[15];
    }
        return ret;
}
```

通过上述代码的解析流程,当传感器监测到人体经过后,就会上传一个"{A4＝1}",上层程序就会识别该指令,然后进行相应的控制及报警处理。反之,当没有检测到人体经过后,会上传一个"{A4＝0}"。这样上位机就可以根据传感器的不同状态进行不同的控制。

4. 实验内容

下载节点 2 程序,按照表 4.11 所列参数进行传感器连接。本实验代码通过读取热释电红外感器数据,然后通过串口从 PC 机显示出来。

表 4.11　热释电红外参数表

传感器		所属节点		CPU 控制	
名称	信号	节点号	信号	CPU 控制引脚	说明
热释电红外	12V	节点 2	12V	PB2(I/O)	I/O 输出控制电源
	IO - OUT		P4	PA1(I/O)	I/O 输入检测状态

5．实验步骤

① 正确连接 JLINK 仿真器到 PC 机和 STM32 板,将热释电红外传感器节点板参照实验内容的表格正确连接到 STM32 开发板上。用串口线一端连接 STM32 开发板,另一端连接 PC 机串口。

② 用 IAR 开发环境打开实验例程:在文件夹"05 -实验例程\ 第 6 章\SmartHome\Node - 2\ Node - 2. eww"下,选择"Project"→"Rebuild All"重新编译工程。

③ 将连接好的硬件平台通电(STM32 电源开关必须拨到"ON"),接下来选择"Project"→ "Download and debug"将程序下载到 STM32 开发板中。

④ 下载完后可以单击"Debug"→"Go"实现程序全速运行;也可以将 STM32 开发板重新上电或者按下复位按钮让刚才下载的程序重新运行。

⑤ 程序成功运行后,在 PC 机上打开串口助手 commix10. exe 或者超级终端,串口助手软件在文件夹"DISK - IOTOPS\ 04 -常用工具\"中可以找到,设置串口接收的波特率为 115 200,设置正确的串口号,之后打开串口。

⑥ 保持传感器前方没有人员经过,和传感器前方有人经过时两种状态。观察串口调试工具接收区显示的数据。

6．实验结果

在串口调试工具接收区看到串口发送{OD0＝1,D0＝?},返回结果如图 4.58 所示。

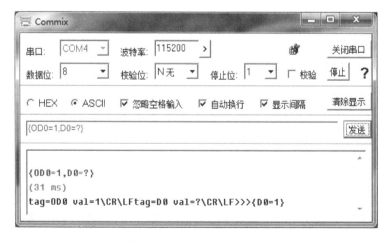

图 4.58　实验结果返回值

当没有人经过时返回"{A4＝0}",显示结果如图 4.59 所示。

当有人经过时返回"{A4＝1}",显示结果如图 4.60 所示。

图 4.59 没有人时返回结果

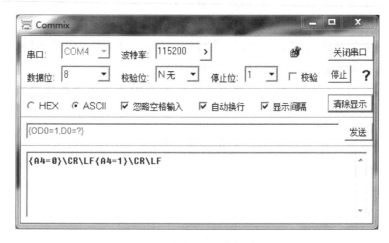

图 4.60 有人经过时返回结果

4.3.3 红外转发传感器实验

1. 实验目的

① 掌握红外转发传感器的使用;

② 通过串口实现对红外转发传感器的控制,实现学习和控制功能。

2. 实验环境

① 硬件:红外转发传感器,USB 接口仿真器,PC 机,串口线,红外转发传感器节点板(节点 2)块;

② 软件:Windows 7/Windows xp、IAR 集成开发环境、串口调试工具(超级终端)。

3. 实验原理

(1) 红外线的特性

红外线是介于可见光与微波之间的一种电磁波,其波长为 $0.76 \sim 1\,000\ \mu m$,波谱范围很宽。红外线分为近红外、中红外和远红外三个区,兼具可见光和微波的某些特性:在与可见光相邻的在近红外区,具有可见光的直线传播、反射、折射、散射、衍射、可以被某些物体吸收,以及可以被透镜聚焦等特性;在与微波相邻的远红外区,则具有较强的穿透能力和能够贯穿某些不透明物体的能力等。实际上,凡是温度高于绝对零度(-273 ℃)的物体,均会片刻不停地发出红外线,只是温度越高,其发出的红外线越强。

基于以上特点,再加上红外线传感器制作容易、成本低,因此诸如红外线遥控、红外线加热、红外线通信、红外线摄像、红外线医疗器械等产品几乎随处可见。

(2) 红外遥控的四个重要环节

红外线遥控装置包括红外线发射(即遥控器)和红外线接收两部分。既然几乎所有的物体都在不停地发射红外线,那么怎样才能保证指定遥控器发射的控制信号既能准确无误地被接收装置所接收,又不会受到其他信号的干扰呢,这就需要从以下四个环节加以控制。

① 红外发射传感器和红外接收传感器的配套使用,就组成了一个红外线遥控系统。遥控用的红外发射传感器,也就是红外发光二极管,采用砷化镓或砷铝化镓等半导体材料制成,前者的发光效率低于后者。峰值波长是红外发光二极管发出的最大红外光强所对应的发光波长,红外发光二极管的峰值波长通常为 0.88 μm~0.951 Am。遥控用红外接收传感器有光敏二极管和光敏三极管两种,响应波长(亦称峰值波长)反映了光敏二极管和光敏三极管的光谱响应特性。可见,要提高接收效率,遥控系统所用红外发光二极管的峰值波长与红外接收传感器的响应波长必须一致或相近是十分重要的。

② 信号的调制与解调红外遥控信号是一连串的二进制脉冲码。为了使其在无线传输过程中免受其他红外信号的干扰,通常都是先将其调制在特定的载波频率上,然后再经红外发光二极管发射出去,红外线接收装置则会滤除其他杂波只接收该特定频率的信号并将其还原成二进制脉冲码,也就是解调。图 4.61 为红外线发射与接收的示意图。没有信号发出的状态称为空号或 0 状态,按一定频率以脉冲方式发出信号的状态称为传号或 1 状态。在消费类电子产品的红外遥控系统中,红外信号的载波频率通常为 30 kHz~60 kHz,标准的频率有 30 kHz,33 kHz,36 kHz,36.7 kHz,38 kHz,40 kHz 和 56 kHz,此范围内的其他频率也能被识别。

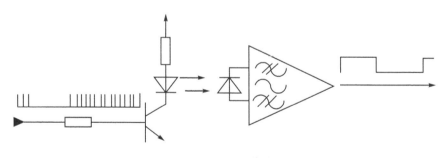

图 4.61　信号传输

③ 编码与解码:既然红外遥控信号是一连串的二进制脉冲码,那么,用什么样的空号和传号的组合来表示二进制数的“0”和“1”,即信号传输所采用的编码方式,也是红外遥控信号的发送端和接收端需要事先约定的。通常,红外遥控系统中所采用的编码方式有三种。

a. FSK(移频键控)方式

移频键控方式用两种不同的脉冲频率分别表示二进制数的“0”和“1”,图 4.62 是用移频键控方式对“0”和“1”进行编码的示意图。

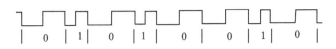

图 4.62　FSK 编码示意图

b. PPM(脉冲位置编码)方式

在脉冲位置编码式下,每一位二进制数所占用的时间是一样的,只是传号脉冲的位置有所不同。空号在前、传号在后的表示"1",传号在前、空号在后的表示"0"。图 4.63 是采用脉冲位置编码方式对"0"和"1"进行编码的示意图。

c. PWM(脉冲宽度编码)方式

脉冲宽度编码方式是根据传号脉冲的宽度来区别二进制数"0"和"1"的。传号脉冲宽的是"1",传号脉冲窄的是"0",而每位二进制数之间则用等宽的空号来进行分隔。图 4.64 是用脉冲宽度编码方式对"0"和"1"进行编码的示意图。

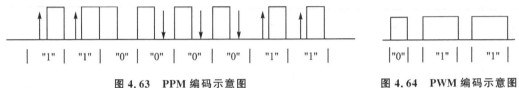

图 4.63　PPM 编码示意图　　　　　图 4.64　PWM 编码示意图

在上述三种方式中,PPM(脉冲位置编码)和 PWM(脉冲宽度编码)两种方式是红外遥控系统中最常用的。

d. 红外线信号传输协议

红外线信号传输协议除了规定红外遥控信号的载波频率、编码方式、空号和传号的宽度等外,还对数据传输的格式进行了严格规定,以确保发送端和接收端之间数据传输的准确无误。红外线信号传输协议是为红外线信号传输所制定的标准,几乎所有的红外遥控系统都是按照特定的红外线信号传输协议来进行信号传输的。因此,要掌握红外遥控技术,首先要熟悉红外线信号传输协议以及与之相关的红外线发射和接收芯片。

红外遥控传输协议很多,不少电气公司,如 NEC、Pliilips、Sharp、Sony 等,均有自己的红外线信号传输协议。

(3) 红外线接收的解调专用电路——一体化的红外线接收头

红外遥控信号是一连串的二进制脉冲码,为了使其在无线传输过程中免受其他红外信号的干扰,通常都是先将其调制在特定的载波频率上,然后再经红外发光二极管发射出去,而红外线接收装置则要滤除其他杂波,只接收该特定频率的信号并将其还原成二进制脉冲码,也就是解调。

目前,对于这种进行了调制的红外线遥控信号,通常采用一体化红外线接收头进行解调。一体化红外线接收头将红外光电二极管(即红外接收传感)、低噪声前置放大器、限幅器、带通滤波器、解调器,以及整形驱动电路等集成在一起。一体化红外线接收头体积小(类似塑封三极管)、灵敏度高、外接元件少(只须接电源退耦元件)、抗干扰能力强,使用十分方便。

通过红外转发器就可以实现将远距离的控制信号发送给转发器,转发器通过红外线去控制不同的设备。

本实验仅对红外原理做了解,只须根据上位机和下位机之间的通信协议使用即可。学会使用"｛A0＝－n｝"按键 n 学习控制,"｛A0＝n｝"按键 n 遥控控制。

　　红外线接收指令的代码如下:

```
static int process_command_callback(char * ptag, char * pval, char * pout)
{
    int ret = 0;
    int val;
    val = atoi(pval);
    //人体红外命令处理
    if (0 == strcmp("CD0", ptag)) {
        if (val == 1) {
            Sensor_ST = 0;
            GPIO_WriteBit(GPIOB, GPIO_Pin_2, 0);
        }
    }
    if (0 == strcmp("OD0", ptag)) {
        if (val == 1) {
            Sensor_ST = 1;
            GPIO_WriteBit(GPIOB, GPIO_Pin_2, 1);
        }
    }
    if (0 == strcmp("D0", ptag)) {
        if (0 == strcmp("?", pval)) {
            ret = sprintf(pout, "D0 = % u", Sensor_ST);
        }
    }
    if (0 == strcmp("A4", ptag)) {
        if (0 == strcmp("?", pval)) {
            ret = sprintf(pout, "A4 = % u", st);
        }
    }
    //红外遥控命令处理
    if (0 == strcmp("A0", ptag)) {
        if (val < 0) {
            val = abs(val) + 63;
            learn((char)val);//学习
        }
        else{
            val + = 63;
            send((char)val);
        }
    }
    //MAC 地址
    if (0 == strcmp("MAC", ptag))
    {
```

```
        strcpy(mac_temp , pval);
        mac[0] = mac_temp[0];
        mac[1] = mac_temp[1];
        mac[3] = mac_temp[2];
        mac[4] = mac_temp[3];
        mac[6] = mac_temp[4];
        mac[7] = mac_temp[5];
        mac[9] = mac_temp[6];
        mac[10] = mac_temp[7];
        mac[12] = mac_temp[8];
        mac[13] = mac_temp[9];
        mac[15] = mac_temp[10];
        mac[16] = mac_temp[11];
        mac[18] = mac_temp[12];
        mac[19] = mac_temp[13];
        mac[21] = mac_temp[14];
        mac[22] = mac_temp[15];
    }
    return ret;
}
```

函数 process_command_callback()是在主函数里面轮询执行的函数 process_uart_command()所调用的,在该函数里面接收串口信息,并且对接收到的信息流进行解析,然后得到协议中的指令,函数 process_uart_command()的实现如下:

```
void process_uart_command(void)
{
    int rxidx;
    rxidx =  check_rxbuf();
    if (rxidx > = 0) {
        int pkglen = - rxlens[rxidx];
        char * pkg = rxbufs[rxidx];
        process_package(pkg, pkglen);
        free_rxbuf(rxidx);
    }
}
```

上述函数对串口缓冲区进行判断,当缓冲区有数据的时候就调用函数 process_package()来对该缓冲区里面的数据进行解析,解析缓冲区的函数 process_package()的实现如下:

```
static void process_package(char * pkg, int len)
{
char * p;
    char * ptag = NULL;
    char * pval = NULL;
    static char wbuf[256];
    char * pwbuf = wbuf + 1;
```

```
//判断是否为为一个完整的命令
if (pkg[0] != '{' || pkg[len-1] != '}') return;
pkg[len-1] = 0;
p = pkg+1;
//下面的 do while 循环为将命令数据中的多条属性解析出来
do {
    ptag = p;
    p = strchr(p, '=');
    if (p != NULL)
    {
        *p++ = 0;
        pval = p;
        p = strchr(p, ',');
        if (p != NULL) *p++ = 0;
        DEBUG_TAG("tag = %s val = %s\r\n", ptag, pval);
        if (process_command_call != NULL)
        {
            int ret;
            //调用 process_command_callback()函数对命令进行处理
            ret = process_command_call(ptag, pval, pwbuf);
            if (ret > 0) {
                pwbuf += ret;
                *pwbuf++ = ',';  //返回的命令中属性以","隔开
            }
        }
    }
} while (p != NULL);
if (pwbuf - wbuf > 1)
{  //对返回命令进行规范化处理
    wbuf[0] = '{';
    pwbuf[0] = 0;
    pwbuf[-1] = '}';
    DEBUG_TAG(" >>> %s", wbuf);
    uart_write(wbuf, pwbuf - wbuf);
}
}
```

学会使用"{A0=-n}"按键 n 学习控制,"{A0=n}"按键 n 遥控控制。

4. 实验内容

下载节点 2 程序,按照表 4.12 所列参数进行传感器连接。本实验代码实现红外转发传感器学习和发送。

表 4.12　红外转发参数

传感器		所属节点		CPU 控制	
名称	信号	节点号	信号	CPU 控制引脚	说明
红外转发	RX	节点 2	P1	PB10(USART3_TX)	串口读写
	TX		P2	PB11(USART3_RX)	

5. 实验步骤

① 正确连接 JLINK 仿真器到 PC 机和 STM32 板,将红外转发节点板参照实验内容的表格正确连接到 STM32 开发板上。用串口线一端连接 STM32 开发板,另一端连接 PC 机串口。

② 用 IAR 开发环境打开实验例程:在文件夹"05 -实验例程\第 6 章 \ SmartHome\Node - 2 \ Node - 2. eww"下,选择"Project"→"Rebuild All"重新编译工程。

③ 将连接好的硬件平台通电(STM32 电源开关必须拨到"ON"),接下来选择"Project"→"Download and debug"将程序下载到 STM32 开发板中。

④ 下载完后可以单击"Debug"→"Go"实现程序全速运行;也可以将 STM32 开发板重新上电或者按下复位按钮让刚才下载的程序重新运行。

⑤ 程序成功运行后,在 PC 机上打开串口助手 commix10. exe 或者超级终端,串口助手软件在文件夹"DISK - IOTOPS\04 -常用工具\"中可以找到,设置串口接收的波特率为 115200,设置正确的串口号,之后打开串口。

⑥ 发送"{A0=-n}"按键 n 学习控制,红外遥控器正对转发器进行学习;发送"{A0=n}"按键 n 遥控控制。观察被控制电器是否执行相应功能。

例如,配合节点 5 的 LED 灯做实验,先将 LED 灯打开。串口发送"{A0=-1}"学习"1"这个指令代表 LED 灯"OFF",此时红外转发器灯亮,按住遥控器"OFF"键对准红外转发接收处几秒钟,红外转发灯灭说明学习完成。然后依照相同的方法学习{A0=-2}设置成"ON",如图 4.65 所示。

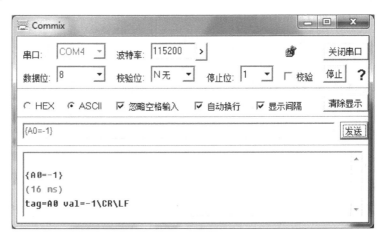

图 4.65　PWM 串口助手显示图

发送"{A0=2}"时,串口助手显示如图 4.66 所示。

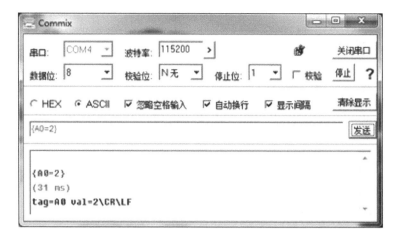

图 4.66　PWM 串口助手显示图

6. 实验结果

当发送"{A0＝2}"时,LED 灯亮,当发送"{A0＝1}"时,LED 灯关闭。可以自行设置要学习的内容,根据设定学习内容不同,实验结果也不同。

4.3.4　风扇控制实验

1. 实验目的

① 通过串口能够控制风扇;

② 观察风扇是否旋转。

2. 实验环境

① 硬件:风扇 1 个,USB 接口仿真器,PC 机,串口线,风扇节点板(节点 3 一块);

② 软件:Windows 7/Windows XP、IAR 集成开发环境、串口调试工具(超级终端)。

3. 实验原理

PC 通过串口控制风扇实质是控制继电器来控制直流电机的通断,本实验以风扇为例来学习怎样通过 PC 端软件控制风扇的打开和关闭。

根据上位机和下位机之间的通信协议,上位机要打开下位机的设备需要发送指令{OD0＝0},要关闭下位机的设备需要发送指令{CD0＝0}。指令的代码如下:

```
static int process_command_callback(char * ptag, char * pval, char * pout)
{
    int val;
    int ret = 0;
    val = atoi(pval);
    if (0 == strcmp("CD0", ptag)) {
        if (val == 1) {
            Sensor_ST = 0;
            GPIO_WriteBit(GPIOB, GPIO_Pin_2, 0);
        }
    }
    if (0 == strcmp("OD0", ptag)) {
```

```
            if (val == 1) {
                Sensor_ST = 1;
                GPIO_WriteBit(GPIOB, GPIO_Pin_2, 1);
            }
        }
    if (0 == strcmp("D0", ptag)) {
        if (0 == strcmp("?", pval)) {
            ret = sprintf(pout, "D0 = %u", Sensor_ST);
        }
    }
    //MAC 地址
    if (0 == strcmp("MAC", ptag))
    {
        strcpy(mac_temp , pval);
        mac[0] = mac_temp[0];
        mac[1] = mac_temp[1];
        mac[3] = mac_temp[2];
        mac[4] = mac_temp[3];
        mac[6] = mac_temp[4];
        mac[7] = mac_temp[5];
        mac[9] = mac_temp[6];
        mac[10] = mac_temp[7];
        mac[12] = mac_temp[8];
        mac[13] = mac_temp[9];
        mac[15] = mac_temp[10];
        mac[16] = mac_temp[11];
        mac[18] = mac_temp[12];
        mac[19] = mac_temp[13];
        mac[21] = mac_temp[14];
        mac[22] = mac_temp[15];
    }
    return ret;
}
```

在函数 process_command_callback()中对相应的指令做出响应的动作,下位机通过一个引脚的电平来控制继电器,进而控制响应的设备,本实验控制的设备即是风扇。函数 process_command_callback()是在主函数里面轮询执行的函数 process_uart_command()所调用的,在该函数里面接收串口信息,并且对接收到的信息流进行解析,然后得到协议中的指令。函数 process_uart_command()的实现如下:

```
void process_uart_command(void)
{
    int rxidx;
    rxidx =    check_rxbuf();
    if (rxidx > = 0) {
        int pkglen = - rxlens[rxidx];
        char * pkg = rxbufs[rxidx];
        process_package(pkg, pkglen);
        free_rxbuf(rxidx);
    }
}
```

上述函数对串口缓冲区进行判断,当缓冲区有数据的时候就调用函数 process_package()来对该缓冲区里面的数据进行解析,解析缓冲区的函数 process_package()的实现如下:

```c
static void process_package(char * pkg, int len)
{
    char * p;
    char * ptag = NULL;
    char * pval = NULL;
    static char wbuf[256];
    char * pwbuf = wbuf + 1;
    //判断是否为为一个完整的命令
    if (pkg[0] != '{' || pkg[len-1] != '}') return;
    pkg[len-1] = 0;
    p = pkg + 1;
    //下面的 do while 循环为将命令数据中的多条属性解析出来
    do {
        ptag = p;
        p = strchr(p, '=');
        if (p != NULL)
        {
            * p++ = 0;
            pval = p;
            p = strchr(p, ',');
            if (p != NULL) * p++ = 0;
            DEBUG_TAG("tag = % s val = % s\r\n", ptag, pval);
            if (process_command_call != NULL)
            {
                int ret;
                //调用 process_command_callback()函数对命令进行处理
                ret = process_command_call(ptag, pval, pwbuf);
                if (ret > 0) {
                    pwbuf += ret;
                    * pwbuf ++= ',';   //返回的命令中属性以","隔开
                }
            }
        }
    } while (p != NULL);
    if (pwbuf - wbuf > 1)
    {   //对返回命令进行规格化处理
        wbuf[0] = '{';
        pwbuf[0] = 0;
        pwbuf[-1] = '}';
        DEBUG_TAG(" >>> % s", wbuf);
        uart_write(wbuf, pwbuf - wbuf);
    }
}
```

通过上述代码,当上位机通过串口发送过来数据之后,下位机进行解析数据流,然后转换成相应的指令,根据相应的指令做出相应的动作。

4. 实验内容

下载节点 3 程序,按照表 4.13 所列参数进行传感器连接。本实验代码通过串口发送信号控制风扇旋转。

表 4.13　风扇参数表

传感器		所属节点		CPU 控制	
名称	信号	节点号	信号	CPU 控制引脚	说明
风扇	12V	节点 3	12V	PB2(I/O)	I/O 输出控制电源 I/O 输入检测状态

5. 实验步骤

① 正确连接 JLINK 仿真器到 PC 机和 STM32 板,将风扇节点板参照表 4.13 正确连接到 STM32 开发板上。用串口线一端连接 STM32 开发板,另一端连接 PC 机串口。

② 用 IAR 开发环境打开实验例程:在文件夹"05 -实验例程\ 第 6 章\SmartHome\Node - 2\Node - 2. eww"下,选择"Project"→"Rebuild All"重新编译工程。

③ 将连接好的硬件平台通电(STM32 电源开关必须拨到"ON"),接下来选择"Project"→"Download and debug"将程序下载到 STM32 开发板中。

④ 下载完后可以单击"Debug"→"Go"进行程序全速运行,也可以将 STM32 开发板重新上电或者按下复位按钮让下载的程序重新运行。

⑤ 程序成功运行后,在 PC 机上打开串口助手"commix10. exe"或者超级终端,串口助手软件在文件夹"DISK - IOTOPS\04 -常用工具\"中可以找到,设置串口接收的波特率为 115 200,设置正确的串口号,之后打开串口。

⑥ 发送指令"{OD0=1}":打开风扇;发送指令"{CD0=1}":关闭风扇。观察风扇运动状态。

6. 实验结果

当发送指令"{OD0=1,D0=?}"时,打开风扇。打开风扇串口如图 4.67 所示。

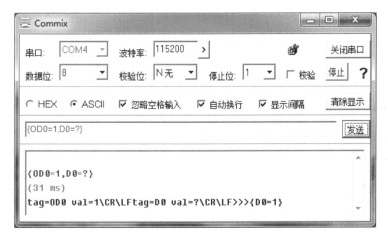

图 4.67　打开风扇串口图

发送指令"{CD0=1,D0=?}"时,关闭风扇。关闭风扇串口如图 4.68 所示。

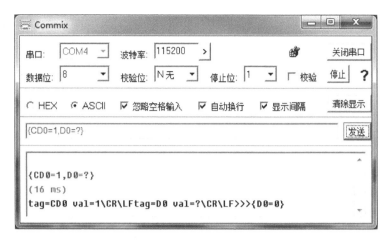

图 4.68　关闭风扇串口图

4.3.5　红外对射传感器实验

1. 实验目的

① 掌握红外对射传感器的使用；

② 通过 STM32 读取传感器数值，并通过串口显示出来。

2. 实验环境

① 硬件：红外对射传感器，USB 接口仿真器，PC 机，串口线，红外对射传感器节点板（节点 4 一块）；

② 软件：Windows 7/Windows xp、IAR 集成开发环境、串口调试工具（超级终端）。

3. 实验原理

红外对射传感器全名叫"主动红外入侵探测器"（Active Infrared Intrusion Detectors），其基本的构造包括：发射端、接收端、光束强度指示灯、光学透镜等；其侦测原理是利用经 LED 红外光发射二极体发射的脉冲红外线，再经光学镜面做聚焦处理使光线传至很远距离，由受光器接收。当红外脉冲射束被遮断时就会发出警报。红外线是一种不可见光，而且会扩散，投射出去之后，在起始路径阶段会形成圆锥体光束，随着发射距离的增加，其理想强度与发射距离呈反平方衰减。

根据上位机和下位机之间的通信协议，"｛OD0＝1,D0＝?｝"指令为打开红外对射，并返回状态；"｛CD0＝1,D0＝?｝"指令为关闭红外对射，并返回状态；"｛A4＝?｝"指令为读取当前红外对射监测状态；"｛D0＝?｝"指令为读取红外对射当前开关状态。指令的代码如下：

```
static int process_command_callback(char * ptag, char * pval, char * pout)
{
    int val;
    int ret = 0;
    val = atoi(pval);
    if (0 == strcmp("CD0", ptag)) {
        if (val == 1) {
            Sensor_ST = 0;
```

```
                GPIO_WriteBit(GPIOB, GPIO_Pin_2, 0);
            }
        }
        if (0 == strcmp("OD0", ptag)) {
            if (val == 1) {
                Sensor_ST = 1;
                GPIO_WriteBit(GPIOB, GPIO_Pin_2, 1);
            }
        }
        if (0 == strcmp("D0", ptag)) {
            if (0 == strcmp("?", pval)) {
                ret = sprintf(pout, "D0 = %u", Sensor_ST);
            }
        }
        //MAC 地址
        if (0 == strcmp("MAC", ptag))
        {
            strcpy(mac_temp , pval);
            mac[0]  = mac_temp[0];
            mac[1]  = mac_temp[1];
            mac[3]  = mac_temp[2];
            mac[4]  = mac_temp[3];
            mac[6]  = mac_temp[4];
            mac[7]  = mac_temp[5];
            mac[9]  = mac_temp[6];
            mac[10] = mac_temp[7];
            mac[12] = mac_temp[8];
            mac[13] = mac_temp[9];
            mac[15] = mac_temp[10];
            mac[16] = mac_temp[11];
            mac[18] = mac_temp[12];
            mac[19] = mac_temp[13];
            mac[21] = mac_temp[14];
            mac[22] = mac_temp[15];
        }
        return ret;
    }
```

上述函数对串口缓冲区进行判断,当缓冲区有数据的时候就调用函数 process_package()
来对该缓冲区里面的数据进行解析,解析缓冲区的函数 process_package()的实现如下:

```
static void process_package(char * pkg, int len)
{
    char * p;
    char * ptag = NULL;
    char * pval = NULL;
```

```
static char wbuf[256];
char * pwbuf = wbuf + 1;
//判断是否为为一个完整的命令
if (pkg[0] ! = '{' || pkg[len - 1] ! = '}') return;
pkg[len - 1] = 0;
p = pkg + 1;
//下面的 do while 循环为将命令数据中的多条属性解析出来
do {
    ptag = p;
    p = strchr(p, '=');
    if (p ! = NULL)
    {
        * p++ = 0;
        pval = p;
        p = strchr(p, ',');
        if (p ! = NULL) * p++ = 0;
        DEBUG_TAG("tag = % s val = % s\r\n", ptag, pval);
        if (process_command_call ! = NULL)
        {
            int ret;
            //调用 process_command_callback()函数对命令进行处理
            ret = process_command_call(ptag, pval, pwbuf);
            if (ret > 0) {
                pwbuf += ret;
                * pwbuf ++= ',';   //返回的命令中属性以“,”隔开
            }
        }
    }
} while (p ! = NULL);
if (pwbuf - wbuf > 1)
{                               //对返回命令进行规格化处理
    wbuf[0] = '{';
    pwbuf[0] = 0;
    pwbuf[- 1] = '}';
    DEBUG_TAG(" >>> % s", wbuf);
    uart_write(wbuf, pwbuf - wbuf);
}
}
```

　　通过上述代码,当传感器间有物体遮挡后,就会上传一个“{A4=1}”指令,上层程序就会识别该指令,然后进行相应的控制及报警处理。反之,当没有物体遮挡,会上传一个“{A4=0}”指令。这样上位机就可以根据传感器的不同状态进行不同的控制。

4. 实验内容

　　下载节点 4 程序,按照表 4.14 所列参数进行传感器连接。本实验实例代码通过读取红外对射传感器数据,然后通过串口从 PC 显示出来。

表 4.14 红外对射传感器参数

传感器		所属节点		CPU 控制	
名称	信号	节点号	信号	CPU 控制引脚	说明
红外对射传感器	12V	节点 4	12V	PB2(I/O)	I/O 输出控制电源
	IO-OUT		P4	PA1(I/O)	I/O 输入检测状态

5. 实验步骤

① 正确连接 JLINK 仿真器到 PC 机和 STM32 板,将红外感器节点板参照实验内容的表格正确连接到 STM32 开发板上。用串口线一端连接 STM32 开发板,另一端连接 PC 机串口。

② 用 IAR 开发环境打开实验例程:在文件夹"05-实验例程\第 6 章\SmartHome\Node-4\Node-4.eww"下,选择"Project"→"Rebuild All"重新编译工程。

③ 将连接好的硬件平台通电(STM32 电源开关必须拨到"ON"),接下来选择"Project"→"Download and debug"将程序下载到 STM32 开发板中。

④ 下载完后可以单击"Debug"→"Go"进行程序全速运行,也可以将 STM32 开发板重新上电或者按下复位按钮让刚才下载的程序重新运行。

⑤ 程序成功运行后,在 PC 机上打开串口助手"commix10.exe"或者超级终端,串口助手软件在文件夹"DISK-IOTOPS\04-常用工具\"中可以找到,设置串口接收的波特率为 115 200,设置正确的串口号,之后打开串口。

⑥ 传感器之间有无物体遮挡是两种状态。观察串口调试工具接收区显示的数据。

6. 实验结果

发送"{OD0=1,D0=?}",串口显示如图 4.69 所示。

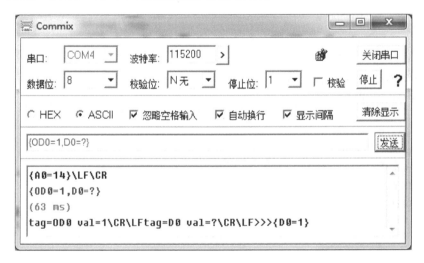

图 4.69 串口显示图

有物体遮挡时返回"{A4=1}",有物体遮挡串口返回如图 4.70 所示。

无物体遮挡返回"{A4=0}",无物体遮挡串口返回如图 4.71 所示

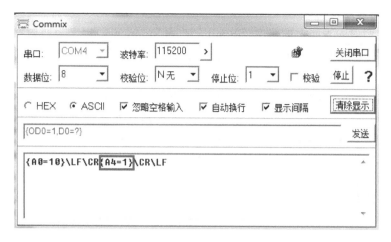

图 4.70　有物体遮挡串口返回图

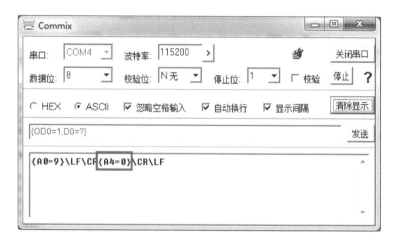

图 4.71　无物体遮挡串口返回图

4.3.6　光照传感器实验

1. 实验目的

① 掌握光照传感器的使用；

② 通过 STM32 读取光照传感器数据，并通过串口在 PC 显示出来。

2. 实验环境

① 硬件：光照传感器 1 个，USB 接口仿真器，PC 机，串口线，热释电红外传感器节点板（节点 4 一块）；

② 软件：Windows 7/Windows XP、IAR 集成开发环境、串口调试工具（超级终端）。

3. 实验原理

光照传感器的核心器件是光敏二极管，又叫光电二极管（Photodiode）是一种能够将光根据使用方式，转换成电流或者电压信号的光探测器。管芯常使用一个具有光敏特征的 PN 结，对光的变化非常敏感，具有单向导电性，而且光强不同的时候会改变电学特性，因此，可以利用光照强弱来改变电路中的电流。通过检测电流的大小就可以测量出光照大小。

光照强度,简称照度。

一个被光线照射的表面上的照度(illumination/illuminance)定义为照射在单位面积上的光通量。设面元 dS 上的光通量为 dΦ,则此面元上的照度 E 为:$E=\mathrm{d}\Phi/\mathrm{d}S$。照度的单位为 lx(勒克斯),有时也用 lux,$1\mathrm{lx}=1\mathrm{lm/m}^2$。

例:夏日晴天强光下光照强度为 10 万 Lux(3 万~30 万 Lux);阴天光照强度为 1 万 Lux;日出、日落光照强度为 300~400 Lux;室内日光灯光照强度为 30~50Lux;明亮月光下的光照强度为 0.3~0.03 Lux;阴暗夜晚的光照强度为 0.003~0.0007 Lux。

根据上位机和下位机之间的通信协议,"{A0=?}"读取当前光照值。

节点 4 光照传感器主要实现光照传感器的开关控制及监测状态的主动上传与读取。传感器采集数据部分已经封装好了,不需要详细地了解,只须对串口(485)检测到的数据进行处理即可。首先进行一些基本的时钟、IO 口等的初始化操作,然后处理从 CC2530 发送过来的命令,进行相应的控制。代码如下:

```
void main(void)
{
    char flag = 0;
    int len;
    unsigned int tm = clock_s() + 10;  //30s
    unsigned int dy = 0;
    char dat[10] = {0x7B,0x4D,0x41,0x43,0x3D,0x3F,0x7D};//{MAC = ?}
    clock_init();
    uart1_init();
    uart3_init();
    gpio_init();
    SPI_LCD_Init();
    lcd_initial();
    Display_Clear(0x001f);
    process_command_init();
    process_set_command_call(process_command_callback);
    Delay_ms(1000);//上电等待1秒,等到 CC2530 稳定后发送查询 MAC 地址的指令
// ================ 获取 MAC 地址 ====================
    process_command_send(dat, 7);
    Delay_ms(1000);
    process_uart_command();
    Display_Desc(name, mac);
    get_light();   //获取光照值
    DEBUG_TAG("sLight = % d\n\r", sLight);
    while(1){
        process_uart_command();
        if(Sensor_ST == 1)
        {
            // IO检测
            if (1 == GPIO_ReadInputDataBit(GPIOA, GPIO_Pin_1))
            {
```

```
                    if(st == 0)
                    {
                        process_command_send("{A4 = 1}", 6);
                        DEBUG_TAG("{A4 = 1}\r\n");
                        st = 1;
                    }
                    dy = 0;
                }else if(st == 1)
                {
                    if (dy == 0){
                        dy = clock_s() + 1;
                    } else
                        if(timeout_s(dy)) {
                            process_command_send("{A4 = 0}", 6);
                            DEBUG_TAG("{A4 = 0}\r\n");
                            st = 0;
                            dy = 0;
                        }
                }
            }
        if (timeout_s(tm)) {      //超时处理
            if(flag == 0){
                len = sprintf(dat,"{A0 = % d}", sLight);
                process_command_send(dat, len);
                DEBUG_TAG(" % s\n\r",dat);
                flag = 1;
                //tm = clock_ms() + 15000;
            }else{
                //tm = clock_ms() + 15000;
                get_light();
                flag = 0;
            }
            tm = clock_s() + 2;
        }
    }
}
```

其中,光照值的获取具体实现如下:

```
static void get_light(void)
{
    unsigned char i;
    unsigned int error = 0;
    do{
        GPIO_SetBits(GPIOA, GPIO_Pin_0);
        delay_ms(2);
```

```
        for(i = 0; i < 8; i++) {
            UART3_Send_Byte(Get_Light[i]);
            for (int j = 0; j < 100; j++);
        }
        for (int j = 0; j < 11000; j++);
        buf_len = 0;
        GPIO_ResetBits(GPIOA, GPIO_Pin_0);
        delay_ms(100);    //等待接收数据
        if (0 && buf_len != 0) {
            printf("s : ");
            for (int k = 0; k < buf_len; k++) {
                printf(" %02X ", uart3_buf[k]);
            }
            printf("\r\n");
        }
    }while(error++ < 3 && (buf_len != 7));
    if(error >= 3)
    {
        DEBUG_TAG("read error\n\r");
        return;
    }
    sLight = (uart3_buf[3] << 8) | uart3_buf[4];
}
```

While 循环中还处理了串口发送过来的命令 process_uart_command(),具体函数如下:

```
void process_uart_command(void)
{
int rxidx;
    rxidx =   check_rxbuf();
    if (rxidx >= 0)
    {
        int pkglen = -rxlens[rxidx];
        char * pkg = rxbufs[rxidx];

        process_package(pkg, pkglen);
        free_rxbuf(rxidx);
    }
}
```

上述函数会调用一个命令解析函数 process_package():

```
static void process_package(char * pkg, int len)
{
    char * p;
    char * ptag = NULL;
```

```
        char * pval = NULL;
        static char wbuf[256];
        char * pwbuf = wbuf + 1;
        //判断是否为为一个完整的命令
        if (pkg[0] != '{' || pkg[len - 1] != '}') return;
        pkg[len - 1] = 0;
        p = pkg + 1;
        //下面的 do while 循环为将命令数据中的多条属性解析出来
        do {
            ptag = p;
            p = strchr(p, '=');
            if (p != NULL)
            {
                * p ++ = 0;
                pval = p;
                p = strchr(p, ',');
                if (p != NULL) * p ++ = 0;
                DEBUG_TAG("tag = % s val = % s\r\n", ptag, pval);
                if (process_command_call != NULL)
                {
                    int ret;
                    //调用 process_command_callback()函数对命令进行处理
                    ret = process_command_call(ptag, pval, pwbuf);
                    if (ret > 0) {
                        pwbuf += ret;
                        * pwbuf ++ = ',';    //返回的命令中属性以","隔开
                    }
                }
            }
        } while (p != NULL);
        if (pwbuf - wbuf > 1)
        {   //对返回命令进行规格化处理
            wbuf[0] = '{';
            pwbuf[0] = 0;
            pwbuf[-1] = '}';
            DEBUG_TAG(" >>> % s", wbuf);
            uart_write(wbuf, pwbuf - wbuf);
        }
    }
```

若接收到的是一条完整有效的命令,经上面的解析之后,就可以根据所收到的属性及值来进行相应的操作。process_command_callback 处理函数如下:

```
static int process_command_callback(char * ptag, char * pval, char * pout)
{
    int val;
```

```
    int ret = 0;
    val = atoi(pval);
    if (0 == strcmp("CD0", ptag)) {
        if (val == 1) {
            Sensor_ST = 0;
            GPIO_WriteBit(GPIOB, GPIO_Pin_2, 0);
        }
    }
    if (0 == strcmp("OD0", ptag)) {
        if (val == 1) {
            Sensor_ST = 1;
            GPIO_WriteBit(GPIOB, GPIO_Pin_2, 1);
        }
    }
    if (0 == strcmp("D0", ptag)) {
        if (0 == strcmp("?", pval)) {
            ret = sprintf(pout, "D0 = %u", Sensor_ST);
        }
    }
    //MAC 地址
    if (0 == strcmp("MAC", ptag))
    {
        strcpy(mac_temp , pval);
        mac[0] = mac_temp[0];
        mac[1] = mac_temp[1];
        mac[3] = mac_temp[2];
        mac[4] = mac_temp[3];
        mac[6] = mac_temp[4];
        mac[7] = mac_temp[5];
        mac[9] = mac_temp[6];
        mac[10] = mac_temp[7];
        mac[12] = mac_temp[8];
        mac[13] = mac_temp[9];
        mac[15] = mac_temp[10];
        mac[16] = mac_temp[11];
        mac[18] = mac_temp[12];
        mac[19] = mac_temp[13];
        mac[21] = mac_temp[14];
        mac[22] = mac_temp[15];
    }
    return ret;
}
```

以察看当前传感器开关状态值为例,可以看到,若上层发送过来的是完整的"{D0=?}"命令,经层层解析之后,就是 ptag 为"D0",pval 为"?"的命令,然后判断符合之后,就返回当前开关状态"D0=%u",Sensor_ST。

当传感器打开,检测到光照信号后会发送"{A0=?}"数据。

4. 实验内容

下载节点 4 程序,按照表 4.15 所列参数进行传感器连接。本实验代码通过读取光照传感器数据,然后通过串口在 PC 显示出来。

表 4.15　光照传感器参数

传感器		所属节点		CPU 控制	
名称	信号	节点号	信号	CPU 控制引脚	说明
光照	TX	节点 4	P1	PB10(USART3_TX)	串口(485)读写
	RX		P2	PB11(USART3_RX)	
			P3	PA0(I/O)	485 读写使能端

5. 实验步骤

① 正确连接 JLINK 仿真器到 PC 机和 STM32 板,将光照传感器节点板参照实验内容的表格正确连接到 STM32 开发板上。用串口线一端连接 STM32 开发板,另一端连接 PC 机串口。

② 用 IAR 开发环境打开实验例程:在文件夹"05-实验例程\ 第 6 章\SmartHome\Node-4\Node-4.eww"下,打开"Project"→"Rebuild All"重新编译工程。

③ 将连接好的硬件平台通电(STM32 电源开关必须拨到"ON"),接下来选择"Project"→"Download and debug"将程序下载到 STM32 开发板中。

④ 下载完后可以单击"Debug"→"Go"进行程序全速运行,也可以将 STM32 开发板重新上电或者按下复位按钮让刚才下载的程序重新运行。

⑤ 程序成功运行后,在 PC 机上打开串口助手"commix10.exe"或者超级终端,串口助手软件在文件夹"DISK-IOTOPS\04-常用工具\"中可以找到,设置串口接收的波特率为 115 200,设置正确的串口号,之后打开串口。

⑥ 上电自动回传光照值,用手盖住传感器,或者有电筒照射传感器。通过串口调试助手观察显示信息。

6. 实验结果

在串口调试工具接收区会看到"{A0=?}",一般室内无阳光直射的话数值为几十到几千。

在室内很暗的情况下({A0=14})和用手机闪光灯距离 30 cm 照射时({A0=303})显示不同的光照强度。光照强度串口返回如图 4.72 所示。

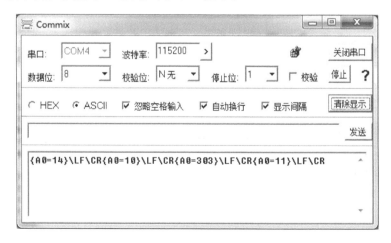

图 4.72　光照强度串口返回

4.3.7 LED 灯实验

1. 实验目的

① 学习通过发送 PC 指令控制 LED；

② 观察 LED 是否点亮。

2. 实验环境

① 硬件：LED 灯 1 个，USB 接口仿真器，PC 机，串口线，LED 灯节点板（节点 5 一块）；

② 软件：Windows 7/Windows XP、IAR 集成开发环境、串口调试工具（超级终端）。

3. 实验原理

PC 机通过串口控制 LED 灯实质是控制继电器来控制 LED 的打开和关闭。本实验以 LED 为例，来学习怎样通过 PC 端软件控制 LED 的打开和关闭。

根据上位机和下位机之间的通信协议，上位机想要打开下位机的设备需要发送指令 "{OD0=0}"，想要关闭下位机的设备需要发送指令"{CD0=0}"。指令的代码如下：

```
static int process_command_callback(char * ptag, char * pval, char * pout)
{
    int val;
    int ret = 0;
    val = atoi(pval);
    //LED命令处理
    if (0 == strcmp("CD0", ptag)) {
        if (val == 1) {
            Sensor_ST = 0;
            GPIO_WriteBit(GPIOB, GPIO_Pin_2, 0);
        }
    }
    if (0 == strcmp("OD0", ptag)) {
        if (val == 1) {
            Sensor_ST = 1;
            GPIO_WriteBit(GPIOB, GPIO_Pin_2, 1);
        }
    }
    if (0 == strcmp("D0", ptag)) {
        if (0 == strcmp("?", pval)) {
            ret = sprintf(pout, "D0 = %u", Sensor_ST);
        }
    }
    //温湿度命令处理
    if (0 == strcmp("A0", ptag)) {
        if (0 == strcmp("?", pval)) {
            ret = sprintf(pout, "A0 = %2.2f", sTemp);
        }
    }
    if (0 == strcmp("A1", ptag)) {
```

```
            if (0 == strcmp("?", pval)) {
                ret = sprintf(pout, "A1 = % 2.2f", sHumi);
            }
    } //MAC 地址
    if (0 == strcmp("MAC", ptag))
    {
            strcpy(mac_temp , pval);
            mac[0] = mac_temp[0];
            mac[1] = mac_temp[1];
            mac[3] = mac_temp[2];
            mac[4] = mac_temp[3];
            mac[6] = mac_temp[4];
            mac[7] = mac_temp[5];
            mac[9] = mac_temp[6];
            mac[10] = mac_temp[7];
            mac[12] = mac_temp[8];
            mac[13] = mac_temp[9];
            mac[15] = mac_temp[10];
            mac[16] = mac_temp[11];
            mac[18] = mac_temp[12];
            mac[19] = mac_temp[13];
            mac[21] = mac_temp[14];
            mac[22] = mac_temp[15];
    }
    return ret;
}
```

在函数 process_command_callback()中对相应的指令做出了响应的动作,下位机通过一个引脚的电平来控制继电器,进而控制响应的设备,本小节里控制的设备即是 LED。函数 process_command_callback()是在主函数里轮询执行的函数 process_uart_command()所调用的,在该函数里接收串口信息,并且对接收到的信息流进行解析,然后得到协议中的指令,函数 process_uart_command()的实现如下:

```
void process_uart_command(void)
{
int rxidx;
    rxidx =  check_rxbuf();
    if (rxidx > = 0)
    {
        int pkglen = - rxlens[rxidx];
        char * pkg = rxbufs[rxidx];
        process_package(pkg, pkglen);
        free_rxbuf(rxidx);
    }
}
```

上述函数对串口缓冲区进行判断,当缓冲区有数据的时候就调用函数 process_package() 来对该缓冲区里面的数据进行解析,解析缓冲区的函数 process_package() 的实现如下:

```
static void process_package(char * pkg, int len)
{   char * p;
    char * ptag = NULL;
    char * pval = NULL;
    static char wbuf[256];
    char * pwbuf = wbuf + 1;
    //判断是否为为一个完整的命令
    if (pkg[0] != '{' || pkg[len - 1] != '}') return;
    pkg[len - 1] = 0;
    p = pkg + 1;
    //下面的 do while 循环为将命令数据中的多条属性解析出来
    do {
        ptag = p;
        p = strchr(p, '=');
        if (p != NULL)
        {
            * p++ = 0;
            pval = p;
            p = strchr(p, ',');
            if (p != NULL) * p++ = 0;
            DEBUG_TAG("tag = % s val = % s\r\n", ptag, pval);
            if (process_command_call != NULL)
            {
                int ret;
                //调用 process_command_callback()函数对命令进行处理
                ret = process_command_call(ptag, pval, pwbuf);
                if (ret > 0) {
                    pwbuf += ret;
                    * pwbuf++ = ',';   //返回的命令中属性以","隔开
                }
            }
        }
    } while (p != NULL);
    if (pwbuf - wbuf > 1)
    {   //对返回命令进行规格化处理
        wbuf[0] = '{';
        pwbuf[0] = 0;
        pwbuf[-1] = '}';
        DEBUG_TAG(" >>> % s", wbuf);
        uart_write(wbuf, pwbuf - wbuf);
    }
}
```

通过上述代码的流程,当上位机通过串口发送过来数据之后,下位机进行解析数据流,然后转换成相应的指令,根据相应的指令做出相应的动作。

4. 实验内容

下载节点 5 程序,按照表 4.16 所列参数进行 LED 连接。本实验代码通过串口发送指令控制 LED 亮灭。

表 4.16 LED 参数

传感器		所属节点		CPU 控制	
名称	信号	节点号	信号	CPU 控制引脚	说明
LED 灯	12 V	节点 5	12 V	PB2(I/O)	I/O 输出控制电源 I/O 输入检测状态

5. 实验步骤

① 正确连接 JLINK 仿真器到 PC 机和 STM32 板,将 LED 灯节点板参照实验内容的表格正确连接到 STM32 开发板上。用串口线一端连接 STM32 开发板,另一端连接 PC 机串口。

② 用 IAR 开发环境打开实验例程:在文件夹"05 -实验例程\ 第 6 章\SmartHome\Node -5\Node - 5.eww"下,打开"Project"→"Rebuild All"重新编译工程。

③ 将连接好的硬件平台通电(STM32 电源开关必须拨到"ON"),接下来选择"Project"→"Download and debug"将程序下载到 STM32 开发板中。

④ 下载完后可以单击"Debug"→"Go"进行程序全速运行,也可以将 STM32 开发板重新上电或者按下复位按钮让刚才下载的程序重新运行。

⑤ 程序成功运行后,在 PC 机上打开串口助手"commix10.exe"或者超级终端,串口助手软件在文件夹"DISK -IOTOPS\04 -常用工具\"中可以找到,设置串口接收的波特率为 115 200,设置正确的串口号,之后打开串口。

⑥ 发送指令"{OD0=1,D0=?}"和"{CD0=1,D0=?}",观察现象。

6. 实验结果

发送指令"{OD0=1,D0=?}":打开 LED 并返回状态。打开 LED 串口返回如图 4.73 所示。

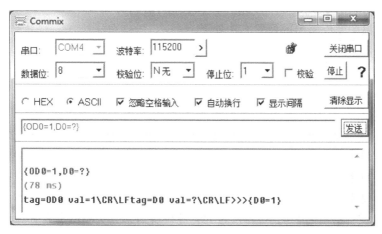

图 4.73 打开 LED 串口返回

发送指令"{CD0＝1,D0＝?}"：关闭 LED 并返回状态,观察 LED 灯状态。关闭 LED 串口返回如图 4.74 所示。

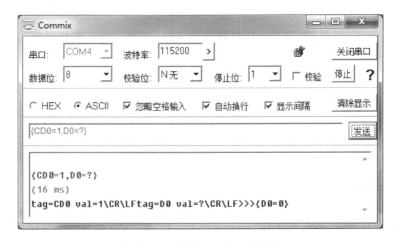

图 4.74　关闭 LED 串口返回

4.3.8　温湿度传感器实验

1. 实验目的

① 掌握 DHT11 温湿度传感器的使用;

② 通过 STM32 读取 485 串口发送的温湿度数据,并从 PC 机显示出来。

2. 实验环境

① 硬件:温湿度传感器 1 个,USB 接口仿真器,PC 机,串口线,温湿度传感器节点板(节点5 一块);

② 软件:Windows 7/Windows xp、IAR 集成开发环境、串口调试工具(超级终端)。

3. 实验原理

本实验实例代码通过读取串口的温湿度数据,然后从 PC 机显示出来。

智能家居区的温湿度传感器采用 506－97 型,RS485 接口,可实现多点同时监测,组网并远传,现场数字显示等功能。RS485 接口方式,使用了工业领域广泛应用的 Modbus 数据通信协议进行数据通信,可与各类控制设备、显示仪表和计算机等直接连接。

506－97 型温湿度传感器的设置方法如下。

(1)进入设置界面

长按"M"键,液晶显示出现密码输入菜单,按"▲"键和"▼"键来调节,输入密码"506"进入设置(见图 4.75)。注:此密码不可更改。

(2)地址设置

进入设置后,液晶屏出现设置菜单,第一页为地址设置,地址设置范围为 1～255(见图 4.76)。可以通过上下按键来调节,调节完毕后再次按下"M"键确认设置。按"C"键退出设置状态。实训台温湿度传感器的地址默认为 002。

(3)波特率设置

在地址设置没有退出的情况下,再次按"M"键切换到第 2 页波特率设置界面,波特率设置范围为 1 200～38 400,可以通过上下键来调节波特率,调节完毕后再次按下"M"键,确认设置,按"C"键退出设置状态。实训台温湿度传感器默认的波特率为 9 600。

图 4.75　设置界面　　　　　　　　**图 4.76　地址设置**

　　节点 5 温湿度传感器主要实现温湿度传感器的开关控制及监测状态的主动上传与读取。传感器采集数据部分已经封装好了,不需要详细地了解,只须对串口(485)检测到的数据进行处理。首先进行一些基本的时钟、IO 口等的初始化操作,然后处理从 CC2530 发送过来的命令,进行相应的控制。代码如下:

```
void main(void)
{
    char flag = 0;
    char dat[64] = {0x7B,0x4D,0x41,0x43,0x3D,0x3F,0x7D};//{MAC = ?};
    int len;
    unsigned int tm = clock_s() + 5;   //设定超时时间 10s
    clock_init();
    uart1_init();
    uart3_init();
    gpio_init();
    SPI_LCD_Init();
    lcd_initial();
    Display_Clear(0x001f);
    process_command_init();
    process_set_command_call(process_command_callback);
    Delay_ms(1000);//上电等待 1 秒,等到 CC2530 稳定后发送查询 MAC 地址的指令
// ================ 获取 MAC 地址 ====================
    process_command_send(dat, 7);
    Delay_ms(1000);
    process_uart_command();
    Display_Desc(name, mac);
    get_temp_humi();
    DEBUG_TAG("sTemp = % 2.2f,sHumi = % 2.2f\n\r",sTemp,sHumi);
    while(1){
        process_uart_command();
        if (timeout_s(tm)) {     //超时处理
            if(flag == 0){
                len = sprintf(dat,"{A0 = % 2.2f,A1 = % 2.2f}", sTemp, sHumi);
                process_command_send(dat, len);
                DEBUG_TAG(" % s\n\r",dat);
                flag = 1;
            }else{
```

```
                get_temp_humi();
                flag = 0;
            }
            tm = clock_s() + 5;
        }
    }
}
```

其中,温度值和湿度值的获取,具体实现如下:

```
static int get_temp_humi(void)
{
unsigned char i;
    int t, h;
    unsigned int error = 0;
    do{
        GPIO_SetBits(GPIOA, GPIO_Pin_0);        //485 进入发送状态
        delay_ms(2);
        for(i = 0; i < 8; i++) {
            UART3_Send_Byte(Get_Temp_Humi[i]);
            for (int j = 0; j < 30; j++);
        }
        for (int j = 0; j < 10000; j++);
        //delay_ms(1);
        buf_len = 0;
        GPIO_ResetBits(GPIOA, GPIO_Pin_0);      //485 进入接收状态
        delay_ms(100);                          //等待接收数据
        if (0 && buf_len != 0) {
            printf("s : ");
            for (int k = 0; k < buf_len; k++) {
                printf(" %02X ", uart3_buf[k]);
            }
            printf("\r\n");
        }
    }while(error++ < 3 && buf_len != 11);
    if(error >= 3)
    {
        DEBUG_TAG("read error\n\r");
        return -1;
    }
    h = (uart3_buf[3] << 8) | uart3_buf[4];
    t = (uart3_buf[5] << 8) | uart3_buf[6];
    sHumi = (float)h/100.0;
    sTemp = (float)(t-27315)/100.0;
    return 0;
}
```

While 循环中还处理了串口发送过来的命令 process_uart_command()，具体函数如下：

```
void process_uart_command(void)
{
    int rxidx;
    rxidx =  check_rxbuf();
    if (rxidx > = 0) {
        int pkglen = - rxlens[rxidx];
        char * pkg = rxbufs[rxidx];
        process_package(pkg, pkglen);
        free_rxbuf(rxidx);
    }
}
```

process_uart_command() 会调用一个命令解析函数 process_package()，其代码如下：

```
static void process_package(char * pkg, int len)
{
    char * p;
    char * ptag = NULL;
    char * pval = NULL;
    static char wbuf[256];
    char * pwbuf = wbuf + 1;
    //判断是否为为一个完整的命令
    if (pkg[0] ! = '{' || pkg[len - 1] ! = '}') return;
    pkg[len - 1] = 0;
    p = pkg + 1;
    //下面的 do while 循环为将命令数据中的多条属性解析出来
    do {
        ptag = p;
        p = strchr(p, '=');
        if (p ! = NULL)
        {
            * p ++ = 0;
            pval = p;
            p = strchr(p, ',');
            if (p ! = NULL) * p ++ = 0;
            DEBUG_TAG("tag = % s val = % s\r\n", ptag, pval);
            if (process_command_call ! = NULL)
            {
                int ret;
                //调用 process_command_callback()函数对命令进行处理
                ret = process_command_call(ptag, pval, pwbuf);
                if (ret > 0) {
                    pwbuf += ret;
                    * pwbuf ++ = ',';   //返回的命令中属性以","隔开
```

```
                }
            }
        }
    } while (p != NULL);
    if (pwbuf - wbuf > 1)
    {   //对返回命令进行规格化处理
        wbuf[0] = '{';
        pwbuf[0] = 0;
        pwbuf[-1] = '}';
        DEBUG_TAG(" >>> % s", wbuf);
        uart_write(wbuf, pwbuf - wbuf);
    }
}
```

若接收到的是一条完整有效的命令,经解析之后,就可以根据所收到的属性及值来进行相应的操作。process_command_callback 处理函数如下:

```
static int process_command_callback(char * ptag, char * pval, char * pout)
{
int val;
    int ret = 0;
    val = atoi(pval);
    //LED命令处理
    if (0 == strcmp("CD0", ptag)) {
        if (val == 1) {
            Sensor_ST = 0;
            GPIO_WriteBit(GPIOB, GPIO_Pin_2, 0);
        }
    }
    if (0 == strcmp("OD0", ptag)) {
        if (val == 1) {
            Sensor_ST = 1;
            GPIO_WriteBit(GPIOB, GPIO_Pin_2, 1);
        }
    }
    if (0 == strcmp("D0", ptag)) {
        if (0 == strcmp("?", pval)) {
            ret = sprintf(pout, "D0 = % u", Sensor_ST);
        }
    }
    //温湿度命令处理
    if (0 == strcmp("A0", ptag)) {
        if (0 == strcmp("?", pval)) {
            ret = sprintf(pout, "A0 = % 2.2f", sTemp);
        }
    }
```

```
if (0 == strcmp("A1", ptag)) {
    if (0 == strcmp("?", pval)) {
        ret = sprintf(pout, "A1 = % 2.2f", sHumi);
    }
}
//MAC 地址
if (0 == strcmp("MAC", ptag))
{
    strcpy(mac_temp , pval);
    mac[0] = mac_temp[0];
    mac[1] = mac_temp[1];
    mac[3] = mac_temp[2];
    mac[4] = mac_temp[3];
    mac[6] = mac_temp[4];
    mac[7] = mac_temp[5];
    mac[9] = mac_temp[6];
    mac[10] = mac_temp[7];
    mac[12] = mac_temp[8];
    mac[13] = mac_temp[9];
    mac[15] = mac_temp[10];
    mac[16] = mac_temp[11];
    mac[18] = mac_temp[12];
    mac[19] = mac_temp[13];
    mac[21] = mac_temp[14];
    mac[22] = mac_temp[15];
}
return ret;
}
```

从程序中可以看出{A0＝％2.2f}为当前温度值,{A1＝％2.2f}为当前湿度值。

4. 实验内容

下载节点 5 程序,按照表 4.17 所列参数进行传感器连接。本实验代码通过读取温湿度传感器数据,然后通过串口从 PC 显示出来。

表 4.17　温湿度传感器参数

传感器		所属节点		CPU 控制	
名称	信号	节点号	信号	CPU 控制引脚	说明
温湿度	TX	节点 5	P1	PB10(USART3_TX)	串口(485)读写
	RX		P2	PB11(USART3_RX)	
			P3	PA0(I/O)	485 收发使能端

5. 实验步骤

① 正确连接 JLINK 仿真器到 PC 机和 STM32 板,将温湿度传感器节点板参照实验内容的表格正确连接到 STM32 开发板上。用串口线一端连接 STM32 开发板,另一端连接 PC 机

串口。

② 用 IAR 开发环境打开实验例程：在文件夹"05 -实验例程\ 第 6 章\SmartHome\Node - 5\Node - 5. eww"下，选择"Project"→"Rebuild All"重新编译工程。

③ 将连接好的硬件平台通电（STM32 电源开关必须拨到"ON"），接下来选择"Project"→"Download and debug"将程序下载到 STM32 开发板中。

④ 下载完后可以单击"Debug"→"Go"进行程序全速运行，也可以将 STM32 开发板重新上电或者按下复位按钮让刚才下载的程序重新运行。

⑤ 程序成功运行后，在 PC 机上打开串口助手"commix10. exe"或者超级终端，串口助手软件在文件夹"DISK - IOTOPS\04 -常用工具\"中可以找到，设置串口接收的波特率为 115 200，设置正确的串口号，之后打开串口。

⑥ 根据环境温度改变传感器周围湿度和温度（可以尝试手捂，或者吹气），观察串口调试工具接收区显示的数据。

6. 实验结果

在串口调试工具接收区看到如下信息（实验数据与实验环境的温度湿度有关）：

{A0}为当前温度值，{A1}为当前湿度值。

此时用手轻轻触摸传感器或者对传感器换换吹气，会发现温度值和湿度值都上升。程序默认会自动定时上报数据，显示结果如图 4.77 所示。

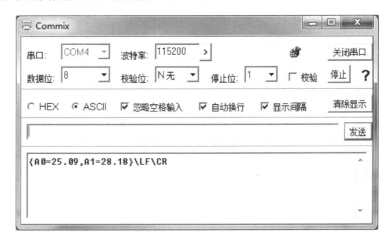

图 4.77　温湿度传感器串口返回

4.3.9　电磁锁控制实验

1. 实验目的

① 掌握电磁锁的使用；

② 观察电磁锁状态。

2. 实验环境

① 硬件：STM32 开发板，USB 接口仿真器，PC 机，串口线，电磁锁 1 个，香蕉端子线 2 条；

② 软件：Windows 7/Windows XP、IAR 集成开发环境、串口调试工具（超级终端）。

3. 实验原理

磁力锁（或称电磁锁）的设计和电磁铁一样，是利用电生磁的原理，当电流通过硅钢片时，电磁锁会产生强大的吸力,紧紧地吸住吸附铁板从而达到锁门的效果。只要小小的电流电磁锁就会产生巨大的磁力,控制电磁锁电源的门禁系统识别人员正确后即断电,电磁锁失去吸力即可开门。因为电磁锁没有复杂的机械结构以及锁舌的构造,适用于逃生门或是消防门的通路控制。电磁锁内部用灌注环氧树脂保护锁体。

　　根据上位机和下位机之间的通信协议,上位机要打开下位机的设备时,需要发送指令"{OD0=0}",要关闭下位机的设备时,需要发送指令"{CD0=0}"。指令的代码如下:

```c
static int process_command_callback(char * ptag, char * pval, char * pout)
{
    int val;
    int ret = 0;
    val = atoi(pval);
    if (0 == strcmp("CD0", ptag)) {
        if (val & 0x01) {                                 //关闭门
            Sensor_ST & = ~0x01;
            GPIO_WriteBit(GPIOB, GPIO_Pin_2, 0);
        }
        if (val & 0x10) {                                 //关闭窗帘(反转)
            Sensor_ST |= 0x10;
            GPIO_WriteBit(GPIOA, GPIO_Pin_0 ,1);          //EN
            GPIO_WriteBit(GPIOB, GPIO_Pin_10 , 0);        //IO1
            GPIO_WriteBit(GPIOB, GPIO_Pin_11 , 1);        //IO2
        }
    }
    if (0 == strcmp("OD0", ptag)) {
        if (val & 0x01) {
            Sensor_ST |= 0x01;                            //打开门
            GPIO_WriteBit(GPIOB, GPIO_Pin_2, 1);
        }
        if (val & 0x10) {                                 //打开窗帘(正转)
            Sensor_ST |= 0x10;
            GPIO_WriteBit(GPIOA, GPIO_Pin_0 ,1);
            GPIO_WriteBit(GPIOB, GPIO_Pin_10 , 1);
            GPIO_WriteBit(GPIOB, GPIO_Pin_11 , 0);
        }
    }
    if (0 == strcmp("SD0", ptag)) {
        if (val == 1) {                                   //停止窗帘
            Sensor_ST & = ~0x10;
            GPIO_WriteBit(GPIOB, GPIO_Pin_11 , 0);
            GPIO_WriteBit(GPIOB, GPIO_Pin_10 , 0);
            GPIO_WriteBit(GPIOA, GPIO_Pin_0 , 0);
        }
    }
    if (0 == strcmp("D0", ptag)) {
```

```
        if (0 == strcmp("?", pval)) {
            ret = sprintf(pout, "D0 = % u", Sensor_ST);
        }
    }
    //MAC 地址
    if (0 == strcmp("MAC", ptag))
    {
        strcpy(mac_temp , pval);
        mac[0] = mac_temp[0];
        mac[1] = mac_temp[1];
        mac[3] = mac_temp[2];
        mac[4] = mac_temp[3];
        mac[6] = mac_temp[4];
        mac[7] = mac_temp[5];
        mac[9] = mac_temp[6];
        mac[10] = mac_temp[7];
        mac[12] = mac_temp[8];
        mac[13] = mac_temp[9];
        mac[15] = mac_temp[10];
        mac[16] = mac_temp[11];
        mac[18] = mac_temp[12];
        mac[19] = mac_temp[13];
        mac[21] = mac_temp[14];
        mac[22] = mac_temp[15];
    }
    return ret;
}
```

在函数 process_command_callback()中对相应的指令做出了响应的动作,下位机通过一个引脚的电平来控制继电器,进而控制响应的设备,本小节里控制的设备即是加热器。函数 process_command_callback()是在主函数里轮询执行的函数 process_uart_command()所调用的,在该函数里接收串口信息,并且对接收到的信息流进行解析,然后得到协议中的指令。函数 process_uart_command()的实现如下:

```
void process_uart_command(void)
{
    int rxidx;
    rxidx =  check_rxbuf();
    if (rxidx > = 0) {
        int pkglen = - rxlens[rxidx];
        char * pkg = rxbufs[rxidx];
        process_package(pkg, pkglen);
        free_rxbuf(rxidx);
    }
}
```

上述函数对串口缓冲区进行判断,当缓冲区有数据的时候就调用函数 process_package()
来对该缓冲区里的数据进行解析,解析缓冲区的函数 process_package() 的实现如下:

```c
static void process_package(char * pkg, int len)
{
    char * p;
    char * ptag = NULL;
    char * pval = NULL;
    static char wbuf[256];
    char * pwbuf = wbuf + 1;
    //判断是否为为一个完整的命令
    if (pkg[0] ! = '{' || pkg[len - 1] ! = '}') return;
    pkg[len - 1] = 0;
    p = pkg + 1;
    //下面的 do while 循环为将命令数据中的多条属性解析出来
    do {
        ptag = p;
        p = strchr(p, '=');
        if (p ! = NULL)
        {
            * p ++ = 0;
            pval = p;
            p = strchr(p, ',');
            if (p ! = NULL) * p ++ = 0;
            DEBUG_TAG("tag = % s val = % s\r\n", ptag, pval);
            if (process_command_call ! = NULL)
            {
                int ret;
                //调用 process_command_callback()函数对命令进行处理
                ret = process_command_call(ptag, pval, pwbuf);
                if (ret > 0) {
                    pwbuf += ret;
                    * pwbuf ++ = ',';   //返回的命令中属性以“,”隔开
                }
            }
        }
    } while (p ! = NULL);
    if (pwbuf - wbuf > 1)
    {                                  //对返回命令进行规格化处理
        wbuf[0] = '{';
        pwbuf[0] = 0;
        pwbuf[-1] = '}';
        DEBUG_TAG(" >>> % s", wbuf);
        uart_write(wbuf, pwbuf - wbuf);
    }
}
```

通过上述代码可知,当上位机通过串口发送过来数据之后,下位机进行解析数据流,然后
转换成相应的指令,根据相应的指令做出相应的动作。

4. 实验内容

下载节点 6 程序,按照表 4.18 所列参数进行电磁锁连接。本实验实例代码通过串口发送控制电磁锁动作。

表 4.18 电磁锁参数

传感器		所属节点		CPU 控制	
名称	信号	节点号	信号	CPU 控制引脚	说明
电磁锁	IO-IN	节点 6	12V	PB2(I/O)	I/O 输出控制电源 I/O 输入判断状态

5. 实验步骤

① 正确连接 JLINK 仿真器到 PC 机和 STM32 板,将电控锁节点板参照实验内容的表格正确连接到 STM32 开发板上。用串口线一端连接 STM32 开发板,另一端连接 PC 机串口。

② 用 IAR 开发环境打开实验例程:在文件夹"05-实验例程\第 6 章\SmartHome\Node-6\Node-6.eww"下,选择"Project"→"Rebuild All"重新编译工程。

③ 将连接好的硬件平台通电(STM32 电源开关必须拨到"ON"),接下来选择"Project"→"Download and debug"将程序下载到 STM32 开发板中。

④ 下载完后可以单击"Debug"→"Go",进行程序全速运行,也可以将 STM32 开发板重新上电或者按下复位按钮让下载的程序重新运行。

⑤ 程序成功运行后,在 PC 机上打开串口助手"commix10.exe"或者超级终端,串口助手软件在文件夹"DISK-IOTOPS\04-常用工具\"中可以找到,设置串口接收的波特率为 115 200,设置正确的串口号,之后打开串口。

⑥ 发送指令"{OD0=1}":打开电磁锁;发送指令"{CD0=1}":关闭电磁锁。观察电磁锁状态。

6. 实验结果

当发送指令{OD0=1,D0=?}时,电磁锁打开。电磁锁打开串口返回如图 4.78 所示。

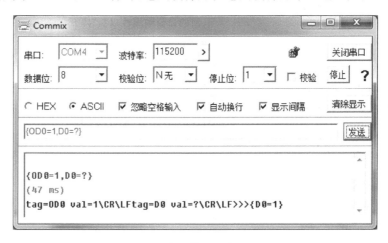

图 4.78 电磁锁打开串口返回

发送指令"{CD0=1,D0=?}"时,电磁锁关闭。串口显示如图 4.79 所示。

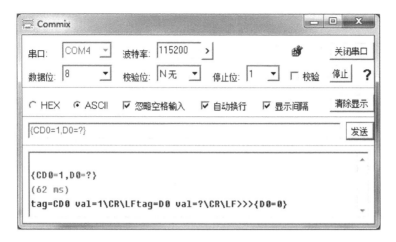

图 4.79　电磁锁关闭串口返回

4.3.10　窗帘控制实验

1. 实验目的

① 掌握窗帘的控制；

② 观察窗帘的状态。

2. 实验环境

① 硬件：STM32 开发板，USB 接口仿真器，PC 机，串口线，电磁锁 1 个，香蕉端子线 2 条；

② 软件：Windows 7/Windows XP、IAR 集成开发环境、串口调试工具（超级终端）。

3. 实验原理

控制窗帘的动作是通过控制 L298 芯片，控制直流电机的正反转实现的。

根据上位机和下位机之间的通信协议，"{D0＝?}"指令为读取窗帘当前开关状态；"{OD0＝16，D0＝?}"指令为打开窗帘正转，并返回状态；"{CD0＝16，D0＝?}"指令为打开窗帘反转，并返回状态；"{SD0＝1，D0＝?}"指令为停止窗帘转动，并返回状态。指令的代码实现如下：

```c
static int process_command_callback(char * ptag, char * pval, char * pout)
{
int val;
    int ret = 0;
    val = atoi(pval);
    if (0 == strcmp("CD0", ptag)) {
        if (val & 0x01) {                          //关闭门
            Sensor_ST &= ～0x01;
            GPIO_WriteBit(GPIOB, GPIO_Pin_2, 0);
        }
        if (val & 0x10) {                          //关闭窗帘(反转)
            Sensor_ST | = 0x10;
            GPIO_WriteBit(GPIOA, GPIO_Pin_0 ,1);   //EN
            GPIO_WriteBit(GPIOB, GPIO_Pin_10 , 0); //IO1
            GPIO_WriteBit(GPIOB, GPIO_Pin_11 , 1); //IO2
        }
```

```
        }

        if (0 == strcmp("OD0", ptag)) {
            if (val & 0x01) {
                Sensor_ST |= 0x01;                            //打开门
                GPIO_WriteBit(GPIOB, GPIO_Pin_2, 1);
            }

            if (val & 0x10) {                                 //打开窗帘(正转)
                Sensor_ST |= 0x10;
                GPIO_WriteBit(GPIOA, GPIO_Pin_0 ,1);
                GPIO_WriteBit(GPIOB, GPIO_Pin_10 , 1);
                GPIO_WriteBit(GPIOB, GPIO_Pin_11 , 0);
            }
        }

        if (0 == strcmp("SD0", ptag)) {
            if (val == 1) {                                   //停止窗帘
                Sensor_ST &= ~0x10;
                GPIO_WriteBit(GPIOB, GPIO_Pin_11 , 0);
                GPIO_WriteBit(GPIOB, GPIO_Pin_10 , 0);
                GPIO_WriteBit(GPIOA, GPIO_Pin_0 , 0);
            }
        }
        if (0 == strcmp("D0", ptag)) {
            if (0 == strcmp("?", pval)) {
                ret = sprintf(pout, "D0 = %u", Sensor_ST);
            }
        }
        //MAC 地址
        if (0 == strcmp("MAC", ptag))
        {
            strcpy(mac_temp , pval);
            mac[0] = mac_temp[0];
            mac[1] = mac_temp[1];
            mac[3] = mac_temp[2];
            mac[4] = mac_temp[3];
            mac[6] = mac_temp[4];
            mac[7] = mac_temp[5];
            mac[9] = mac_temp[6];
            mac[10] = mac_temp[7];
            mac[12] = mac_temp[8];
            mac[13] = mac_temp[9];
            mac[15] = mac_temp[10];
            mac[16] = mac_temp[11];
            mac[18] = mac_temp[12];
            mac[19] = mac_temp[13];
            mac[21] = mac_temp[14];
            mac[22] = mac_temp[15];
        }

        return ret;
    }
}
```

在函数 process_command_callback() 中对相应的指令做出了响应的动作,下位机通过一个引脚的电平来控制继电器,进而控制响应的设备,本小节控制的设备即是加热器。函数 process_command_callback() 是在主函数里轮询执行的函数 process_uart_command() 所调用的,在该函数里接收串口信息,并且对接收到的信息流进行解析,然后得到协议中的指令。函数 process_uart_command() 的实现如下:

```
void process_uart_command(void)
{
    int rxidx;
    rxidx =   check_rxbuf();
    if (rxidx > = 0) {
        int pkglen = - rxlens[rxidx];
        char * pkg = rxbufs[rxidx];
        process_package(pkg, pkglen);
        free_rxbuf(rxidx);
    }
}
```

上述函数对串口缓冲区进行判断,当缓冲区有数据的时候就调用函数 process_package() 来对该缓冲区里面的数据进行解析,解析缓冲区的函数 process_package() 的实现如下:

```
static void process_package(char * pkg, int len)
{
    char * p;
    char * ptag = NULL;
    char * pval = NULL;
    static char wbuf[256];
    char * pwbuf = wbuf + 1;
    //判断是否为为一个完整的命令
    if (pkg[0] ! = '{' || pkg[len - 1] ! = '}') return;
    pkg[len - 1] = 0;
    p = pkg + 1;
    //下面的 do while 循环为将命令数据中的多条属性解析出来
    do {
        ptag = p;
        p = strchr(p, '=');
        if (p ! = NULL)
        {
            * p++ = 0;
            pval = p;
            p = strchr(p, ',');
            if (p ! = NULL) * p++ = 0;
            DEBUG_TAG("tag = % s val = % s\r\n", ptag, pval);
            if (process_command_call ! = NULL)
            {
```

```
        int ret;
        //调用 process_command_callback()函数对命令进行处理
        ret = process_command_call(ptag, pval, pwbuf);
        if (ret > 0){
            pwbuf += ret;
            * pwbuf ++ = ',';   //返回的命令中属性以","隔开
        }
    }
}
} while (p ! = NULL);
if (pwbuf - wbuf > 1)
{                                    //对返回命令进行规格化处理
    wbuf[0] = '{';
    pwbuf[0] = 0;
    pwbuf[ - 1] = '}';
    DEBUG_TAG(" >>> % s", wbuf);
    uart_write(wbuf, pwbuf - wbuf);
}
}
```

通过上述代码的流程，当上位机通过串口发送过来数据之后，下位机进行解析数据流，然后转换成相应的指令，根据相应的指令做出相应的动作。

4. 实验内容

下载节点 6 程序，按照表 4.19 所列参数进行窗帘连接。本实验实例代码通过串口发送控制窗帘开关。

表 4.19　窗帘参数

传感器		所属节点		CPU 控制	
名称	信号	节点号	信号	CPU 控制引脚	说明
窗帘	IO1	节点 6	P1	PB10(I/O)	调速
	IO2		P2	PB11(I/O)	方向
	EN		P3	PA0(I/O)	使能

5. 实验步骤

① 正确连接 JLINK 仿真器到 PC 机和 STM32 板，将温湿度传感器节点板参照实验内容的表格正确连接到 STM32 开发板上。用串口线一端连接 STM32 开发板，另一端连接 PC 机串口。

② 用 IAR 开发环境打开实验例程：在文件夹"05 -实验例程\第 6 章\ SmartHome\Node - 6\Node - 6. eww"下，选择"Project"→"Rebuild All"重新编译工程。

③ 将连接好的硬件平台通电（STM32 电源开关必须拨到"ON"），接下来选择"Project"→"Download and debug"将程序下载到 STM32 开发板中。

④ 下载完后可以单击"Debug"→"Go"进行程序全速运行，也可以将 STM32 开发板重新上电或者按下复位按钮让下载的程序重新运行。

⑤ 程序成功运行后,在 PC 机上打开串口助手"commix10. exe"或者超级终端,串口助手软件在文件夹"DISK－IOTOPS\04－常用工具\"中可以找到,设置串口接收的波特率为 115 200,设置正确的串口号,之后打开串口。

⑥ 发送指令"{OD0＝16}":打开窗帘;发送指令"{CD0＝16}":关闭窗帘;发送指令"{SD0＝1}":停止;观察窗帘状态。

6. 实验结果

当发送指令"{OD0＝16}"时,窗帘正转打开。窗帘正转串口返回如图 4.80 所示。

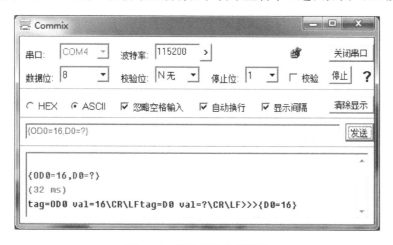

图 4.80 窗帘正转串口返回

当发送指令"{CD0＝16}"时,窗帘反转关闭;发送指令"{SD0＝1}"时,停止。窗帘反转串口返回如图 4.81 所示。

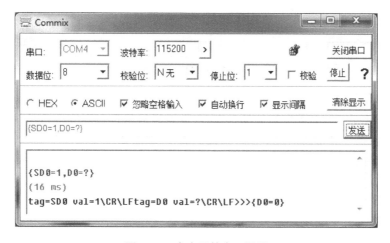

图 4.81 窗帘反转串口返回

4.4 智能家居安卓端操控实验

1. 实验环境

① 硬件:下载好程序的 6 个 STM32 节点板,各个传感器按照接线规范连接好;

② 软件:SmartHome 安卓软件。

2. 实验原理

网关通过串口发送给协调器指令,协调器将指令无线发送给节点,节点 ZigBee 接收指令后发送给 STM32 进行指令解析,然后,STM32 控制执行器执行相应的操作,采集传感器的数据上报给网关。

3. 实验内容

实现安卓端如图 4.82 所示的各个部分的功能,主要包括:系统设置、情景模式、环境监测、灯光控制、电器遥控、安防设备、电子门禁、摄像监控、智能窗帘、风扇控制等模块。

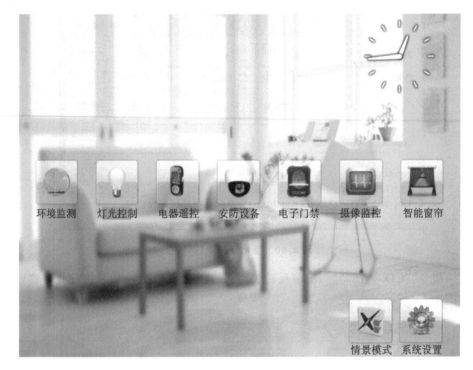

图 4.82　智能家居主页

(1) 情景模式

情景模式构建了几种智能家居的场景,用户设置以后软件可以实现自动检测智能家居系统的各种状态,在条件具备的情况下执行预设的操作,如图 4.83 所示。

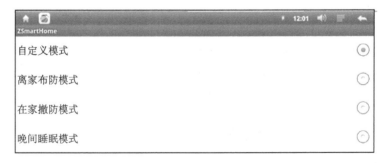

图 4.83　情景模式设置

（2）系统设置

系统设置中,用户需要设置网关的地址(即在云服务设置中的用户 ID),以及设置一个紧急联系人的电话号码(此功能需要 3G 模块)。

4. 实验步骤

图 4.84　ZsmartHome 图标

实验前需要在网关上安装"ZsmartHome"软件(见图 4.84),并单击使其处于运行状态。

以环境监测模块为例,进行功能介绍。

环境检测部分主要包括:环境温湿度检测、环境光照度检测等功能。

① 打开环境监测。

长按"温度值"图标,会出现输入节点 mac 地址对话框,温度和湿度是一个节点,所以只设置温度的 mac 地址即可。环境监测如图 4.85 所示。

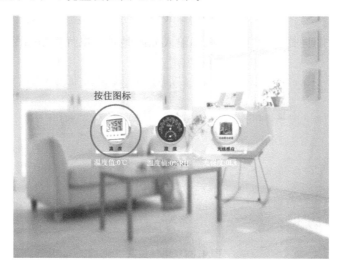

图 4.85　环境监测

输入 5 号节点的 mac 的地址,以后每个节点输入 mac 地址的方法相同。设置 mac 地址如图 4.86 所示。

图 4.86　设置 mac 地址

依照上述的方法把 5 号节点的 mac 地址输入后,此数据为自动上报,界面显示各数据的测的值。

② 打开灯光控制,长按"客厅顶灯"图标,输入 mac 地址,即可控制灯的亮灭。灯光控制如图 4.87 所示。

图 4.87　灯光控制

③ 打开电器控制,同样长按"电视"图标输入 mac 地址。电气控制如图 4.88 所示。

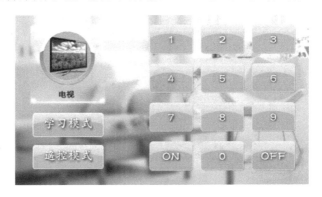

图 4.88　电气控制

单击"学习模式",选择一个要学习的按键,例如"OFF",此时红外转发器常亮,按住遥控器"OFF"键对准红外转发接收处几秒钟,红外转发灯灭说明学习完成。同样的道理学习"ON"。遥感控制如图 4.89 所示。

图 4.89　遥控模式

学习完成后,确保节点 5 的 LED 是上电状态,单击遥控模式,按"ON"或"OFF"就可控制 LED 灯的亮灭。

④ 打开安防设备,分别输入 mac 地址,打开各传感器,分别触发各传感器。打开安防设备如图 4.90 所示。

图 4.90　打开安防设备

以红外对射为例触发后显示如图 4.91 所示。

⑤ 电子门禁。同上绑定 mac 地址,单击"开",电磁锁打开;单击"关",电磁锁关闭。电子门禁如图 4.92 所示。

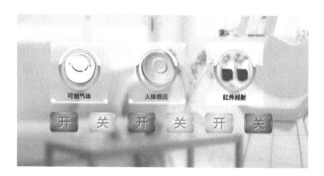

图 4.91　传感器被触发

图 4.92　电子门禁

⑥ 摄像监控。进入视频监控如图 4.93 所示。

图 4.93　摄像监控界面

长按"视频监控"图标,输入摄像头通道号 1,然后确定,如图 4.94 所示。摄像头图像如

图 4.95 所示。

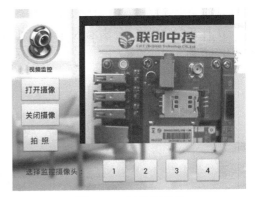

图 4.94 设置节点 mac 地址   图 4.95 摄像头图像

⑦ 智能窗帘。绑定 mac 地址,分别可以选择"开""停""合",窗帘执行相应的动作。

⑧ 风扇控制。绑定 mac 地址,即可控制排风扇。

5. 实验结果

通过安卓软件,实现对智能家居区各个传感器、执行器的控制。

4.5 智能家居软件架构

智能物联网实训操作台包含了智能家居区,可以通过实验模拟现实智能家庭环境,实现无线网络数据的采集、家居环境监测、智能家电自动控制、安防系统与警报、远程监控等功能。

智能家居软件的总体结构如图 4.96 所示。

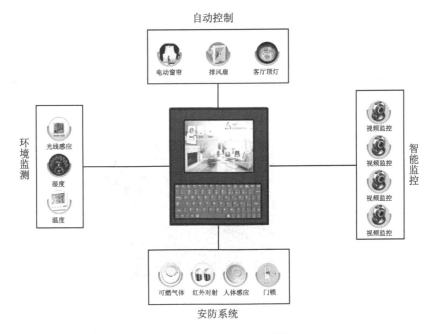

图 4.96 智能家居软件结构图

1. 智能家居软件框架

智能家居应用程序运行于 android 系统应用层,采用 Java 开发。通过接收用户的输入操作,生成相应的控制指令,然后通过 3G、WiFi 或以太网发送到智能网关系统。同时,智能家居应用程序还接收智能网关程序发送过来的数据并进行相应的处理,控制传感器。

智能家居应用程序框架如图 4.97 所示。

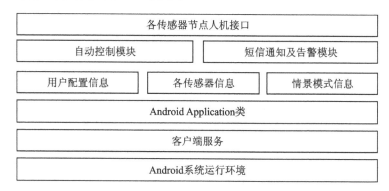

图 4.97　Android 用户控制程序框架

以 Android Application 类和自动控制模块为例介绍其实现,其他模块类同可参考源代码。

当用户打开应用程序时,系统会自动启动用户创建的 Application 类,它在整个程序中生命周期最长,等于这个程序的生命周期。通过使用 Application 类可进行一些数据传递,数据共享,以及绑定解绑网关服务等操作。下面进行初步讲解具体见源码。

连接网关服务的代码如下:

```java
public void connectServer() {
    Intent service = new Intent("com.zonesion.wsn.WsnClientService");
    bindService(service, mConnection, BIND_AUTO_CREATE);}
```

在程序启动时,会主动去连接 WsnClientService 服务,如果连接成功,则通过实例化 MqttClientService 获取到 mZbService 对象,然后注册一个接收数据监听器,打开相应的线程来连接服务。具体代码如下:

```java
public void onServiceConnected(ComponentName name, IBinder service) {
    mZbService = IZbMqttClientService.Stub.asInterface(service);
    try {
        mZbService.registerReceiveDataListener(mRecevieDataListener);
        InitSensorDataThread th = new InitSensorDataThread();
        th.setDaemon(true);
        th.start();
    } catch (RemoteException e) {
    // TODO Auto-generated catch block
        e.printStackTrace();
    }
}
```

如果连接失败,或者要断开连接网关服务的代码如下:

```
public void onServiceDisconnected(ComponentName name) {
    try {
        mZbService.unregisterReceiveDataListener(mRecevieDataListener);
    } catch (RemoteException e) {
        // TODO Auto - generated catch block
        e.printStackTrace();
    }
    mZbService = null;
}
```

同连接网关服务一样,取消注册监听器即可。

Application 对象除了用来连接网关服务之外,还实现了所有数据的发送及接收功能,用户可以在不同的 Activity 中使用它所接收到的所有数据,从而可以实现数据处理及自动控制功能。发送数据代码比较简单,接收数据的处理操作过程如下:

```
private IReceiveDataListener.Stub mRecevieDataListener = new IReceiveDataListener.Stub() {
    @Override
    public void onReceiveData(String mac, byte[] dat)
            throws RemoteException {
        // TODO Auto - generated method stub
        String sdat = new String(dat);
        String s = "[" + mac + "] << " + sdat;
        Log.d(TAG, s);
        mSensorData.onSensorData(mac, sdat);
        if (mCurrentActivity != null) {
            synchronized (mCurrentActivity) {
                String[] smac = mCurrentActivity.getMacAddress();
                for (String x : smac) {
                    if (x.equalsIgnoreCase(mac)) {
                        String sdata = mac + " = " + new String(sdat);
                        String macs = mUserConfig.getString(SmartHomeApplication.KEY_Monitor);
                        String mMacs[] = new String[]{""};
                        if (macs.length() > 0) {
                            String[] b = macs.split(" = ");
                            mMacs[0] = b[1];
                        }
                        if(mac.equalsIgnoreCase(mMacs[0])) {
                            mCurrentActivity.postSensorData(dat);
                        }else {
                            mCurrentActivity.postSensorData(sdata.getBytes());
                        }
                    }
                }
            }
        }
```

```
            }
            for (IOnSensorDataListener li : mIOnSensorDataListeners) {
                li.onSensorData(mac, dat);
            }
        }
    };
```

当 Application 对象接收到传感器发送过来的数据时,会进行解析,针对当前 Activity 将数据传递过去,进行处理。在上面的代码中可以看到它会先判断接收数据是否为摄像监控节点发送过来的,这是因为摄像监控节点所发送的数据为照片数据,它是字节型的,不能进行字符串转化,否则数据会出错。

除此之外,Application 对象还实现了一些对象的实例化。

再看自动控制模块如何实现:程序启动时,主视图中会开启自动控制功能,这时它就会去实例化 mUserConfig,获取用户配置信息,然后注册数据发送监听器,代码如下:

```
public void start() {
    mUserConfig = mApplication.getUserConfig();
    mApplication.registerOnSensorDataListener(this);
}
```

然后,在 onSensorData 函数中获取网关接收到的传感器数据,进行解析后进行处理,从而实现了后台自动控制的功能。在程序结束时,调用 stop 函数注销传感器数据监听,停止自动控制。

2. 智能家居工程介绍

智能家居工程位于实训光盘"UI‐IOT‐OPS\05‐实验例程\第 6 章\ZSmartHome",打开"Eclipse",在菜单栏依次选择:"File"→"Import"...,弹出导入窗口,选择"General"→"Existing Project into Workspace",导入工程后工程结构如图 4.98 所示。

下面对工程目录进行简要地介绍。

(1)"Android2.3.1"文件夹

"Android2.3.1"文件夹下包含"android.jar"文件,这是一个 Java 归档文件,其中包含构建应用程序所需的所有的 Android SDK 库(如 Views、Controls)和 APIs。通过"android.jar"文件可将自己的应用程序绑定到 Android SDK 和 Android Emulator,这样就允许使用所有Android 的库和包,且使应用程序在适当的环境中调试。

(2)"src"文件夹

顾名思义,"src"文件夹是放项目的源代码的。打开"src"文件夹会看到六个包,其中:

① com.zonesion.smarthome.app 存放的是用户自己创建的 Application 对象类,用以处理服务连接与断开及数据共享与传递;

② com.zonesion.smarthome.auto 存放的是自动控制的代码,用以实现程序启动时后台进行一些传感器间的自动控制功能;

③ com.zonesion.smarthome.data 存放的是用户配置信息、情景模式配置信息以及传感器信息;

④ com.zonesion.smarthome.sms 存放的是短信通知以及通知栏提示报警的代码;

图 4.98　工程结构组织

⑤ com. zonesion. smarthome. ui 存放的是各个不同功能的 ui 界面,比如信息采集、灯光控制、摄像监控、智能窗帘等;

⑥ com. zonesion. wsn. droid. client. aidl 存放的是服务端代码接口,是用以调用的。

(3)"gen"文件夹

"gen"文件夹下面有个"R. java"文件,"R. java"是在建立项目时自动生成的,这个文件是只读模式的,不能更改。"R. java"文件中定义了一个类——R,R 类中包含很多静态类,且静态类的名字都与 res 中的一个名字对应,即 R 类定义该项目所有资源的索引。

(4)"res"文件夹

"res"文件夹为资源目录,包含项目中的资源文件并将编译进应用程序。向此目录添加资源时,会被"R. java"自动记录。简要介绍下此项目 res 目录下的两个子目录:"drawable-xdpi""layout"。

① drawable-xdpi:包含一些此应用程序可以用到的图标文件;

② layout:界面布局文件;

③ values:软件上所需要显示的各种文字,可以存放多个 * . xml 文件,还可以存放不同类型的数据。比如 arrays. xml、colors. xml、dimens. xml、styles. xml。

(5) AndroidManifest. xml

"AndroidManifest. xml"为项目的总配置文件,记录应用中所使用的各种组件。这个文件列出了应用程序所提供的功能,在这个文件中,可以指定应用程序使用到的服务(如电话服务、互联网服务、短信服务、GPS 服务等等)。另外当新添加一个 Activity 的时候,也需要在这个文件中进行相应配置,只有配置好后,才能调用此 Activity。AndroidManifest. xml 将包含如下设置:"application""permissions""Activities""intent filters"等。

4.6　添加自定义节点

若要在该智能物联网平台上添加一个自定义传感器节点,需要进行以下工作:添加传感器节点控制程序(即 STM32 程序)、添加 Android 用户控制程序。本小节以添加一个智能家居的灯光控制功能为例,讲解如何创建一个传感器节点。

1. 编写传感器节点程序

首先,了解需要添加的传感器的工作原理;然后,给传感器分配合适的 IO 口;最后,编写传感器驱动程序。下面以灯光控制为例说明底层驱动添加的过程。

(1) 了解灯光控制原理

灯光控制就是通过开关实现对灯光的控制,这里的开关使用继电器来实现。灯光控制的整个流程是:上层应用发送"开关"命令,通过网关发送到 ZigBee 节点,然后通过串口发送给传感器节点,底层驱动接收解析命令,识别出这是一条"开关"命令,最后通过给用户分配的 IO 口输出高低电平来实现继电器的开合,从而实现对灯光的控制。

(2) 给传感器分配合适的 IO 口

分配 IO 口需要考虑该 IO 口是否被复用,是否能驱动自定义的传感器,例如有的传感器通过串口与节点板通信,这需要用户分配给该传感器具有 UART 功能的 IO 口。灯光控制只需要驱动继电器的开合,所以可选择节点板上的 ADC,MOSI,SCK,PWM 四个 IO 口,并将这四个 IO 口配置为普通 IO 输出模式,来实现对四路继电器的控制。

(3) 编写传感器驱动程序

1) 新建工程

打开智慧家庭项目的工程文件列表,如图 4.99 所示。

其中,"common"文件夹为工程的公共文件,以及 STM32 的类库,所有节点的工程文件都需要用到此文件夹。其他的文件夹是不同传感器节点的工程文件。

新建一个 IAR 工程有两种方法,一种是使用工程模板,另一种是使用已存在的工程来建立另外一个工程。由于第一种方法比较烦琐,本文只介绍第二种方法。

① 复制任何一个传感器节点工程的文件夹,并粘贴在当前目录。以复制"Light"文件夹为例,粘贴后以"LED"命名新文件夹。

② 打开"LED"文件夹,会看到如图 4.100 所示的相关文件。

图 4.99　部分传感器节点工程列表　　　　图 4.100　工程中的文件

用记事本打开"Light.eww"文件,按下"CTRL＋H"替换键将文中所有的"Light"替换为

"LED",然后保存,同时将工程文件名"Light. eww"改成"LED. eww"。

③ 依次以文本的方式打开"Light. dep""Light. ewd"和"Light. ewp"文件,按照第二步骤将文中所有的"Light"替换为"LED",保存后将文件名修改为"LED"即可。

2)编写驱动程序

打开"main. c"文件,将 gpio_init()函数和 process_command_callback()函数进行相应地修改,本节以灯光控制驱动程序为例,部分代码如下:

```
static char LED_ST = 0x00;        //灯光状态
static void gpio_init(void);
static int process_command_callback(char * ptag, char * pval, char * pout);
/ ******************************************************************
* 名称:gpio_init()
* 功能:io 初始化函数
* 参数:无
* 返回:无
* 修改:
* 注释:
  ****************************************************************** /
static void gpio_init(void)
{
    RCC_APB2PeriphClockCmd(RCC_APB2Periph_GPIOB | RCC_APB2Periph_GPIOB, ENABLE);
    GPIO_InitTypeDef GPIO_InitStructure;
    GPIO_InitStructure.GPIO_Pin = GPIO_Pin_5 | GPIO_Pin_7;
    GPIO_InitStructure.GPIO_Speed = GPIO_Speed_2MHz;
    GPIO_InitStructure.GPIO_Mode = GPIO_Mode_Out_PP;
    GPIO_Init(GPIOA, &GPIO_InitStructure);
    GPIO_InitStructure.GPIO_Pin = GPIO_Pin_1 | GPIO_Pin_0;
    GPIO_Init(GPIOB, &GPIO_InitStructure);

    GPIO_WriteBit(GPIOB, GPIO_Pin_0 , 0);
    GPIO_WriteBit(GPIOB, GPIO_Pin_1 , 0);
    GPIO_WriteBit(GPIOA, GPIO_Pin_5 , 0);
    GPIO_WriteBit(GPIOA, GPIO_Pin_7 , 0);
}
/ ******************************************************************
* 名称:static int process_command_callback(char * ptag,
                                    char * pval, char * pout)
* 功能:接收命令处理函数
* 参数:ptag 接收命令名称
        pval 接收命令值
        pout 返回命令
* 返回:返回命令的长度
* 修改:
* 注释:
  ****************************************************************** /
```

```c
static int process_command_callback(char * ptag, char * pval, char * pout)
{
    int val;
    int ret = 0;
    val = atoi(pval);
    if (0 == strcmp("CD0", ptag)) {
        if (val & 0x01) {
            LED_ST &= ~0x01;
            GPIO_WriteBit(GPIOB, GPIO_Pin_0, 0);
        }
        if (val & 0x02) {
            LED_ST &= ~0x02;
            GPIO_WriteBit(GPIOA, GPIO_Pin_7, 0);
        }
        if (val & 0x04) {
            LED_ST &= ~0x04;
            GPIO_WriteBit(GPIOA, GPIO_Pin_5, 0);
        }
        if (val & 0x08) {
            LED_ST &= ~0x08;
            GPIO_WriteBit(GPIOB, GPIO_Pin_1, 0);
        }
    }
    if (0 == strcmp("OD0", ptag)) {
        if (val & 0x01) {
            LED_ST |= 0x01;
            GPIO_WriteBit(GPIOB, GPIO_Pin_0, 1);
        }
        if (val & 0x02) {
            LED_ST |= 0x02;
            GPIO_WriteBit(GPIOA, GPIO_Pin_7, 1);
        }
        if (val & 0x04) {
            LED_ST |= 0x04;
            GPIO_WriteBit(GPIOA, GPIO_Pin_5, 1);
        }
        if (val & 0x08) {
            LED_ST |= 0x08;
            GPIO_WriteBit(GPIOB, GPIO_Pin_1, 1);
        }
    }
    if (0 == strcmp("D0", ptag)) {
        if (0 == strcmp("?", pval)) {
            ret = sprintf(pout, "D0 = % u", LED_ST);
        }
    }
    return ret;
}
```

用户需要更改的地方基本就在 gpio_init()和 int process_command_callback(char ＊ ptag, char ＊ pval, char ＊ pout)两个函数,其中 gpio_init()为 IO 口的初始化函数,在本例中是控制灯光的继电器的 IO 口初始化。

int process_command_callback(char ＊ ptag, char ＊ pval, char ＊ pout)是一个回调函数,当接收到上层发送的命令后调用,然后根据命令执行响应的操作。例如,当上层发送"{CD0＝1}"指令,通过指令解析函数(command. c 文件中)解析后,"CD0"存储在参数 ptag 中,1 存储在参数 pval 中,这时经过调用 process_command_callback()函数来执行的操作为:

```
LED_ST & = ～0x01;                        //记录 LED 的状态
GPIO_WriteBit(GPIOB, GPIO_Pin_0, 0);     //将 LED 相应的开关的 IO 口置为 0
```

灯光 1 的状态变为关闭状态,同时关闭灯光 1。
当有数据需要上报时,可将数据存放在 pout 中,代码为:

```
if (0 == strcmp("D0", ptag)) {
    if (0 == strcmp("?", pval)) {
        ret = sprintf(pout, "D0 = % u", LED_ST);
    }
}
```

当接收到读取灯光状态的命令后,将灯光状态值"LED_ST"写到 pout 中,并上报给上层应用。

若传感器需要定时上报数据则需要在 main 函数中的超时处理中调用 process_command_send()函数来上传相应的数据。

2. 编写 Android 界面控制程序

协议栈程序添加完成之后,就要添加相应的 Android 用户控制程序,打开 eclipse,导入实验光盘"05 -实验例程/第 5 章/ZSmartHome"工程。需要修改添加以下几个部分:

① 添加布局文件支持,一个传感器控制模块实现类对应着一个布局文件,在"src/res/layout"里新建一个布局文件"light. xml",该文件为灯光控制传感器模块实现类"LightActivity. java"对应的布局文件。以下为灯光布局代码:

```
< ? xml version = "1.0" encoding = "utf - 8"? >
< LinearLayout xmlns:android = "http://schemas.android.com/apk/res/android"
    android:layout_width = "fill_parent"
    android:layout_height = "fill_parent"
    android:background = "@drawable/bg1" >
    < LinearLayout
    android:layout_width = "fill_parent"
    android:layout_height = "wrap_content"
    android:layout_gravity = "center_vertical"
    android:orientation = "vertical" >
        < LinearLayout
            android:layout_width = "wrap_content"
            android:layout_height = "wrap_content"
            android:layout_gravity = "center_horizontal"
```

```
            android:orientation = "horizontal" >
        < RelativeLayout
            android:layout_width = "wrap_content"
            android:layout_height = "wrap_content"  >
            < ImageView
                android:id = "@ + id/lightImageView"
                android:layout_width = "wrap_content"
                android:layout_height = "wrap_content"
                android:src = "@drawable/lighton" / >
            < Button
                android:id = "@ + id/openBtn"
                android:layout_width = "wrap_content"
                android:layout_height = "wrap_content"
                android:layout_below = "@ id/lightImageView"
                android:background = "@drawable/on01"
                android:onClick = "openLight"/ >
            < Button
                android:id = "@ + id/closeBtn"
                android:layout_width = "wrap_content"
                android:layout_height = "wrap_content"
                android:layout_alignTop = "@id/openBtn"
                android:layout_toRightOf = "@id/openBtn"
                android:layout_marginLeft = "15dip"
                android:background = "@drawable/cclose02"
                android:onClick = "closeLight" / >
        < /RelativeLayout >
    < /LinearLayout >
  < /LinearLayout >
</LinearLayout >
```

特别提醒：android:onClick＝"openLight"表示在 Activity 中点击该布局文件中对应的 Button 按钮时，执行 Activity 中的 public void openLight(View v){}方法。而不用另外编写对 Button 按钮的监听事件和监听方法。

② 添加传感器模块实现类支持，在"com. zonesion. smarthome. ui"包中新建一个传感器模块控制实现类"LightActivity. java"，该类继承基类"SensorActivity. java"，完成对灯光控制逻辑代码的实现。灯光控制逻辑代码如下：

```
package com. zonesion. smarthome. ui;
import com. zsmarthome. R;
import com. zonesion. smarthome. app. SmartHomeApplication;
import com. zonesion. smarthome. data. SensorData;
import android. os. Bundle;
import android. os. RemoteException;
import android. view. View;
import android. view. Window;
```

```java
import android.view.WindowManager;
import android.widget.Button;
import android.widget.ImageView;
import android.widget.Toast;
public class LightActivity extends SensorActivity {
    private ImageView lightImage = null;                        //灯光状态显示图标
    private Button openButton = null;                           //开灯按钮
    private Button closeButton = null;                          //关灯按钮
    private String addr;                                        //mac 地址
    private String commond;                                     //灯光控制指令
        private SmartHomeApplication mApplication;              //应用实例
    private SensorData mSensorData;                             //传感器数据处理工具类实例
    @Override
    protected void onCreate(Bundle savedInstanceState) {
        super.onCreate(savedInstanceState);
        //设置全屏并隐藏 Title
        requestWindowFeature(Window.FEATURE_NO_TITLE);
        getWindow().setFlags(WindowManager.LayoutParams.FLAG_FULLSCREEN,
                WindowManager.LayoutParams.FLAG_FULLSCREEN);
        setContentView(R.layout.light);       //设置当前 LightActivity 对应的布局文件
        lightImage = (ImageView) findViewById(R.id.lightImageView);
                                              //获取到布局文件中的灯光状态显示图片
        openButton = (Button) findViewById(R.id.openBtn);      //获取到布局文件中的开灯按钮
        closeButton = (Button) findViewById(R.id.closeBtn);    //获取到布局文件中的关灯按钮
        if (getIntent().hasExtra(KEY_SENSOR_ADDR)) {
            addr = getIntent().getStringExtra(KEY_SENSOR_ADDR);
                                              //获取到 Intent 中已经存入的 Mac 地址
            setMacAddress(addr);
        }
        mApplication = (SmartHomeApplication) getApplication();
                                              //获取 SmartHomeApplication 实例
        mSensorData = mApplication.getSensorData();
                          //获取 mApplication 中的传感器数据处理工具类实例 mSensorData
        mApplication.setCurrentActivity(this);       //设置当前的 Activity 是 LightActivity
        try {
            mApplication.sendData(addr, "{D0 = ?}".getBytes());//获取当前节点状态
        } catch (RemoteException e) {
            e.printStackTrace();
        }
        String dat = mSensorData.getSensorData(addr);
                                              //读取从绑定 mac 地址的节点获取到的数据
        if (dat.length() > 0) {
            processSensorData(dat);
        }
    }
```

```
@Override
public void onDestroy() {
    mApplication.setCurrentActivity(null);
    super.onDestroy();
}
public void openLight(View v) {
    commond = "{OD0 = 1,D0 = ?}";                          //开灯指令,并获取灯的状态
    try {
        mApplication.sendData(addr, commond.getBytes());   //发送指令
    } catch (RemoteException e) {
        e.printStackTrace();
    }
    //开灯后图标的变化
    lightImage.setImageDrawable(getResources().getDrawable(
            R.drawable.lighton));
    openButton.setBackgroundResource(R.drawable.on02);
    closeButton.setBackgroundResource(R.drawable.cclose01);
    openButton.setClickable(false);
    closeButton.setClickable(true);
    Toast.makeText(getApplicationContext(), "您打开了灯",
            Toast.LENGTH_SHORT).show();
}
public void closeLight(View v) {
    commond = "{CD0 = 1,D0 = ?}";                          //关灯指令,并获取灯的状态
    try {
        mApplication.sendData(addr, commond.getBytes());   //发送指令
    } catch (RemoteException e) {
        e.printStackTrace();
    }
    //关灯后图标的变化
    lightImage.setImageDrawable(getResources().getDrawable(
            R.drawable.lightoff));
    openButton.setBackgroundResource(R.drawable.on01);
    closeButton.setBackgroundResource(R.drawable.cclose02);
    openButton.setClickable(true);
    closeButton.setClickable(false);
    Toast.makeText(getApplicationContext(), "您关闭了灯",
            Toast.LENGTH_SHORT).show();
}
@Override
void processSensorData(String dat) {
    if (dat.charAt(0) != '{') return;
    if (dat.charAt(dat.length() - 1) != '}') return;
    dat = dat.substring(1, dat.length() - 1);
    String[] tags = dat.split(",");
    for (String tag : tags) {
```

```
        String[] cv = tag.split("=");
        if (cv.length < 2) continue;
        if (cv[0].equals("D0")) {
            int v = Integer.parseInt(cv[1]);
            if (v == 1) {
                //开灯后图标的变化
                lightImage.setImageDrawable(getResources().getDrawable(
                        R.drawable.lighton));
                openButton.setBackgroundResource(R.drawable.on02);
                closeButton.setBackgroundResource(R.drawable.cclose01);
                openButton.setClickable(false);
                closeButton.setClickable(true);
            } else if (v == 0) {
                //关灯后图标的变化
                lightImage.setImageDrawable(getResources().getDrawable(
                        R.drawable.lightoff));
                openButton.setBackgroundResource(R.drawable.on01);
                closeButton.setBackgroundResource(R.drawable.cclose02);
                openButton.setClickable(true);
                closeButton.setClickable(false);
            }
        }
    }
}
```

③ 在"AndroidManifest.xml"清单文件里对新添加的 LightActivity 进行注册,将下面代码添加到"AndroidManfiest.xml"文件的"< application >""< /application >"节点中。

```
< activity
    android:name = "com.zonesion.smarthome.ui.LightActivity"
    android:launchMode = "singleTop"
    android:screenOrientation = "landscape" >
</activity >
```

④ 修改"com.zonesion.smarthome.app"包中的"SmartHomeApplication.java"文件,在"SmartHomeApplication.java"系统应用类中将新的"LightActivity.java"添加到"mSensorActivitys"数组。

```
public static final Class[] mSensorActivitys = {
    InformationActivity.class,
    ApplianceActivity.class,
    SecurityActivity.class,
    AccessActivity.class,
    MonitorActivity.class,
    CurtainActivity.class,
```

```
        AlarmActivity.class,
        LightActivity.class
};
public static final String KEY_Information = "key_Information";
public static final String KEY_Appliance = "key_Appliance";
public static final String KEY_Security = "key_Security";
public static final String KEY_Access = "key_Access";
public static final String KEY_Monitor = "key_Monitor";
public static final String KEY_Curtain = "key_Curtain";
public static final String KEY_Alarm = "key_Alarm";
public static final String KEY_Light = "key_Light";
public static final String[] mSensorKey = {
        KEY_Information,
        KEY_Appliance,
        KEY_Security,
        KEY_Access,
        KEY_Monitor,
        KEY_Curtain,
        KEY_Alarm,
        KEY_Light,
};
```

特别提醒：LightActivity.class 在 mSensorActivitys 数组中位置与 KEY_Light 在 mSensorKey 数组中的位置要一致；

⑤ 在主视图上添加灯光控制传感器模块的显示图标支持，修改"com.zonesion.smarthome.ui"包中的"MainActivity.java"文件，为 Gallery 控件的图片适配类 ImageAdapter 添加新的传感器图标"R.drawable.icon9"，操作如下：

```
//省略
class ImageAdapter extends BaseAdapter {
    private Context mContext;
    private Integer[] mImageIds = { R.drawable.icon1,
            R.drawable.icon3, R.drawable.icon4, R.drawable.icon5, R.drawable.icon6,
            R.drawable.icon7, R.drawable.icon8, R.drawable.icon9};
    public ImageAdapter(Context c){
        mContext = c;
    }
//省略
```

⑥ 通过 USB 线连接实验开发板到本机，在"eclipse"左侧"Package Explorer"选中"Zonesion_SmartHome"，右击"Run as"选择"Android application"运行项目在实验开发板上，进入"SmartHome"应用程序后，运行界面如图 4.101 所示。

⑦ 在主视图上选择"灯光控制"图标，输入传感器 Mac 地址，进入灯光控制视图，通过单击"开""关"按钮，来实现对传感器灯亮灭的控制。灯光控制界面如图 4.102 所示。

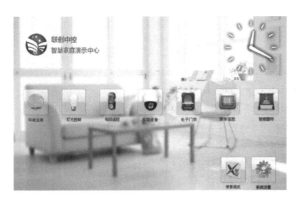

图 4.101　主界面

图 4.102　灯光控制界面

第 3 部分　实践篇

第5章　智能交通

5.1　智能交通系统概述

智能交通系统(Intelligent Transportation System, ITS)是未来交通系统的发展方向,它是将先进的信息技术、数据通信传输技术、电子传感技术、控制技术及计算机技术等有效地集成运用于整个地面交通管理系统而建立的一种在大范围内、全方位发挥作用的,实时、准确、高效的综合交通运输管理系统。

ITS可以有效地利用现有交通设施,减少交通负荷和环境污染,保证交通安全,提高运输效率,日益受到各国的重视。

中国物联网校企联盟认为,智能交通的发展跟物联网的发展是离不开的,只有物联网技术的不断发展,智能交通系统才能越来越完善。智能交通是交通的物联化体现。

21世纪将是公路交通智能化的世纪,人们将要采用的智能交通系统,是一种先进的一体化交通综合管理系统。在该系统中,车辆靠自己的智能系统在道路上自由行驶,公路靠自身的智能系统将交通流量调整至最佳状态,借助于这个系统,管理人员对道路、车辆的行踪将掌握得一清二楚。

智能交通系统是一个基于现代电子信息技术面向交通运输的服务系统。它的突出特点是以信息的收集、处理、发布、交换、分析、利用为主线,为交通参与者提供多样性的服务。

智能交通物联网实训系统由以下几个主要功能单元组成,系统框图如下图5.1所示。

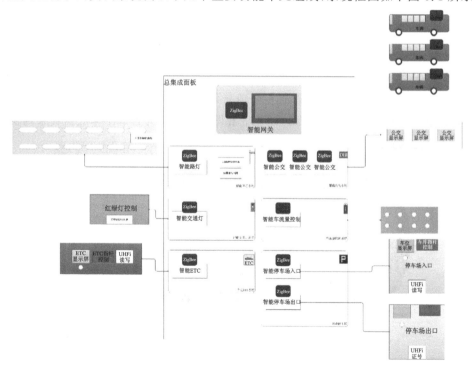

图 5.1　系统框图

① 智能交通灯。

② 智能路灯。

③ 智能公交。

④ 智能车流量。

⑤ 智能停车场。

⑥ 智能 ETC。

⑦ 智能网关/调度中心。

每个单元由一个通用控制节点进行控制,该节点采用 STM32F103 作为主控芯片,引出了GPIO 端口和 2 个串口,并集成了 ZigBee 无线通信模块。这些节点均集成在沙盘下方的抽屉上,如下图 5.2 所示。模块与抽屉可以手动连接线路,这种开放式的设计可以方便学生进行二次开发学习。

图 5.2　沙盘集成控制抽屉

5.2　智能小车系统

5.2.1　智能小车简介

智能小车(UI - SmartCar)是重点研发的项目,其高度集成,包括磁导航传感器、RFID 读卡器、红外传感器、ZigBee 通信模块等。图 5.3 和图 5.4 分别为智能小车底盘和架构框图。

图 5.3　智能小车底盘

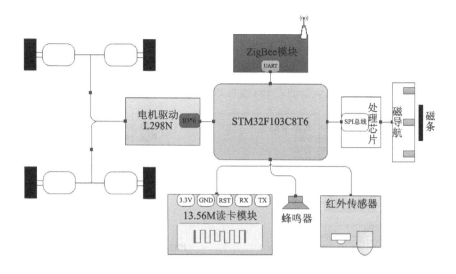

图 5.4 智能小车架构图

5.2.2 智能小车电机控制实验

1. 实验目的

通过该实验实现智能小车运动,让学生熟悉前面的工程建立和 STM32 的编程环境。

2. 实验原理

智能小车电机使用 L298 芯片驱动,使用 STM32 核心芯片控制。图 5.5 和图 5.6 分别为智能小车驱动原理图和主控芯片原理图。

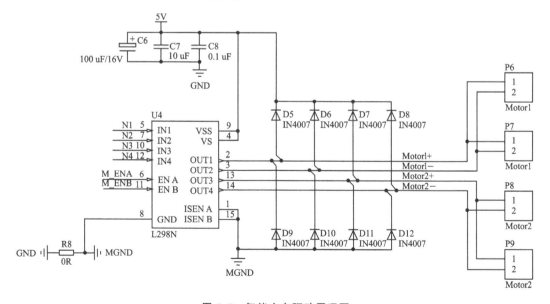

图 5.5 智能小车驱动原理图

由图 5.6 可以看出,小车的电机分为两组,小车前左轮与后左轮由 PB12 与 PB13 引脚统一控制,前右轮与后右轮由 PB14 与 PB15 引脚统一控制。当 PB12 为高电平,PB13 为低电平,PB14 为高电平,PB15 为低电平,则四个电机正转,实现小车的前进;当 PB12 为低电平,PB13 为高电平,PB14 为低电平,PB15 为高电平,则四个电机反转,实现小车的后退;当 PB12 为低电平,PB13 为高电平,PB14、PB15 为低电平,则左边两个电机正转,右边两个电机停止,实现小车的右转;当 PB12、PB13 为低电平,PB14 为低电平,PB15 为高电平,则右边两个电机正转,左边两个电机停止,实现小车的左转;也可以通过左右轮的速度差实现转向。

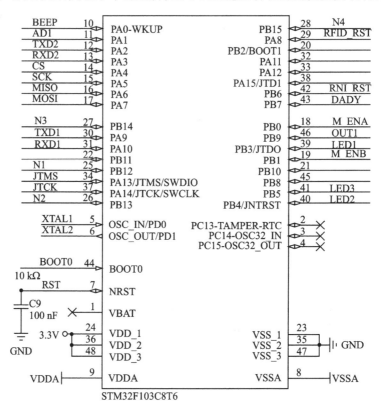

图 5.6　智能小车主控芯片原理图

3. 实验内容

对学习 51 单片机入门的同学来说,硬件资源丰富的 32 位 STM32 单片机相对要复杂得多,鉴于这个情况,在接下来的代码讲解板块会按 STM32 编程步骤来讲解。main 函数的源码及解析如下:

```
void main(void)
{
    SystemInit();           //时钟初始化
    Motor_Init();           //电机初始化
    TIM3_PWM_Init();        //小车 PWM 调速
    while(1)
    {
        Advance();          //小车前进
    }
}
```

本实验是在上述代码中实现以下功能:①系统时钟初始化;②电机初始化与使能函数;③ PWM 调速;④小车前行。

系统时钟初始化:通过调用 SystemInit()函数对系统时钟进行初始化。该函数由 STM 官方提供,对于初学者而言,直接调用该函数,使用默认配置即可。

电机初始化与运动使能函数代码如下:

```
/ ***********************************************
函数名称:void Motor_Init(void)
函数功能:小车初始化
入口参数:无
出口参数:无
***********************************************/
void Motor_Init(void)
{
    GPIO_InitTypeDef GPIO_InitStructure;
    RCC_APB2PeriphClockCmd(RCC_APB2Periph_GPIOB,ENABLE);   //使能或者失能 APB2 外设时钟的 GPIOB 时钟
    GPIO_InitStructure.GPIO_Pin =      GPIO_Pin_12|GPIO_Pin_13|GPIO_Pin_14|GPIO_Pin_15;
    GPIO_InitStructure.GPIO_Speed = GPIO_Speed_50MHz;
    GPIO_InitStructure.GPIO_Mode = GPIO_Mode_Out_PP;   //设置选中管脚的工作状态为推挽输出
    GPIO_Init(GPIOB,&GPIO_InitStructure);
}
```

PWM 调速代码如下:

```
/ ***********************************************
函数名称:void TIM3_PWM_Init(void)
函数功能:通过更改 TIM_TimeBaseStructure.TIM_Period 的值改变 PWM 周期,
         通过更改 TIM_OCInitStructure.TIM_Pulse 的值改变 PWM 占空比,实现调速
入口参数:无
出口参数:无
*********************************************** /
void TIM3_PWM_Init(void)
{
    TIM_TimeBaseInitTypeDef   TIM_TimeBaseStructure;
    GPIO_InitTypeDef GPIO_InitStructure;
    TIM_OCInitTypeDef   TIM_OCInitStructure;

    RCC_APB1PeriphClockCmd(RCC_APB1Periph_TIM3, ENABLE);
    RCC_APB2PeriphClockCmd(RCC_APB2Periph_GPIOB, ENABLE);
    TIM_TimeBaseStructure.TIM_Period = 900;              //设置在下一个更新事件装入活动的自动
                                                           重装载寄存器周期的值 80K
    TIM_TimeBaseStructure.TIM_Prescaler = 0;            //设置用来作为 TIMx 时钟频率除数的预分
                                                           频值不分频
    TIM_TimeBaseStructure.TIM_ClockDivision = 0;       //设置时钟分割:TDTS = Tck_tim
    TIM_TimeBaseStructure.TIM_CounterMode = TIM_CounterMode_Up;  //TIM 向上计数模式
```

```
    TIM_TimeBaseInit(TIM3,&TIM_TimeBaseStructure);//根据 TIM_TimeBaseInitStruct 中指定的参数
                                        初始化 TIMx 的时间基数单位
    GPIO_InitStructure.GPIO_Pin = GPIO_Pin_0|GPIO_Pin_1;
    GPIO_InitStructure.GPIO_Speed = GPIO_Speed_50MHz;
    GPIO_InitStructure.GPIO_Mode = GPIO_Mode_AF_PP;
    GPIO_Init(GPIOB, &GPIO_InitStructure);
    /* Output Compare Active Mode configuration: Channel3 */
    TIM_OCInitStructure.TIM_OCMode = TIM_OCMode_PWM1; //选择定时器模式:TIM 脉冲宽度调制模式 2
    TIM_OCInitStructure.TIM_OutputState = TIM_OutputState_Enable;  //比较输出使能
    TIM_OCInitStructure.TIM_Pulse = 600;//450
                                //设置待装入捕获比较寄存器的脉冲值,初始的占空比
    TIM_OCInitStructure.TIM_OCPolarity = TIM_OCPolarity_High;  //输出极性:TIM 输出比较极性高
    TIM_OC3Init(TIM3, &TIM_OCInitStructure);  //根据 TIM_OCInitStruct 中指定的参数初始化外设
                                        TIMx,PB0
    TIM_OC3PreloadConfig(TIM3, TIM_OCPreload_Enable);  //使能 TIMx 在 CCR2 上的预装载寄存器
    TIM_OCInitStructure.TIM_OutputState = TIM_OutputState_Enable;
    TIM_OCInitStructure.TIM_Pulse = 600;
    TIM_OC4Init(TIM3, &TIM_OCInitStructure);          //PB1
    TIM_OC4PreloadConfig(TIM3, TIM_OCPreload_Enable);  //使能 TIMx 在 CCR2 上的预装载寄存器
    //上面两句中的 OCx 确定了是 channle 几,要是 OC3 则是 channel 3
    TIM_ARRPreloadConfig(TIM3, ENABLE);              //使能 TIMx 在 ARR 上的预装载寄存器
    TIM_Cmd(TIM3, ENABLE);                          //使能 TIMx 外设
}
```

电机前进的驱动程序如下:

```
/ **********************************************
函数名称:void Advance(void)
函数功能:小车前进
入口参数:无
出口参数:无
 **********************************************/
void Advance(void)
{
    GPIO_ResetBits(GPIOB,GPIO_Pin_12);        //设置 PB12 引脚为低电平
    GPIO_SetBits(GPIOB,GPIO_Pin_13);          //设置 PB13 引脚为高电平
    GPIO_ResetBits(GPIOB,GPIO_Pin_14);        //设置 PB14 引脚为低电平
    GPIO_SetBits(GPIOB,GPIO_Pin_15);          //设置 PB15 引脚为高电平
}
```

4. 实验步骤
① 正确连接 STLink 调试器到 PC 机和智能小车;
② 打开智能小车前行实验例程,在工具栏中单击"编译"按钮进行编译;
③ 编译工程成功后,单击按钮,将程序下载到智能小车系统中。

5. 实验现象
将小车底部的开关拨到"开"的位置后,放置在平坦的地面或者桌面上,可以观察到小车向

前运动。

6. 课后任务

实现小车的后退、左转、右转、停止四种运动方式。

5.2.3　智能小车红外控制实验

1. 实验目的

实现智能小车遇障碍物停车。

2. 实验原理

智能小车红外反射传感器硬件连接如图 5.7 所示。

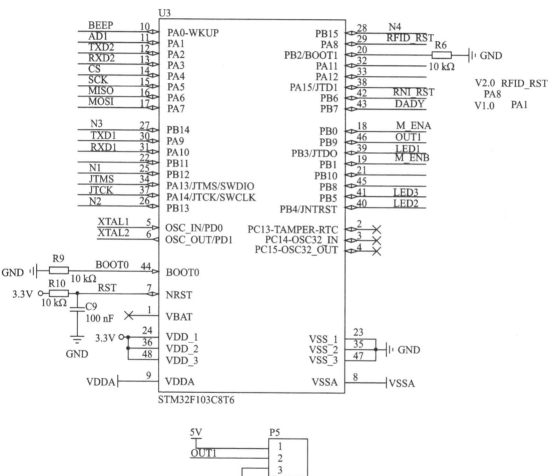

图 5.7　智能小车红外传感器硬件连接图

红外线反射传感器是利用红外线反射的原理,根据反射的强度来判定前方障碍的有无,可通过调节红外反射传感器的电位器来调整检测距离。当检测到前方障碍物时,OUT1 引脚由高电平变为低电平,根据电平的变化设计程序,使小车遇到障碍物时停止运动。

3．实验内容

main 函数的源码及解析如下：

```
void main(void)
{
    SystemInit();            //时钟初始化
    Motor_Init();            //小车电机初始化
    IR_EXTI_Init();          //小车红外传感器初始化
    TIM3_PWM_Init();         //小车 PWM 调速
    while(1)
    {
        Advance();           //小车前行
    }
}
```

本实验在上述代码中实现智能小车电机初始化、红外传感器初始化、小车 PWM 调速、小车前行。前面讲过了电机初始化、小车的 PWM 调速函数以及小车前行函数，这里重点讲解红外传感器初始化函数。在这个工程中使用中断方式来检测前方是否有障碍物，检测到障碍物停车，所以还要有中断处理函数与停车函数。

中断处理函数代码如下：

```
/************************************************************************
函数名称:void IR_EXTI_Init(void)
函数功能:外部中断初始化函数,中断处理函数名称可在 startup_stm32f10x_hd.s 中查找
        这里是使用 GPIOB 中的第 9 引脚做为中断源,
入口参数:无
出口参数:无
*************************************************************************/
void IR_EXTI_Init(void)
{
    GPIO_InitTypeDef GPIO_InitStructure;
    EXTI_InitTypeDef EXTI_InitStructure;
    NVIC_InitTypeDef NVIC_InitStructure;
    RCC_APB2PeriphClockCmd(RCC_APB2Periph_GPIOB,ENABLE);
    RCC_APB2PeriphClockCmd(RCC_APB2Periph_AFIO,ENABLE);
    /************ 配置 GPIO 针脚 *******************/
    GPIO_InitStructure.GPIO_Pin = GPIO_Pin_9;
    GPIO_InitStructure.GPIO_Speed = GPIO_Speed_50MHz;
    GPIO_InitStructure.GPIO_Mode = GPIO_Mode_IPU;   //输入上拉模式
    GPIO_Init(GPIOB,&GPIO_InitStructure);
    /********** 配置中断 ***********************/
    NVIC_PriorityGroupConfig(NVIC_PriorityGroup_1);    //设置优先级分组:先占优先级和从优先级
    NVIC_InitStructure.NVIC_IRQChannel = EXTI9_5_IRQn;//该参数用以使能或者失能指定的 IRQ 通道
    NVIC_InitStructure.NVIC_IRQChannelPreemptionPriority = 0;    //抢占优先级
    NVIC_InitStructure.NVIC_IRQChannelSubPriority = 1;           //响应优先级
    NVIC_InitStructure.NVIC_IRQChannelCmd = ENABLE;             //中断使能
```

```
NVIC_Init(&NVIC_InitStructure);
/ **********配置 EXIT 线,使中断线和 IO 管脚连接在一起 **********/
EXTI_ClearITPendingBit(EXTI_Line9);                                    //清除 EXTI 线路标志位
GPIO_EXTILineConfig(GPIO_PortSourceGPIOB, GPIO_PinSource9);//选择 GPIO 管脚用作外部中断线路
EXTI_InitStructure.EXTI_Line = EXTI_Line9;    //EXTI_Line 选择了待使能或者失能的外部线路
EXTI_InitStructure.EXTI_Mode = EXTI_Mode_Interrupt;  //EXTI_Mode 设置了被使能线路的模式
EXTI_InitStructure.EXTI_Trigger = EXTI_Trigger_Falling;  //EXTI_Trigger 设置了被使能线
                                                          路的触发边沿
EXTI_InitStructure.EXTI_LineCmd = ENABLE;                             //中断使能
EXTI_Init(&EXTI_InitStructure);
}
```

停车函数代码如下：

```
/ ***************************************************
函数名称:void EXTI9_5_IRQHandler(void)
函数功能:红外避障处理函数,检测到障碍物停车
入口参数:无
出口参数:无
*************************************************** /
void EXTI9_5_IRQHandler(void)
{
    if(EXTI_GetITStatus(EXTI_Line9) ! = RESET)            //确定触发中断
    {
        while(GPIO_ReadInputDataBit(GPIOB,GPIO_Pin_9) == 0)
        Stop();                                          //检测到障碍物停车
        EXTI_ClearITPendingBit(EXTI_Line9);
    }
}
```

4. 实验步骤

① 正确连接 STLink 调试器到 PC 机和智能小车；

② 打开工程文件,在工具栏中单击"编译"按钮 进行编译；

③ 编译工程成功后,单击 按钮,将程序下载到智能小车系统中；

5. 实现现象

小车遇到障碍物停车,障碍物被移开,小车继续前行。

6. 课后任务

小车遇到障碍物后,可以绕开障碍物继续前进。

5.2.4　智能小车 ZigBee 通信实验

ZigBee 是基于 IEEE802.15.4 标准的低功耗个域网协议。根据这个协议规定的技术是一种短距离、低功耗的无线通信技术。ZigBee 的名称来源于蜜蜂的八字舞,由于蜜蜂(bee)是靠飞翔和"嗡嗡"(zig)地抖动翅膀的"舞蹈"来与同伴传递花粉所在方位信息,也就是说蜜蜂依靠这样的方式构成了群体中的通信网络。ZigBee 通信技术的特点是近距离、低复杂度、自组织、低功耗、高数据速率。主要适合用于自动控制和远程控制领域,可以嵌入各种设备。简而言

之，ZigBee 就是一种便宜的，低功耗的近距离无线组网通信技术。

ZigBee 网络主要特点是低功耗、低成本、低速率、支持大量节点、支持多种网络拓扑、低复杂度、快速、可靠、安全。ZigBee 网络中的设备可分为协调器（Coordinator）、汇聚节点（Router）、传感器节点（EndDevice）等。串口调试界面如图 5.8 所示。

图 5.8 串口调试界面(1)

ZigBee 通信实验步骤如下：

① 使用 USB 转 RS232 线连接无线数据采集节点；

② 查看电脑中相应的串口号，打开 commix10.exe 串口工具。

③ 单击校验前门的对勾，按照图 5.9 设置参数。（自动计算每帧数据的校验位）设置完后打开串口。

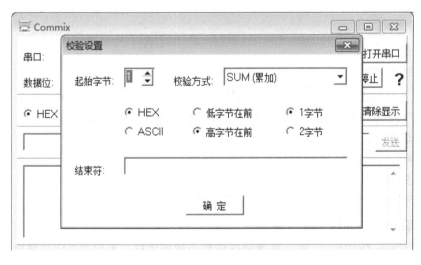

图 5.9 串口调试界面(2)

④ 单独给小车上电，观察串口接收到的数据是否跟图 5.10 一样。按照"智能交通通信协议.doc"解析该条指令的含义。

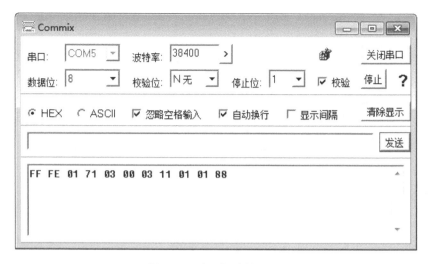

图 5.10　串口调试界面(3)

⑤ 串口发送"FF FE 71 01 01 02 11",查询智能小车信息,如图 5.11 所示。

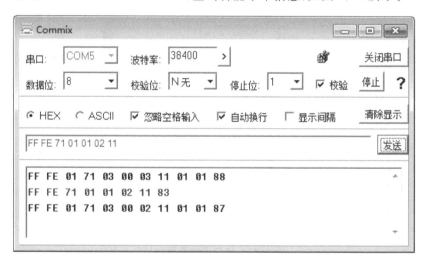

图 5.11　串口调试界面(4)

⑥ 按照通信协议,发送其他指令以进一步熟悉上下位机之间的通信协议。

5.2.5　智能小车 RFID 读写卡实验

① 小车上电,用串口调试助手发送"FF FE 71 01 06 01 17 00 01 41 32 03",指令含义为将 41 32 03 即位置标记"A2 - 3"写入标签中,小车会回执"FF FE 01 71 01 00 01 17 88",(见图 3.12),用附件带的 RFID 标签放在小车的 RFID 模块天线区域。

② 小车发出一声"嘀…",串口返回"FF FE 01 71 04 00 03 14 41 32 03 00",注意返回的数据 41 32 03 为写卡完成后读取数据,若数据跟写入数据一致,则代表写卡成功,如图 5.13 所示。

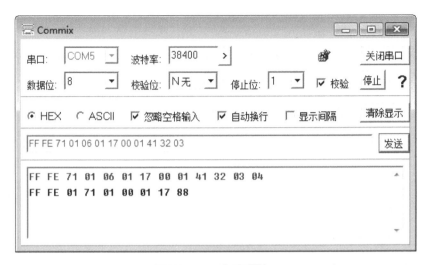

图 5.12　串口调试界面(5)

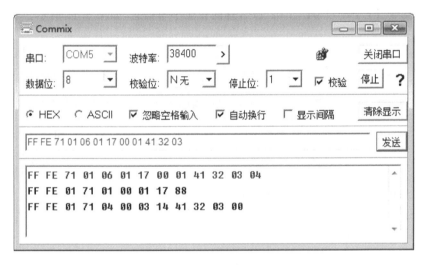

图 5.13　串口调试界面(6)

5.2.6　智能小车循迹实验

1. 实验目的

了解磁导航技术,实现智能小车沿磁条运动。

2. 实验原理

磁导航传感器主要用于自主导航机器人、室内室外巡检机器人、自主导航运输车 AGV (AGC)、自动手推车等自主导航设备,完成自主导航设备的预设运行路线检测及定位。

基于预设磁轨迹的导航方式是自主移动平台如 AGV、巡检机器人、无轨货架等自主导航设备最重要的一种导航方式。相比基于光电传感器和视觉传感器的色条导航,磁导航可靠性更高,不受环境光和地面条件的影响;相比激光导航,磁导航系统简单、实现容易、成本低。

磁导航传感器一般配合磁条、磁道钉或者电缆使用,不管是磁条、磁道钉还是电缆,都是为了预先铺设 AGV 等自主导航设备的运行路线、工位或者其他动作区域。磁条、磁道钉、通电的电缆会产生磁场。下面以磁条为例,说明磁导航传感器的原理。当磁导航传感器位于磁条上方时,每个探测点上的磁场传感器能够将其所在位置的磁带强度转变为电信号,并传输给磁导航传感器的控制芯片,控制芯片通过数据转换就能够测出每个探测点所在位置的磁场强度。根据磁条的磁场特性和传感器采集到的磁场强度信息,AGV 就能够确定磁条相对磁导航传感器的位置。

磁导航模块与 STM32 处理器的硬件连接如图 5.14 所示。

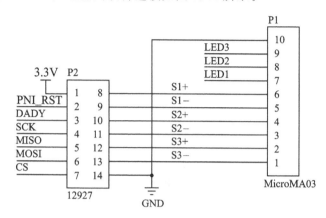

图 5.14　磁导航模块引脚图

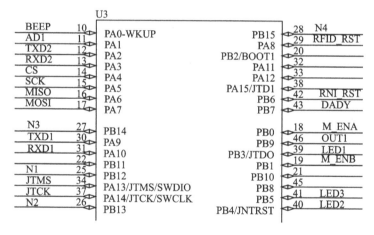

图 5.15　磁导航模块与 STM32 处理器的硬件连接

3. 实验内容

实现小车电机初始化、小车沿磁条自动循迹。

main 函数的源码及解析如下:

```
int main(void)
{
    RCC_Configuration();          //时钟初始化
    NVIC_Configuration();         //TIM1 中断配置
    CarInit();                    //小车所有硬件初始化
    Delayms(500);                 //上电延时
```

```
Tim1Init(50);//设置伺服采样周期为50ms,开始自主运动
    while(1)
        ;
}
```

下面重点介绍自动寻迹函数 TIMI_UP_IRQHandle。磁导航利用定时器 1 进行定时采样,从而控制小车的运动。具体函数代码如下:

```
/ *****************************************************************
 * 函数名称:void CarInit(void)
 * 功能描述:小车硬件初始化
 * 入口参数:无
 * 出口参数:无
 ***************************************************************** /
void CarInit(void)
{
    DelayInit(72);              //系统滴答延时初始化
    SPIInit();                  //SPI 端口初始化,磁导航控制芯片与 STM32 通过 SPI 方式进行数据传输
    MotorInit();                //电机初始化
    Magneto_FunCmd(ENABLE);
}
/ ***********************************************************
定时器 1 中断处理函数,对磁声进行检测,从而完成小车的自动寻迹
*********************************************************** /
void TIM1_UP_IRQHandler(void) //小车导航全部在这里完成
{
    static temp = 0;
    if ( TIM_GetITStatus(TIM1, TIM_IT_Update) == SET)
    {
        MagnetoMeasure();
        AutoMobile();
        TIM_ClearITPendingBit(TIM1, TIM_FLAG_Update);
    }
}
/ *****************************************************************
 * 函数名称:void AutoMobile(void)
 * 功能描述:自动循迹
 * 入口参数:无
 * 出口参数:无
 ***************************************************************** /
void AutoMobile(void)
{
    u8 b = 0,n = 2,i;
    int32_t E;
    for(i = 0;i < = 3;i ++)
        {
```

```
            if(TriggerLedID[i] == LED_ON)      //根据点的触发情况计算调整参数
            {
                b |= (1 << i);                  //将该状态按位写入变量,记录触发状态
            }
        }
    //将磁导航触发分为几种触发情况,1点触发,2点触发,3点触发
if(b == 0x05)                                   //两边触发中间不触发
{
    n = 3;                                       //优先右转
}
else if(b == 0x07)                              //全触发
{
    n = 2;                                       //默认前进
}
else if((b == 0x06)||(b == 0x03))               //中间和其中一边触发
{
    n = 2;
}
else if(b == 0x04)                              //第三个点触发,右转
{
    n = 3;
}
else if(b == 0x01)                              //第一个点触发,左转
{
    n = 1;
}
else if(b == 0x02)                              //中间点触发
{
    n = 2;
}
E = n - 2;
LE = E + LE;
out = KP2 * E * 9 + LE * 2;
Car_NewStatusChange(out);
}
```

4. 实验步骤

① 正确连接 STLink 调试器到 PC 机和智能小车;

② 打开工程文件,在工具栏中单击"编译"按钮 进行编译;

③ 编译工程成功后,单击"下载"按钮 ,将程序下载到智能小车系统中。

5. 实验现象

将小车放于磁条之上,小车会沿磁条前进。

6. 课后任务

本实验使用简单的 PID 算法,并只能沿无交叉的磁条运动,修改代码使小车运动更稳定,

并实现转弯等功能;小车运动过程中上报自己的位置信息。

5.3 功能模块实验

5.3.1 挡杆舵机控制实验

1. 实验目的

了解舵机的工作原理,实现舵机的控制。

2. 实验原理

本实验使用的舵机模块如图 5.16 所示。

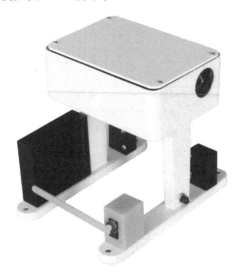

图 5.16 舵机模块

舵机也叫伺服电机,最早用于船舶上实现其转向功能,由于可以通过程序连续控制其转角,因而被广泛应用于智能小车以实现转向和机器人各关节运动中。一般来讲,舵机主要由舵盘、减速齿轮组、位置反馈电位计、直流电机、控制电路等组成。

舵机的工作原理如下:

控制电路板接收来自信号线的控制信号,控制电机转动,电机带动一系列齿轮组,减速后传动至输出舵盘。舵机的输出轴和位置反馈电位计是相连的,舵盘转动的同时,带动位置反馈电位计,电位计将输出一个电压信号到控制电路板,进行反馈,然后控制电路板根据所在位置决定电机转动的方向和速度,达到目标后停止。其工作流程为:控制信号→控制电路板→电机转动→齿轮组减速→舵盘转动→位置反馈电位计→控制电路板反馈流。

舵机的控制信号周期为 20 ms 的脉宽调制(PWM)信号,其中脉冲宽度从 0.5～2.5 ms,相对应的舵盘位置为 0～180°,呈线性变化。也就是说,给舵机提供一定的脉宽,它的输出轴就会保持一定对应角度,无论外界转矩怎么改变,直到给它提供一个另外宽度的脉冲信号,它才会改变输出角度到新的对应位置上。舵机内部有一个基准电路,产生周期为 20 ms,宽度为 1.5 ms 的基准信号,有一个比较器,将外加信号与基准信号相比较,判断出方向和大小,从而生产电机的转动信号,舵机输出转角与输入脉冲的关系如图 5.17 所示。由此可见,舵机是一种位置伺服驱动器,转动范围不能超过 180°,适用于需要不断变化并可以保持位置不变的驱动器中,例如机器人的关节、飞机的舵面等。

舵机与通用节点板的出厂默认硬件连接如图 5.18 所示。

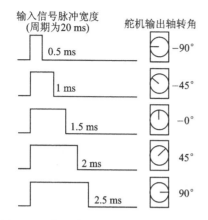

图 5.17　舵机输出转角与输入脉冲的关系

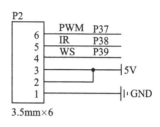

图 5.18　舵机与模块的接口

3. 实验内容

main 函数的源码及解析如下:

```
void main(void)
{
    Servos_Now_PWM = 1900;         //初始化 PWM 捕获比较值
    Servos_Init();                 //舵机初始化函数
    Servos_Close();                //关闭舵机
    while(1)
    {
        Delay_Ms(5000);
        Servos_Open();             //舵机抬杆
        Delay_Ms(5000);
        Servos_Close();            //舵机落杆
    }
}
```

在 main 函数中调用舵机初始化函数、舵机抬杆函数、舵机落杆函数,具体函数代码如下:

```
/ *****************************************************
函数名称:void Servos_Init(void)
函数功能:舵机初始化函数;初始化舵机 IO 口,初始化舵机的 PWM
输入参数:无
输出参数:无
 ***************************************************** /
void Servos_Init(void)
{
    Servos_GPIO_COnfig();                          //舵机 IO 口初始化
    Servos_PWM_Config();                           //舵机 PWM 初始化
}
```

```
/*******************************************************
函数名称:void Servos_GPIO_COnfig(void)
函数功能:舵机的 IO 口初始化,设置成复用端口,因为使用了定时器功能
输入参数:无
输出参数:无
*******************************************************/
void Servos_GPIO_COnfig(void)
{
    GPIO_InitTypeDef GPIO_InitStructure;
    RCC_APB1PeriphClockCmd(RCC_APB1Periph_TIM4, ENABLE);
    RCC_APB2PeriphClockCmd(RCC_APB2Periph_GPIOB,ENABLE);          //使能组 B 时钟
    RCC_APB2PeriphClockCmd(RCC_APB2Periph_AFIO,ENABLE);
    GPIO_InitStructure.GPIO_Pin = GPIO_Pin_7;
    GPIO_InitStructure.GPIO_Mode = GPIO_Mode_AF_PP;              //复用推完输出
    GPIO_InitStructure.GPIO_Speed = GPIO_Speed_50MHz;
    GPIO_Init(GPIOB,&GPIO_InitStructure);
}
/*******************************************************
函数名称:void Servos_PWM_Config(void)
函数功能:舵机产生 PWM 方波初始化;产生周期为 20ms 的 PWM 波,脉宽可调,计数 20000 次为 20ms
输入参数:无
输出参数:无
*******************************************************/
void Servos_PWM_Config(void)
{
    TIM_TimeBaseInitTypeDef   TIM_TimeBaseStructure;
    TIM_OCInitTypeDef         TIM_OCInitStructure;
    TIM_TimeBaseStructure.TIM_Period = 20000;                     //定时 20ms
    TIM_TimeBaseStructure.TIM_Prescaler = 72;                  //设置预分频;72 分频,即为 72MHz/72 = 1MHz
    TIM_TimeBaseStructure.TIM_ClockDivision = TIM_CKD_DIV1 ;     //设置时钟分频系数:不分频
    TIM_TimeBaseStructure.TIM_CounterMode = TIM_CounterMode_Up; //向上计数模式
    TIM_TimeBaseInit(TIM4, &TIM_TimeBaseStructure);
    /* PWM1 Mode configuration: TIM2_CH2 */
    TIM_OCInitStructure.TIM_OCMode = TIM_OCMode_PWM1;           //配置为 PWM 模式 1
    TIM_OCInitStructure.TIM_OutputState = TIM_OutputState_Enable;
    TIM_OCInitStructure.TIM_Pulse = 1000;    //设置跳变值,当计数器计数到这个值时,电平发生跳变
    TIM_OCInitStructure.TIM_OCPolarity = TIM_OCPolarity_High;
                                                    //当定时器计数值小于 CCR1_Val 时为高电平
    TIM_OC2Init(TIM4, &TIM_OCInitStructure);                     //使能通道 2
    TIM_OC2PreloadConfig(TIM4, TIM_OCPreload_Enable);
    TIM_ARRPreloadConfig(TIM4, ENABLE);                        //使能 TIM4 重载寄存器 ARR
    /* TIM2 enable counter */
    TIM_Cmd(TIM4, ENABLE);
}
/*************************************************
```

函数名称:void Servos_Close(void)

函数功能:关闭 ETC、停车场入口/出口的舵机。

输入参数:无

输出参数:无

***/

```
void Servos_Close(void)
{
    for(;Servos_Now_PWM < = 1900;Servos_Now_PWM = Servos_Now_PWM + 10)
    {
    TIM_SetCompare2(TIM4, Servos_Now_PWM);
    Delay_Ms(10);              //通过改变延时时间以及 for 循环中递增的值来改变舵机落杆速度
    }
}
```

/***

函数名称:void Servos_Open(void)

函数功能:打开 ETC、停车场入口/出口的舵机

输入参数:无

输出参数:无

***/

```
void Servos_Open(void)
{
    for(;Servos_Now_PWM > = 1100;Servos_Now_PWM = Servos_Now_PWM - 10)
    {
    TIM_SetCompare2(TIM4, Servos_Now_PWM);
    Delay_Ms(10);              //通过改变延时时间以及 for 循环中递增的值来改变舵机抬杆速度
    }
}
```

4. 实验步骤

① 将舵机模块连接的通用控制节点模块通过 ST - Link 调试器连接到 PC 机,连接图如图 5.19 所示。

② 用"Keil"打开"DISK -智能交通光盘资料\4",选择"实验例程\10"→"舵机\MDK"下的舵机控制实验例程,单击"Project"→"Build target"对工程进行编译;

③ 编译成功后,单击"Flash"→"Download"将程序下载到通用节点模块中。

5. 实验现象

舵机每隔 5 s 交替打开与关闭。

6. 课后任务

通过 ZigBee 控制舵机的打开与关闭;当小车来到 ETC/停车场入口/停车场出口时,舵机打开,离开后舵机关闭。

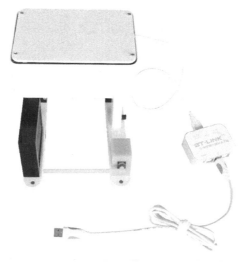

图 5.19　控制节点模块连接图

5.3.2　交通灯模块实验

1. 实验目的

了解交通灯的控制原理,实现交通灯的简单控制。

2. 实验原理

本实验使用的交通灯模块如图 5.20 所示。STM32 的
PA1/PA6PA7 分别控制交通灯一侧的红黄绿灯,PB12/PB1/
PB0 分别控制交通灯另一侧的红黄绿灯。

3. 实验内容

本实验利用定时器 3 进行定时,实现红绿灯间的转换。
在 main 函数中,需要调用交通灯初始化函数、定时器初始化
函数以及定时器中断处理函数。

图 5.20　交通灯

"main"函数的源码及解析如下:

```
void main(void)
{
    SystemInit();              //时钟初始化
    RGY_Init();                //交通灯初始化函数
    TIM3_Configuration();      //定时器初始化函数
    while(1)
        ;
}
```

交通灯初始化函数代码如下:

```
/*******************************************************************/
函数名称:void RGY_Init(void)
函数功能:交通灯初始化函数
入口参数:无
```

出口参数:无

```
/ ****************************************************************** /
void RGY_Init(void)
{
    GPIO_InitTypeDef GPIO_InitStructure;
    RCC_APB2PeriphClockCmd(RCC_APB2Periph_GPIOA|RCC_APB2Periph_GPIOB,ENABLE);
    GPIO_InitStructure.GPIO_Pin = GPIO_Pin_1|GPIO_Pin_6|GPIO_Pin_7;
    GPIO_InitStructure.GPIO_Speed = GPIO_Speed_50MHz;
    GPIO_InitStructure.GPIO_Mode = GPIO_Mode_Out_PP;   //
    GPIO_Init(GPIOA,&GPIO_InitStructure);
    GPIO_InitStructure.GPIO_Pin = GPIO_Pin_0|GPIO_Pin_1|GPIO_Pin_12;
    GPIO_Init(GPIOB,&GPIO_InitStructure);
}
```

定时器初始化函数代码如下:

```
/ ****************************************************************** /
函数名称:void TIM3_Configuration(void)
函数功能:定时器 3 初始化函数
入口参数:无
出口参数:无
/ ****************************************************************** /
void TIM3_Configuration(void)
{
    NVIC_InitTypeDef NVIC_InitStructure;
    TIM_TimeBaseInitTypeDef TIM_TimeBaseStructure;
    NVIC_PriorityGroupConfig(NVIC_PriorityGroup_1);   //设置优先级分组:先占优先级和从优先级
    NVIC_InitStructure.NVIC_IRQChannel = TIM3_IRQn;   //该参数用以使能或者失能指定的 IRQ 通道
    NVIC_InitStructure.NVIC_IRQChannelPreemptionPriority = 0;       //抢占优先级
    NVIC_InitStructure.NVIC_IRQChannelSubPriority = 1;             //响应优先级
    NVIC_InitStructure.NVIC_IRQChannelCmd = ENABLE;               //中断使能
    NVIC_Init(&NVIC_InitStructure);
    RCC_APB1PeriphClockCmd(RCC_APB1Periph_TIM3,ENABLE);           //启用复用引脚
    TIM_ClearITPendingBit(TIM3,TIM_IT_Update);
    TIM_TimeBaseStructure.TIM_Period = 1000 - 1;                 //初值
    TIM_TimeBaseStructure.TIM_Prescaler = 8000 - 1;
                        //预分频,系统默认系统时钟是 72M,但实际上测得的是 8M
    TIM_TimeBaseStructure.TIM_ClockDivision = 0x0;
    TIM_TimeBaseStructure.TIM_CounterMode = TIM_CounterMode_Down;//向上计数
    TIM_TimeBaseInit(TIM3, &TIM_TimeBaseStructure);
    TIM_ITConfig(TIM3,TIM_IT_Update,ENABLE);
    TIM_Cmd(TIM3,ENABLE);
}
```

定时器中断处理函数代码如下:

```
/ ***********************************************************
函数名称: void TIM3_IRQHandler(void)
函数功能:定时器 3 中断处理函数
入口参数:无
出口参数:无
*********************************************************** /
void TIM3_IRQHandler(void)
{
    TIM_ClearITPendingBit(TIM3,TIM_IT_Update);
    tim ++ ;
    if(tim < 45)
    {
        AllLightOff();
        NB_G_L;
        DX_R_L;
        RGYFlag = 1;
    }
    else if(tim > 45 & tim < 55)
    {
        AllLightOff();
        NB_Y_L;
        DX_Y_L;
        RGYFlag = 0;
    }
    else if(tim > 55 & tim < 100 )
    {
        AllLightOff();
        DX_G_L;
        NB_R_L;
    }
    else if(tim > 100 & tim < 110)
    {
        AllLightOff();
        NB_Y_L;
        DX_Y_L;
    }
    if(tim == 110)
    {
        tim = 0;
    }
}
```

4. 实验步骤

① 将交通灯模块通过 ST - Link 调试器连接到 PC 机,连接图如图 5.21 所示。

② 用"Keil"打开"DISK -智能交通光盘资料\4",选择"实验例程\11"→"交通灯控\MDK"

下的交通灯控制实验例程,单击"Project"→"Build target"对工程进行编译;

　　③ 编译成功后,单击"Flash"→"Download"将程序下载到路灯模块中。

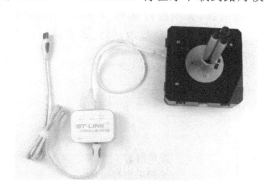

图 5.21　STLINK

5. 实验现象

东西方向与南北方向的红、黄、绿灯循环交替点亮。

6. 课后任务

延长红绿灯变化的时间;当小车遇到红灯时停止,遇到绿灯时继续前进;当有特殊车辆到达红绿灯时,可实现自动变换,保证特殊车辆优先通行;交通灯模块上报自己的状态信息,能够通过串口调试助手可实现手动控制交通灯的状态。

5.3.3　路灯模块控制实验

1. 实验目的

学习 LED 灯的控制,了解光照传感器的原理。实现通过光照传感器控制路灯。

2. 实验原理

路灯模块所使用的的核心元器件是光敏传感器(见图 5.22)。

光敏传感器是利用光敏元件将光信号转换为电信号的传感器,它的敏感波长在可见光波长附近,包括红外线波长和紫外线波长。光敏传感器不只局限于对光的探测,它还可以作为探测元件组成其他传感器,对许多非电量进行检测,只要将这些非电量转换为光信号的变化即可。

光敏传感器硬件原理图如图 5.23 所示。

图 5.22　光敏传感器

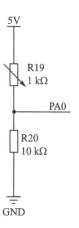

图 5.23　光敏传感器硬件原理图

3. 实验内容

在 main 函数中需要实现系统时钟初始化函数、光照采集初始化函数、路灯引脚初始化函数、光照值读取函数、点亮路灯函数、关闭路灯函数、ZigBee 发送函数。下面主要介绍光照采集初始化函数、路灯引脚初始化函数、光照值读取函数、点亮路灯函数、关闭路灯函数。

main 函数的源码及解析如下：

```
void main(void)
{
    int data;
    char  ADC_data[2];
    SystemInit();                    //系统时钟
    LD_ADC1_Init();                  //光照采集初始化
    LD_GPIO_Config();                //路灯引脚初始化
    while(1)
    {
        data = read_ADC();           //读取光敏转换后的值
        if(data < Hight_ADC)         //当光照度小于某值时,打开路灯
            All_LD_On();
        else
            All_LD_Off();            //否则关闭路灯
        Delay_Ms(5000);
    }
}
```

光照采集初始化函数代码如下：

```
/ *********************************************************************
函数名称:void LD_ADC1_Init(void)
函数功能:光照采集初始化
输入参数:无
输出参数:无
********************************************************************* /
void LD_ADC1_Init(void)
{
    ADC1_GPIO_Config();              //ADC 的引脚配置初始化
    ADC1_Mode_Config();              //ADC 模式配置
}
```

路灯引脚初始化函数代码如下：

```
/ *********************************************************************
函数名称:ADC1_GPIO_Config(void)
函数功能:ADC 的引脚配置初始化
输入参数:无
输出参数:无
********************************************************************* /
void ADC1_GPIO_Config(void)
```

```
{
    GPIO_InitTypeDef GPIO_InitStructure;
    RCC_APB2PeriphClockCmd(RCC_APB2Periph_ADC1 | RCC_APB2Periph_GPIOA, ENABLE);
    GPIO_InitStructure.GPIO_Pin = GPIO_Pin_0;
    GPIO_InitStructure.GPIO_Mode = GPIO_Mode_AIN;
    GPIO_Init(GPIOA, &GPIO_InitStructure);
}
/ *****************************************************************************
函数名称:void ADC1_Mode_Config(void)
函数功能:ADC 模式配置,配置成 ADC 通道 1 的 DMA 通道 11 模式
输入参数:无
输出参数:无
 *****************************************************************************/
void ADC1_Mode_Config(void)
{
    ADC_InitTypeDef ADC_InitStructure;
    ADC_InitStructure.ADC_Mode = ADC_Mode_Independent;        //设置 ADC 工作在独立模式
    ADC_InitStructure.ADC_ScanConvMode = DISABLE ;           //规定了模数转换工作在单通道模式
    ADC_InitStructure.ADC_ContinuousConvMode = ENABLE;       //规定了模数转换工作在连续模式
    ADC_InitStructure.ADC_ExternalTrigConv = ADC_ExternalTrigConv_None;
                                              //定义了转换由软件而不是外部触发启动
    ADC_InitStructure.ADC_DataAlign = ADC_DataAlign_Right;//规定了 ADC 数据向右边对齐
    ADC_InitStructure.ADC_NbrOfChannel = 1;        //规定了顺序进行规则转换的 ADC 通道的数目
    ADC_Init(ADC1, &ADC_InitStructure);
    RCC_ADCCLKConfig(RCC_PCLK2_Div8);
    ADC_RegularChannelConfig(ADC1, ADC_Channel_0, 1, ADC_SampleTime_55Cycles5);
    ADC_DMACmd(ADC1, ENABLE);
    ADC_Cmd(ADC1, ENABLE);
    ADC_ResetCalibration(ADC1);
    while(ADC_GetResetCalibrationStatus(ADC1));
    ADC_StartCalibration(ADC1);
    while(ADC_GetCalibrationStatus(ADC1));
    ADC_SoftwareStartConvCmd(ADC1, ENABLE);
}
void LD_GPIO_Config(void)
{
    GPIO_InitTypeDef GPIO_InitStructure;
    RCC_APB2PeriphClockCmd(RCC_APB2Periph_GPIOA | RCC_APB2Periph_GPIOB, ENABLE);
    GPIO_InitStructure.GPIO_Pin =     GPIO_Pin_1 | GPIO_Pin_6 | GPIO_Pin_7;
    GPIO_InitStructure.GPIO_Mode =    GPIO_Mode_Out_PP;
    GPIO_InitStructure.GPIO_Speed = GPIO_Speed_50MHz;
    GPIO_Init(GPIOA, &GPIO_InitStructure);
    GPIO_InitStructure.GPIO_Pin =     GPIO_Pin_0;
    GPIO_InitStructure.GPIO_Mode =    GPIO_Mode_Out_PP;
    GPIO_InitStructure.GPIO_Speed = GPIO_Speed_50MHz;
```

```
        GPIO_Init(GPIOB, &GPIO_InitStructure);
}
```

关闭路灯函数代码如下：

```
/ *******************************************************************
函数名称:void All_LD_Off(void)
函数功能:关闭所有路灯
输入参数:无
输出参数:无
******************************************************************* /
void All_LD_Off(void)
{
    GPIO_ResetBits(GPIOA,GPIO_Pin_1 | GPIO_Pin_6 | GPIO_Pin_7);
    GPIO_ResetBits(GPIOB,GPIO_Pin_0 );
}
```

打开路灯函数代码如下：

```
/ *******************************************************************
函数名称:void All_LD_On(void)
函数功能:打开所有路灯
输入参数:无
输出参数:无
******************************************************************* /
void All_LD_On(void)
{
    GPIO_SetBits(GPIOA,GPIO_Pin_1 | GPIO_Pin_6 | GPIO_Pin_7);
    GPIO_SetBits(GPIOB,GPIO_Pin_0 );
}
```

光照值取读函数代码如下：

```
/ *******************************************************************
函数名称:uint16_t read_ADC(void)
函数功能:读取光照传感器的值并返回
输入参数:无
输出参数:无
******************************************************************* /
uint16_t read_ADC(void)
{
    ADC_SoftwareStartConvCmd(ADC1, ENABLE);              //启动 ADC1 转换
    while(! ADC_GetFlagStatus(ADC1, ADC_FLAG_EOC));      //等待 ADC 转换完毕
    return ADC_GetConversionValue(ADC1);                 //读取 adc 数值
}
```

4. 实验步骤

① 将路灯模块通过 ST - Link 调试器连接到 PC 机,连接图如图 5.24 所示。

图 5.24　路灯模块

② 用"Keil"打开"路灯控制实验\MDK"下的"路灯控制实验例程",单击"Project"→"Build target"对工程进行编译;

③ 编译成功后,单击"Flash"→"Download"将程序下载到路灯模块中。

5. 实验现象

当用光源照射路灯模块上内部的光敏传感器时,可以发现路灯关闭,撤掉光源之后,路灯打开。可以根据所处环境的光照情况适当调整 main 函数中 Hight_AD 的值,实现当遮住光敏传感器时路灯打开,不遮挡光敏传感器时路灯关闭。

6. 课后任务

根据小车的运动情况预先打开路灯,当小车驶离该路段时,该路段的路灯关闭。

5.3.4　公交站牌显示实验

1. 实验目的

了解常用工业串口屏的使用方法,实现串口屏的控制。

2. 实验原理

采用工业串口屏进行显示,显示方案的通信部分为 UART 串口通信,本实验使用的串口屏模块如图 5.25 所示。

图 5.25　串口屏模块

该串口屏采用异步、全双工串口(UART),串口模式为 8n1,即每个数据传送采用 10 个位:1 个起始位,8 个数据位(低位在前传送,LSB),1 个停止位。上电默认串口波特率为 115 200。

根据该串口数据帧,某个数据块组成如表 5.1 所列。

表 5.1　数据块组成

数据块	1	2	3	4	5
举例	0xAA	0x70	0x01	Check_H:L	0xCC 0x33 0xC3 0x3C
说明	帧头	指令	数据,最多248字节	2字节累加校验(可选)	帧结束符

字节传送顺序:工业串口屏的所有指令或者数据都是 16 进制(HEX)格式,对于字型(2 字节)数据,总是采用高字节先传送(MSB)方式。例如,x 坐标为 100,其 HEX 格式数据为 0x0064,传送给串口屏时,传送顺序为 0x00 0x64。

指令表:这里主要介绍本次实验用到的指令(见表 5.2),其余指令可查《HMI 指令集_V24_中文》。

表 5.2　工业串口屏常用指令

类　别	指　令	说　明
显示参数配置	0x40	设置调色板
文本显示	0x55	32 * 32 点阵 GB2312 内码字符显示
	0x6f	24 * 24 点阵 GB2312 内码字符显示
区域操作	0x52	清屏

设置当前调色板(0x40):可简单理解为设置背景颜色与字体颜色。指令如下:

TX:AA 40 <FC> <BC> CC 33 C3 3C。

RX:无。

➤ <FC>前景色调色板,2 字节(16 bit,65K color),复位默认值是 0xFFFF(白色)。

➤ <BC>背景色调色板,2 字节(16 bit,65K color),复位默认值是 0x001F(蓝色)。

➤ 16 bit 调色板定义是 5R6G5B 模式,如表 5.3 所列。

表 5.3　16 bit 调色板位定义

Bit	15	14	13	12	11	10	9	8	7	6	5	4	3	2	1	0
定义	R4	R3	R3	R1	R0	G5	G4	G3	G2	G1	G0	B4	B3	B2	B1	B0
	红色 0xF800					绿色 0x07E0						蓝色 0x001F				

全屏清屏(0x52)指令如下:

TX:AA 52 CC 33 C3 3C。

RX:无。

使用背景色(0x40 指令设定)把全屏填充(清屏)。

文本显示(0x53,0x54,0x55,0x6e,0x6f,0x98,0x45)。

标准字库显示(0x53,0x54,0x55,0x6e,0x6f)指令如下:

TX:AA <CMD> <X> <Y><String> CC 33 C3 3C。

RX:无。

> ➢ ＜CMD＞

0x52:显示 8 ∗ 8 点阵 ASCII 字符串;

0x54:显示 16 ∗ 16 点阵的扩展汉字字符串(ASCII 字符以半角 8 ∗ 16 点阵显示);

0x55:显示 32 ∗ 32 点阵的内码汉字字符串(ASCII 字符以半角 16 ∗ 32 点阵显示);

0x6e:显示 12 ∗ 12 点阵的扩展汉字字符串(ASCII 字符以半角 6 ∗ 16 点阵显示);

0x6f:显示 24 ∗ 24 点阵的内码汉字字符串(ASCII 字符以半角 12 ∗ 24 点阵显示);

> ➢ ＜X＞ ＜Y＞显示字符串的起始位置(第一个字符在左上角坐标位置)

> ➢ ＜String＞为要显示的字符串,汉字采用 GB2312(0x55,0x6F:内码)或者 GBK(0x54,
> 0x6e,内码扩展)编码,显示颜色由 0x40 指令设定,显示字符间距由 0x41 指令设置,遇
> 到行末会自动换行。0x0D,0x0A 被处理成"回车和换行"。

举例:

AA55 00 80 00 30 48 6F 77 20 61 72 65 20 79 6F 75 20 3F CC 33 C3 3C

从(128,48)位置开始显示字符串"How are you?"。

3. 实验内容

在 main 函数中实现串口屏(LCD)初始化函数、前景色与背景色设置函数、清屏函数、字符串显示函数。

main 函数的源码及解析如下:

```
void main(void)
{
    LCD_Init();                    //LCD 初始化函数
    Delay_Ms(1000);
    SetColor(WHITE,BLUE);          //前景色为白色,背景色为蓝色
    ClearAll();                    //清屏
ShowStr(ONE,90,10,"联创中控公交站牌实验");
                                   //从(90,10)位置开始显示字符串"联创中控公交站牌实验"。
    while(1)
        ;
}
```

串口屏初始化函数代码如下:

```
/*******************************************************
函数名称:void LCD_Init(void)
函数功能:串口屏初始化函数
输入参数:无
输出参数:无
 *******************************************************/
void LCD_Init(void)
{
    LCD_GPIO_Config();
}
void LCD_GPIO_Config(void)
{
```

```
        GPIO_InitTypeDef GPIO_InitStructure;
        USART_InitTypeDef USART_InitStructure;
        USART_ClockInitTypeDef USART_ClockInitStructure;
        RCC_APB2PeriphClockCmd(RCC_APB2Periph_GPIOA, ENABLE);
        RCC_APB1PeriphClockCmd(RCC_APB1Periph_USART2, ENABLE);
        GPIO_InitStructure.GPIO_Pin = GPIO_Pin_2;
        GPIO_InitStructure.GPIO_Speed = GPIO_Speed_50MHz;
        GPIO_InitStructure.GPIO_Mode = GPIO_Mode_AF_PP;          //复用推挽输出
        GPIO_Init(GPIOA, &GPIO_InitStructure);
        GPIO_InitStructure.GPIO_Pin = GPIO_Pin_3;
        GPIO_InitStructure.GPIO_Mode = GPIO_Mode_IN_FLOATING;     //浮空输入
        GPIO_Init(GPIOA, &GPIO_InitStructure);
        USART_InitStructure.USART_BaudRate = 115200;             //串口波特率为 115200
        USART_InitStructure.USART_WordLength = USART_WordLength_8b; //8 个数据位
        USART_InitStructure.USART_StopBits = USART_StopBits_1;    //1 个停止位
        USART_InitStructure.USART_Parity = USART_Parity_No;       //没有奇偶校验
        USART_InitStructure.USART_HardwareFlowControl = USART_HardwareFlowControl_None;
                                                                 //硬件流控制失能
        USART_InitStructure.USART_Mode = USART_Mode_Tx;          //串口屏不需要接收,只需要发送使能
        USART_ClockInitStructure.USART_Clock = USART_Clock_Disable;
        USART_ClockInitStructure.USART_CPOL = USART_CPOL_Low;
        USART_ClockInitStructure.USART_CPHA = USART_CPHA_2Edge;
        USART_ClockInitStructure.USART_LastBit = USART_LastBit_Disable;
        USART_ClockInit(USART2, &USART_ClockInitStructure);

        USART_Init(USART2, &USART_InitStructure);
        USART_Cmd(USART2, ENABLE);
}
```

设置前景色与背景色函数代码如下:

```
/ ************************************************************
函数名称:void SetColor(unsigned int FrontColor,unsigned int BackColor)
函数功能:设置前景色与背景色
输入参数:FrontColor 为前景色,BackColor 为背景色
输出参数:无
************************************************************ /
void SetColor(unsigned int FrontColor,unsigned int BackColor)
{
    SendData(HEAD);
    SendData(0x40);
    SendData(FrontColor/256);      //MSB
    SendData(FrontColor % 256);    //LSB
    SendData(BackColor/256);       //MSB
    SendData(BackColor % 256);     //LSB
    SendEND();
}
```

清屏函数代码如下：

```
/ ************************************************************
函数名称:void ClearAll(void)
函数功能:清屏
输入参数:无
输出参数:无
 ************************************************************/
void ClearAll(void)
{
    SendData(HEAD);
    SendData(0x52);
    SendEND();
}
```

字符串显示函数代码如下：

```
/ ************************************************************
函数名称:void SendEND(void)
函数功能:发送帧结束符
输入参数:无
输出参数:无
 ************************************************************/
void SendEND(void)
{
    SendData(0xcc);
    SendData(0x33);
    SendData(0xc3);
    SendData(0x3c);
}
/ ************************************************************
函数名称:void ShowStr(unsigned char TextSize,unsigned int X,unsigned int Y,unsigned char * String)
函数功能:输出字符串,显示在屏幕上
输入参数:TexSize 为编码方式与显示点阵数,X,Y 指示字符的起始位置
        String 为显示字符串的首地址
输出参数:无
 ************************************************************/
void ShowStr(unsigned char TextSize,unsigned int X,unsigned int Y,unsigned char * String)
{
    SendData(HEAD);
    SendData(TextSize);
    SendData(X/256);    //MSB
    SendData(X % 256);   //LSB
    SendData(Y/256);    //MSB
    SendData(Y % 256);   //LSB
    while( * String)
```

```
    {
        SendData( * (String + + ));
    }
    SendEND();
}
```

4. 实验步骤

① 将公交站牌串口屏模块通过 ST – Link 调试器连接到 PC 机,连接如图 5.26 所示。

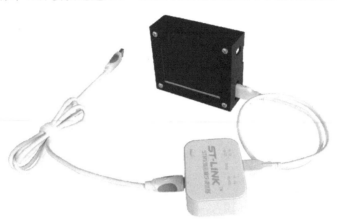

图 5.26 ST – Link

② 用"Keil"打开"实验例程",选择"串口屏显示\MDK"下的"串口屏显示实验例程",单击"Project"→"Build target"对工程进行编译;

③ 编译成功后,单击"Flash"→"Download"将程序下载到公交站牌串口屏模块中。

5. 实验现象

下载完程序后,屏幕上显示"联创中控串口屏实验"

6. 课后任务

使屏幕上显示不同的字符串口;得用串口调试助手,通过 ZigBee 控制串口屏上的内容;自学串口屏的其他指令;当小车到达 ETC 前时显示"欢迎光临",舵机抬杆,小车过去后,舵机落杆,显示"一路平安"。

5.3.5 ETC 读卡实验

1. 实验目的

了解超高频识别技术原理,了解 UHF 标签内部结构,完成标签的读写。

2. 实验原理

本节实验的 ETC 读卡模块在 ETC 模块的背面,如图 5.27 所示。

(1) 特高频 RIFD 系统

典型的特高频 UHF(Ultra-High Frequency)RFID 系统包括阅读器(Reader)和电子标签(Tag,也称应答器 Responder)。其工作步骤如下:阅读器发射电磁波到标签→标签从电磁波中提取工作所需要的能量→标签使用内部集成电路芯片存储的数据调制并反向散射一部分电磁波到阅读器→阅读器接收反向散射电磁波信号并解调以获得标签的数据信息→电子标签通过反向散射调制技术给读写器发送信息。

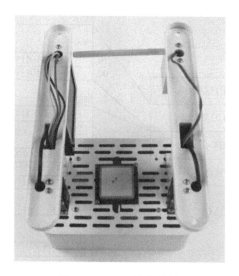

图 5.27　ETC 读卡模块

反向散射技术是一种无源 RFID 电子标签将数据发回读写器时所采用的通信技术。根据要发送的数据的不同,通过控制电子标签的天线阻抗,使反射的载波幅度产生微小的变化,这样反射的回波就携带了所需的传送数据。控制电子标签天线阻抗的方法有很多,都是基于一种称为"阻抗开关"的方法,即通过数据变化来控制负载电阻的接通和断开,那么这些数据就能够从标签传输到读写器。

(2)电子标签存储结构

根据 ISO 18000-6C 协议规定,从逻辑上将标签存储器分为四个存储体,每个存储体可以由一个或一个以上的存储器组成。这四个存储体是保留内存(Reserved 区)、EPC 存储器(EPC 区)、TID 存储器(TID 区)、用户存储器(USR 区)。有的标签可能没有 USR 区,而且标签的 EEPROM 存储器的大小会不同,例如有的标签的 TID 是 8 字节,有的是 10 个字节,其他区也一样。本次实验采用的标签内部存储器为:64 位保留内存(包含 32 位访问口令、32 位杀死口令),64 位唯一 TID,96 位 EPC 码,512 位用户数据区。逻辑空间分布如图 5.28 所示。

① 保留内存。

杀死口令:保留内存(地址值区间)的 00h～1Fh(地址值区间)存储电子标签的访问口令,杀死口令为 1 word,即 2 bytes。电子标签出厂时的默认访问口令为 0000h。用户可以对访问口令进行修改,也可以对访问口令进行锁存,一经锁存,用户必须提供正确的访问口令,才能对访问口令进行读写,要使用访问口令使标签自行永久失效以保护隐私。如果不想反作用某种产品或发现安全隐私问题,就可以使用访问口令有效地防止芯片被非法读取,提高数据的安全性能,也减轻了人们对隐私问题的担忧。被访问的标签在任何情况下都会保持被访问的状态,不响应读写器的任何操作。

访问口令:保留内存的 20h～3Fh(地址值区间)存储电子标签的访问口令,访问口令为 1 word,即 2 bytes。电子标签出厂时的默认访问指令为 0000h。用户可以对访问口令进行修改,也可以对访问口令进行锁存,一经锁存后,用户必须提供正确的访问口令,才能对访问口令进行读写。

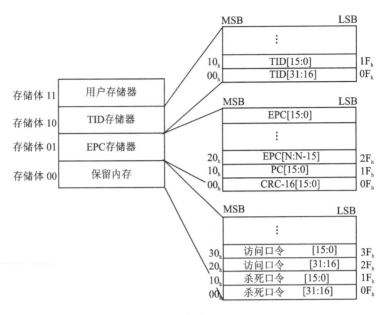

图 5.28　电子标签存储结构

② EPC 存储器。

EPC 存储器由 00h～0FH 上的 CRC-16、10h-1FH 的地址协议控制和 20h 以后的 EPC 编码组成。EPC 编码由 10h～14h EPC 编码长度、15h～17h 的 RFU 和 18h～1Fh 的 NSI 组成。

③ TID 存储器。

TID 存储器应包含 00h～07h 存储位置的 8 位 ISO/IEC15963 分配类识别（E0h 或 E2h）。07h 以上存储位置的存储值由分配类识别的不同而不同，但一般包含制造商号和标签序号，同时还包含了足够的信息以保证读写器对 TID 存储区的正常操作。

④ 用户存储器。

用户存储器允许存储用户指定数据。

（3）读写器协议描述

读写器通过 RS232 或者 RS485 接口与上位机串行通信，按上位机的命令要求完成相应操作。串行通信接口的数据帧为一个起始位，8 个数据位，一个停止位，无奇偶校验位，默认波特率 57 600。在串行通信过程中，每个字节的最低有效位最先传输。

完整的一次通信过程是：上位机发送命令给读写器，并等待读写器返回响应；读写器接收命令后，开始执行命令，然后返回响应；之后上位机接收读写器的响应，至此一次通信结束。

（4）数据格式

上位机命令数据块及各部分说明如表 5.4 所列。

表 5.4　上位机命令数据块及各部分说明

数据块	长度(字节)	说　明
Len	1	命令数据块的长度,但不包括 Len 本身,即数据块的长度等于 4 加 Data[] 的长度。Len 允许的最大值为 96,最小值为 4
Adr	1	读写器地址。地址范围:0x00～0xFE,0xFF 为广播地址,读写器只响应和自身地址相同及地址为 0xFF 的命令。读写器出厂时地址为 0x00
Cmd	1	命令代码
Data[]	不定	参数域。在实际命令中,可以不存在
LSB‒CRC16	1	CRC16 低字节。CRC16 是从 Len 到 Data[] 的 CRC16 值
MSB‒CRC16	1	CRC16 高字节

读写器响应数据块及各部分说明如表 5.5 所列。

表 5.5　读写器响应数据块及各部分说明

数据块	长度(字节)	说　明
Len	1	响应数据块的长度,但不包括 Len 本身,即数据块的长度等于 5 加 Data[] 的长度
Adr	1	读写器地址
reCmd	1	指示该响应数据块是哪个命令的应答。如果是对不可识别的命令的应答,则 reCmd 为 0x00
Status	1	命令执行结果状态值
Data[]	不定	数据域,可以不存在
LSB‒CRC16	1	CRC16 低字节。CRC16 是从 Len 到 Data[] 的 CRC16 值
MSB‒CRC16	1	CRC16 高字节

(5) 操作命令总汇

操作命令总汇如表 5.6 所列。

表 5.6　操作命令总汇

序　号	命　令	功　能
1	0x01	询查标签
2	0x02	读数据
3	0x03	写数据
4	0x04	写 EPC 号
5	0x05	销毁标签

1) 询查标签

命令:命令如表 5.7 所列。

表5.7　命　令

参　数	Len	Adr	Cmd	Data[]		CRC－16	
				AdrTID	LenTID		
数　值	0xXX	0xXX	0x01	0xXX	0xXX	LSB	MSB

参数解析：

➢ AdrTID：询查 TID 区的起始字地址。

➢ LenTID：询查 TID 区的数据字数。LenTID 取值为 0～15，若为其他参数将返回参数错误信息。

注：当 AdrTID、LenTID 为空时，表示询查标签 EPC，否则询查 TID。TID 询查功能仅当读写器固件 V2.36 及以上版本有效。

应答：应答如表 5.8 所列。

表5.8　应　答

参　数	Len	Adr	reCmd	Status	Data[]		CRC－16	
					Num	EPC ID		
数　值	0xXX	0xXX	0x01	0xXX	0xXX	EPC－1，EPC－2，EPC－3…	LSB	MSB

参数解析：

Status 是应答的状态，其代表的意义如表 5.9 所列。

表5.9　应答状态

Status	说　明
0x01	命令执行结束，同时返回询查到的电子标签数据
0x02	询查时间结束，命令执行强制退出，同时返回已询查到的标签数据
0x03	如果读到的标签数量无法在一条消息内传送完，将分多次发送。如果 Status 为 0x03，则表示这条数据结束后，还有数据
0x04	还有电子标签未读取，电子标签数量太多，读写器的存储区已满，返回此状态值，同时返回已询查到得电子标签数据

Num：本条命令中包含的电子标签的 EPC/TID 的个数。

2）读数据

这个命令读取标签的保留区、EPC 存储区、TID 存储区或用户存储区中的数据，从指定的地址开始读，以字为单位。

命令：命令如表 5.10 所列。

表5.10　命　令

Len	Adr	Cmd	Data[]	CRC－16	
0xXX	0xXX	0x02	—	LSB	MSB

Data 参数如表 5.11 所列。

表 5.11　Data 参数

Data[]							
ENum	EPC	Mem	WordPtr	Num	Pwd	MaskAdr	MaskLen
0xXX	变长	0xXX	0xXX	0xXX	4Byte	0xXX	0xXX

参数解析：

ENum：EPC 号长度，以字为单位。EPC 的长度在 15 个字以内，不能为 0。超出范围，将返回参数错误信息。

EPC：要读取数据的标签的 EPC 号。长度根据所给的 EPC 号决定，EPC 号以字为单位，且必须是整数个长度。高字在前，每个字的高字节在前。这里要求给出的是完整的 EPC 号。

Mem：一个字节大小。选择要读取的存储区。0x00：保留区；0x01：EPC 存储区；0x02：TID 存储区；0x03：用户存储区。其他值保留，若命令中出现了其他值，将返回参数出错的消息。

WordPtr：一个字节大小。指定要读取的字起始地址。0x00 表示从第一个字（第一个 16 位存储区）开始读，0x01 表示从第 2 个字开始读，依次类推。

Num：一个字节大小。要读取的字的个数，不能设置为 0x00，否则将返回参数错误信息。Num 不能超过 120，即最多读取 120 个字。若 Num 设置为 0 或者超过了 120，将返回参数出错的消息。

Pwd：四个字节大小，这四个字节是访问密码。32 位的访问密码的最高位在 Pwd 的第一字节（从左往右）的最高位，访问密码最低位在 Pwd 第四字节的最低位，Pwd 的前两个字节放置访问密码的高字。只有当读保留区，并且相应存储区设置为密码锁、且标签的访问密码为非 0 时，才需要使用正确的访问密码。其他情况下，Pwd 为零或正确的访问密码。

MaskAdr：一个字节大小，掩模 EPC 号的起始字节地址。0x00 表示从 EPC 号的最高字节开始掩模，0x01 表示从 EPC 号的第二字节开始掩模，以此类推。

MaskLen：一个字节，掩模的字节数。掩模起始字节地址＋掩模字节数不能大于 EPC 号字节长度，否则返回参数错误信息。

注：当 MaskAdr、MaskLen 为空时，表示已完整的 EPC 号掩模。

应答：应答如表 5.12 所列。

表 5.12　应　答

Len	Adr	reCmd	Status	Data[]	CRC - 16	
0xXX	0xXX	0x02	0x00	Word1,Word2,…	LSB	MSB

参数解析：

Word1，Word2…：以字为单位。每个字都是 2 个字节，高字节在前。Word1 是从起始地址读到的字，Word2 是起始地址后一个字地址上读到的字，以此类推。

3）写数据

这个命令可以一次性往保留区、TID 存储区或用户存储区中写入若干个字。

命令：命令如表 5.13 所列。

表 5.13 命 令

Len	Adr	Cmd	Data[]	CRC - 16	
0xXX	0xXX	0x03	—	LSB	MSB

Data 参数如表 5.14 所列。

表 5.14 Data 参数

Data[]								
WNum	ENum	EPC	Mem	WordPtr	Wdt	Pwd	MaskAdr	MaskLen
0xXX	0xXX	变长	0xXX	0xXX	变长	4Byte	0xXX	0xXX

参数解析：

WNum：待写入的字个数，一个字为 2 个字节。这里字的个数必须和实际待写入的数据个数相等。WNum 必须大于 0，若上位机给出的 WNum 为 0 或者 WNum 和实际字个数不相等，将返回参数错误的消息。

ENum：EPC 号长度，以字为单位。EPC 的长度在 15 个字以内，可以为 0。否则返回参数错误信息。

EPC：要写入数据的标签的 EPC 号，长度由所给的 EPC 号决定，EPC 号以字为单位，且必需是整数个长度，每个字的高字节在前。这里要求给出的是完整的 EPC 号。

Mem：一个字节大小，选择要写入的存储区。0x00：保留区；0x01：EPC 存储区；0x02：TID 存储区；0x03：用户存储区。其他值保留。若命令中出现了其他值，将返回参数出错的消息。

WordPtr：一个字节大小，指定要写入数据的起始地址。

Wdt：待写入的字，字的个数必须与 WNum 指定的一致，这是要写入存储区的数据。每个字的高字节在前。如果给出的数据不是整数个字长度，Data[] 中前面的字写在标签的低地址中，后面的字写在标签的高地址中。例如，WordPtr 等于 0x02，则 Data[] 中第一个字（从左边起）写在 Mem 指定的存储区的地址 0x02 中，第二个字写在 0x03 中，依次类推。

Pwd：4 个字节的访问密码。32 位的访问密码的最高位在 Pwd 的第一字节（从左往右）的最高位，访问密码最低位在 Pwd 第四字节的最低位，Pwd 的前两个字节放置访问密码的高字。在写操作时，应给出正确的访问密码，当相应存储区未设置成密码锁时 Pwd 可以为零。

MaskAdr：一个字节大小，掩模 EPC 号的起始字节地址。0x00 表示从 EPC 号的最高字节开始掩模，0x01 表示从 EPC 号的第二字节开始掩模，以此类推。

MaskLen：一个字节大小，掩模的字节数。掩模起始字节地址＋掩模字节数不能大于 EPC 号字节长度，否则返回参数错误信息。

注：当 MaskAdr、MaskLen 为空时表示以完整的 EPC 号掩模。

应答：应答如表 5.15 所列。

表 5.15 应 答

Len	Adr	reCmd	Status	Data[]	CRC - 16	
0x05	0xXX	0x03	0x00	—	LSB	MSB

3. 实验内容

根据 main 函数,完成高频读写器初始化函数、系统中断配置函数、写标签内存函数、寻卡操作函数、读取标签内存函数。其余函数在前面的章节已实现,不再赘述。main 函数的源码及解析如下:

```
void main(void)
{
    RCC_Configuration();                            //配置系统时钟
    NVIC_Configuration();                           //配置系统中断管理
    Delay_Ms(1000);
    LCD_Init();                                     //LCD 初始化函数
    SetColor(WHITE,BLUE);                           //设置液晶背景色为蓝色,前景色为白色
    ClearAll();                                     //清屏
    VUMInit();                                      //UHF 高频 RFID 初始化函数
    ETCData_W.CarID      = 0x02;                    //小车 ID
    ETCData_W.CarType    = 0x00;                    //小车类型,1:宾利 0:公交
    ETCData_W.Balance    = 0xff;                    //卡内余额
    ETCData_W.InOutFlag = 0x00;                     //进出标志
    ETCData_W.EntTimHou = 0x0c;                     //进入时间:小时
    ETCData_W.EntTimMin = 0x00;                     //进入时间:分钟
    ETCData_W.EntTimSec = 0x00;                     //进入时间:秒
    ClearRxBuffer();                                //清空接收数据缓冲区
    while(V_FALSE == WriteTagMEM(ETCData_W,8))      //将 8 个字节的数据写入小车标签中
        ShowStr(TWO,0,0,"写卡失败");                //若写卡失败则屏幕上显示写卡失败
    ShowStr(TWO,0,0,"写卡成功");                    //写卡成功后屏幕上显示写上
    while(V_FALSE == ReadTagMEM())                  //读取小车标签中的数据
        ShowStr(TWO,0,0,"读卡失败");                //若读卡失败则屏幕上显示读卡失败
    ShowStr(TWO,0,0,"读卡成功");                    //读卡成功则屏幕上显示读卡成功
    ShowData_int(TWO,20,40,ETCData_R.CarID);        //显示小车的 ID 号
    ShowData_int(TWO,20,70,ETCData_R.CarType);      //显示小车的类型
    ShowData_int(TWO,20,100,ETCData_R.Balance);     //显示小车卡内余额
    ShowData_int(TWO,20,130,ETCData_R.InOutFlag);   //显示小车进出标志
  while(1);
}
```

高频读写器初始化函数如下:

```
/ ***********************************************************
函数名称:void VUMInit(void)
函数功能:对高频读写器所用引脚进行初始化,对所用中断进行配置
输入参数:无
输出参数:无
 *********************************************************** /
void VUMInit(void)
{
    VUM_GPIO_Config();      //对高频读写器所用引脚进行初始化,波特率为 57600,并对 DMA 进行配置
```

```
        VUM_NVIC_Cfg();              //对所用中断进行配置
}
/**********************************************************************
函数名称:void VUM_GPIO_Config(void)
函数功能:对高频读写器引脚进行初始化,串口波特率为57600
输入参数:无
输出参数:无
**********************************************************************/
void VUM_GPIO_Config(void)
{
    GPIO_InitTypeDef GPIO_InitStructure;
    USART_InitTypeDef USART_InitStructure;
    RCC_APB2PeriphClockCmd(RCC_APB2Periph_GPIOA, ENABLE);
    RCC_APB2PeriphClockCmd(RCC_APB2Periph_USART1,ENABLE);
    RCC_AHBPeriphClockCmd(RCC_AHBPeriph_DMA1, ENABLE);
    GPIO_InitStructure.GPIO_Pin = GPIO_Pin_0;
    GPIO_InitStructure.GPIO_Speed = GPIO_Speed_50MHz;
    GPIO_InitStructure.GPIO_Mode = GPIO_Mode_Out_PP;
    GPIO_Init(GPIOA, &GPIO_InitStructure);
    GPIO_ResetBits(GPIOA,GPIO_Pin_0);
    GPIO_InitStructure.GPIO_Pin = GPIO_Pin_9;
    GPIO_InitStructure.GPIO_Speed = GPIO_Speed_50MHz;
    GPIO_InitStructure.GPIO_Mode = GPIO_Mode_AF_PP;
    GPIO_Init(GPIOA, &GPIO_InitStructure);
    GPIO_InitStructure.GPIO_Pin = GPIO_Pin_10;
    GPIO_InitStructure.GPIO_Mode = GPIO_Mode_IN_FLOATING;
    GPIO_Init(GPIOA, &GPIO_InitStructure);
    USART_InitStructure.USART_BaudRate = 57600;                     //波特率为57600
    USART_InitStructure.USART_WordLength = USART_WordLength_8b;     //8位数据位
    USART_InitStructure.USART_StopBits = USART_StopBits_1;          //1位停止痉
    USART_InitStructure.USART_Parity = USART_Parity_No;            //没有奇偶校验
    USART_InitStructure.USART_HardwareFlowControl = USART_HardwareFlowControl_None;
                                                                   //硬件流控制失能
    USART_InitStructure.USART_Mode = USART_Mode_Tx | USART_Mode_Rx; //发送、接收使能
    USART_ITConfig(USART1,USART_IT_TC,DISABLE);
    USART_ITConfig(USART1,USART_IT_RXNE,DISABLE);
    USART_ITConfig(USART1,USART_IT_IDLE,ENABLE);
    USART_DMACmd(USART1,USART_DMAReq_Rx,ENABLE);                    //使用DMA数据传输模式
    USART_Init(USART1, &USART_InitStructure);
    /* Enable USART1 */
    USART_Cmd(USART1, ENABLE);
}
/**********************************************************************
函数名称:void VUM_DMA_Cfg(unsigned int RxSize)
函数功能:对DMA进行配置
```

输入参数：RxSize 为 DMA 缓存大小

输出参数：无

```
*******************************************************************/
void VUM_DMA_Cfg(unsigned int RxSize)
{
    DMA_InitTypeDef DMA_InitStructure;
    DMA_DeInit(DMA1_Channel5);
    DMA_InitStructure.DMA_PeripheralBaseAddr = (u32)(&USART1 - >DR); //定义 DMA 外设基地址
    DMA_InitStructure.DMA_MemoryBaseAddr = (u32)RxBuffer;              //定义 DMA 内存基地址
    DMA_InitStructure.DMA_DIR = DMA_DIR_PeripheralSRC;     //规定了外设是作为数据传输的来源
    DMA_InitStructure.DMA_BufferSize = RxSize;
                                        //指定 DMA 通道的 DMA 缓存的大小,单位为数据单位
    DMA_InitStructure.DMA_PeripheralInc = DMA_PeripheralInc_Disable; //设定外设地址寄存器
                                                            不递增
    DMA_InitStructure.DMA_MemoryInc = DMA_MemoryInc_Enable;      //设定内存地址寄存器递增
    DMA_InitStructure.DMA_PeripheralDataSize = DMA_PeripheralDataSize_Byte;
                                                    //设定了外设数据宽度为 8 位
    DMA_InitStructure.DMA_MemoryDataSize = DMA_MemoryDataSize_Byte;
    DMA_InitStructure.DMA_Mode = DMA_Mode_Normal;       //设置了 CAN 的工作模式为正常缓存模式
    DMA_InitStructure.DMA_Priority = DMA_Priority_VeryHigh;
                                        //设定 DMA 通道 x 的软件优先级为拥有非常高优先级
    DMA_InitStructure.DMA_M2M = DMA_M2M_Disable;            //失能 DMA 通道的内存到内存传输
    DMA_Init(DMA1_Channel5, &DMA_InitStructure);
    DMA_ITConfig(DMA1_Channel5, DMA_IT_TC, ENABLE);
    DMA_Cmd(DMA1_Channel5, ENABLE);
}
```

系统中断配置函数如下：

```
/*******************************************************************
函数名称:void VUM_NVIC_Cfg(void)
函数功能:中断向量配置函数
输入参数:无
输出参数:无
*******************************************************************/
void VUM_NVIC_Cfg(void)
{
    NVIC_InitTypeDef    NVIC_InitStructure;
    //中断向量表的起始地址因配置的不同而不同
    //因此首先配置中断向量表的位置
    #ifdef VECT_TAB_RAM
    //如果中断向量表定位到 RSAM 中,起始地址为 0x200000000;
    NVIC_SetVectorTable(NVIC_VectTab_RAM,0x0);
    #else
    //如果中断向量表定位到 FLASH 中,起始地址为 0x800000000;
    NVIC_SetVectorTable(NVIC_VectTab_FLASH,0x00);
```

```
#endif
//设定优先级和次优先级的分配 4 个先占优先级和 4 个次优先级
NVIC_PriorityGroupConfig(NVIC_PriorityGroup_2);
//开启 DMA1_5 通道
NVIC_InitStructure.NVIC_IRQChannel = DMA1_Channel5_IRQn;
NVIC_InitStructure.NVIC_IRQChannelPreemptionPriority = 0;
NVIC_InitStructure.NVIC_IRQChannelSubPriority = 0;
NVIC_InitStructure.NVIC_IRQChannelCmd = ENABLE;
NVIC_Init(&NVIC_InitStructure);
}
```

写标签内存函数如下：

```
/*********************************************************
函数名称:unsigned char WriteTagMEM(ETCDataType Data,u8 DatLen)
函数功能:写标签内存;向标签的用户存储区写入指定长度的指定数据
输入参数:Data 要写入的数据结构体,DatLen 要写入的数据的长度(保留未用)
输出参数:无
*********************************************************/
unsigned char WriteTagMEM(ETCDataType Data,u8 DatLen)
{
    unsigned char WriteCMD[33] = {0};
    unsigned char i;
    u16         CRC_Val;
    u8          CRC_MSB,CRC_LSB;
    unsigned char TimeCNT = 0;
    GetMultipleRead();
        VUM_Delay(10);
    WriteCMD[0] = 0x20;              //Len = 32
    WriteCMD[1] = 0x00;              //Address
    WriteCMD[2] = 0x03;             //cmd
    WriteCMD[3] = 0x04;             //word to write num
    WriteCMD[4] = 0x06;            //EPC num(word)
    for(i = 0;i<12;i++)
        WriteCMD[i+5] = EPC[i];
    WriteCMD[17] = 0x03;           //User Area
    WriteCMD[18] = 0x00;           //Word ptr
    WriteCMD[19] = Data.CarID;
    WriteCMD[20] = Data.CarType;
    WriteCMD[21] = Data.Balance;
    WriteCMD[22] = Data.InOutFlag;
    WriteCMD[23] = Data.EntTimHou;
    WriteCMD[24] = Data.EntTimMin;
    WriteCMD[25] = Data.EntTimSec;
    WriteCMD[26] = Data.ETCWayLen;
    WriteCMD[27] = 0x00;              //password
```

```
WriteCMD[28] = 0x00;
WriteCMD[29] = 0x00;
WriteCMD[30] = 0x00;
CRC_Val = uiCrc16Cal(WriteCMD,31);
CRC_MSB = (u8)(CRC_Val >> 8);
CRC_LSB = (u8)(CRC_Val & 0xff) ;
WriteCMD[31] = CRC_LSB;
WriteCMD[32] = CRC_MSB;
DMAflag = DMABusy;
VUM_DMA_Cfg(6);   //打开 DMA,接收 6 个字节的数据时产生中断
for(i = 0;i<33;i++ )
    VUM_SendUartData(WriteCMD[i]);
VUM_Delay(2);
while(DMAflag == DMABusy && TimeCNT < 50)
{
    VUM_Delay(2);
    TimeCNT ++;   //超时判断,100 毫秒
}
if(RxBuffer[0] == 0x05 && RxBuffer[3] == 0x00)
{
return V_TRUE;
}
else
{
  return V_FALSE;
}
}
```

寻卡操作函数如下:

```
/ ******************************************************************
函数名称:unsigned char GetMultipleRead(void)
函数功能:寻卡操作,将读到的 EPC 号存入 EPC[]数组中
输入参数:无
输出参数:无
****************************************************************** /
unsigned char GetMultipleRead(void)
{
    unsigned char i;
    unsigned char TimeCNT = 0;
    VUM_DMA_Cfg(20);            //打开 DMA,接收 20 个字节的数据是产生中断
    DMAflag = DMABusy;
    VUM_SendUartData(0x04);
    VUM_SendUartData(0x00);
    VUM_SendUartData(0x01);
```

```
        VUM_SendUartData(0xdb);        //CRC_LSB
        VUM_SendUartData(0x4b);        //CRC_MSB
        VUM_Delay(2);
while(DMAflag == DMABusy && TimeCNT < 50)
        {
            VUM_Delay(2);              //等待接受完毕
            TimeCNT ++ ;               //超时判断
        }
        if(RxBuffer[0] == 0x13 && RxBuffer[2] == 0x01)
        {
            for(i = 0;i<12;i++ )
                EPC[i] = RxBuffer[i + 6];
            return V_TRUE;
        }
        else
        {
            return V_FALSE;
        }
}
```

读取标签内存函数如下：

```
/ *******************************************
* 功能:读取标签内存
* 描述:无
* 输入:无
* 输出:改变全局变量 TagMEM,将读到的数据存入该缓冲区中
******************************************* /
unsigned char ReadTagMEM(void)
{
    unsigned char i;
    unsigned char MEMcmd[25] = {0};
    unsigned char TagMEM[8]  = {0};
    unsigned char CRC_MSB,CRC_LSB;
    u16           CRC_Val;
    unsigned char TimeCNT = 0;
    GetMultipleRead();
    VUM_Delay(10);
    MEMcmd[0] = 0x18;
    MEMcmd[1] = 0x00;
    MEMcmd[2] = 0x02;
    MEMcmd[3] = 0x06;
    for(i = 0;i<12;i++ )
        MEMcmd[i + 4] = EPC[i];
    MEMcmd[16] = 0x03;//User 区
    MEMcmd[17] = 0x00;
```

```
MEMcmd[18] = 0x04;
MEMcmd[19] = 0x00;
MEMcmd[20] = 0x00;
MEMcmd[21] = 0x00;
MEMcmd[22] = 0x00;
CRC_Val = uiCrc16Cal(MEMcmd,23);
CRC_MSB = (u8)(CRC_Val >> 8);
CRC_LSB = (u8)(CRC_Val & 0xff);
MEMcmd[23] = CRC_LSB;
MEMcmd[24] = CRC_MSB;
DMAflag = DMABusy;
VUM_DMA_Cfg(0x0e);                      //打开 DMA,接收 14 个字节的数据是产生中断
for(i = 0;i < 25;i ++)
    VUM_SendUartData(MEMcmd[i]);
VUM_Delay(2);
while(DMAflag == DMABusy && TimeCNT < 50)
{
    VUM_Delay(2);
    TimeCNT ++ ;
}
if(RxBuffer[0] == 0x0d && RxBuffer[2] == 0x02)
{
    for(i = 0;i < 8;i ++)
    {
        TagMEM[i] = RxBuffer[i + 4];
    }
    ETCData_R.CarID          = TagMEM[0];        //车辆 ID
    ETCData_R.CarType        = TagMEM[1];        //车辆类型
    ETCData_R.Balance        = TagMEM[2];        //卡内余额
    ETCData_R.InOutFlag      = TagMEM[3];        //进出标志
    ETCData_R.EntTimHou      = TagMEM[4];        //进入时间:Hou
    ETCData_R.EntTimMin      = TagMEM[5];        //        Min
    ETCData_R.EntTimSec      = TagMEM[6];        //        Sec
    ETCData_R.ETCWayLen      = TagMEM[7];
    return V_TRUE;
}
else
{
    for(i = 0;i < 8;i ++)
        TagMEM[i] = 0;
    return V_FALSE;
}
}
```

关于寻卡、读卡、写卡的数据格式可参考实验原理中的内容。

4. 实验步骤

① 将 ETC 读卡模块通过 ST‐Link 调试器连接到 PC 机,连接图如图 5.29 所示。

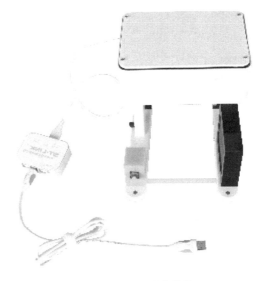

图 5.29　ETC 读卡模块

② 用"Keil"打开"实验例程"→"ETC 读卡_串口屏\MDK"下的"实验工程"文件,单击"Project"→"Build target"对工程进行编译;

③ 编译成功后,单击"Flash"→"Download"将程序下载到 ETC 读卡模块中。

5. 实验现象

上电复位后,屏幕上显示写卡失败,当小车靠近天线时,屏幕显示读卡成功。

6. 课后任务

当小车到达 ETC 前时,屏幕上显示小车的信息,舵机抬杆,并进行扣费,小车离开后舵机落杆,保证行驶过程中不会出现撞杆的现象。

5.4　综合实验案例

5.4.1　ANDROID 串口实验

1. 实验目的

掌握开发串口实验的过程与方法。

2. 实验环境

① 硬件:PC 机(推荐:主频 2GHz+,内存:1GB+)、A8 网关、MiniUSB 数据线。

② Windows 10/8/7/XP、Android ADT 集成开发环境。

3. 实验原理

(1) 串口操作

串口中间件对应的 JNI 源文件(SerialPort.c)中定义了如何获得波特率,如何打开和关闭串口,具体功能的函数定义如下:

```
        static speed_t getBaudrate (jint baudrate) {}
JNIEXPORT jobject JNICALL
Java_com_example_serialPortData_SerialPort_open(JNIEnv
 * env,jobject
thiz,jstring path,jint baudrate) {}
JNIEXPORT jobject JNICALL
Java_com_example_serialPortData_SerialPort_close(JNIEnv
 * env,jobject
thiz,jstring path,jint baudrate) {}
```

JNI 中对应的 Android.mk.脚本代码如下：

```
    LOCAL_PATH : = $ (call my - dir)
include $ (CLEAR_VARS)
TARGET_PLATFORM : = android - 3
LOCAL_MODULE : = serial_port
LOCAL_SRC_FILES : = SerialPort.c
LOCAL_LDLIBS : = - llog
include $ (BUILD_SHARED_LIBRARY)
```

JNI 层程序(SerialPort.c)中的 open 函数和 close 函数在 Android 串口应用程序中需要声明本地接口，具体代码如下：

```
    private native static FileDescriptor open(String path, int baudrate);
public native void close();
static {
System.loadLibrary("serial_port");           //加载动态库
}
```

（2）界面设计

新建一个 Android 项目，命名为"SerialPortSample"，在"res/layout"下的"activity_main.xml"文件中添加两个"EditText"控件、两个"Button"按钮以及一些"TextView"控件，两个"EditText"控件分别用来显示从串口获取的消息和向串口发送的消息，"Button"按钮用于清空"EditText"控件中显示的内容，"TextView"控件用于显示一些提示消息，代码如下：

```
    < ? xml version = "1.0" encoding = "utf - 8"? >
< LinearLayout xmlns:android = "http://schemas.android.com/apk/res/android"
    android:layout_width = "match_parent"
    android:layout_height = "wrap_content"
    android:orientation = "vertical" >
    < TextView
        android:layout_width = "match_parent"
        android:layout_height = "25px"
        android:gravity = "center"
        android:text = "SerialPortSample"
        android:textSize = "20px" / >
    < LinearLayout
        android:layout_width = "match_parent"
        android:layout_height = "wrap_content"
        android:orientation = "vertical" >
        < EditText
```

```
            android:id = "@ + id/reception"
            android:layout_width = "match_parent"
            android:layout_height = "100dp"
            android:layout_weight = "1"
            android:gravity = "top"
            android:hint = "Reception"
            android:textSize = "20px" >
        </EditText>
    </LinearLayout>
    <LinearLayout
        android:layout_width = "match_parent"
        android:layout_height = "50px"
        android:orientation = "horizontal" >
        <TextView
            android:layout_width = "wrap_content"
            android:layout_height = "wrap_content"
            android:text = " * 通过串口接受输入到超级终端的字符 * "
            android:textSize = "20px" />
        <Button
            android:id = "@ + id/button1"
            android:layout_width = "220px"
            android:layout_height = "wrap_content"
            android:layout_marginRight = "0px"
            android:text = "Clear"
            android:textSize = "20px" />
    </LinearLayout>
    <LinearLayout
        android:layout_width = "match_parent"
        android:layout_height = "wrap_content"
        android:orientation = "vertical" >
        <EditText
            android:id = "@ + id/emission"
            android:layout_width = "match_parent"
            android:layout_height = "100dp"
            android:layout_weight = "1"
            android:gravity = "top"
            android:hint = "Emission"
            android:textSize = "20px" >
        </EditText>
    </LinearLayout>
    <LinearLayout
        android:layout_width = "match_parent"
        android:layout_height = "wrap_content"
        android:orientation = "horizontal" >
        <TextView
```

```
            android:layout_width = "wrap_content"
            android:layout_height = "wrap_content"
            android:text = " * 输入字符后通过串口发送到超级终端 * "
            android:textSize = "20px" / >
        < Button
            android:id = "@ + id/button2"
            android:layout_width = "220px"
            android:layout_height = "wrap_content"
            android:layout_marginRight = "0px"
            android:text = "Clear"
            android:textSize = "20px" / >
    < /LinearLayout >
< /LinearLayout >
```

在"GraphicalLayout"中可查看界面,如图 5.30 所示。

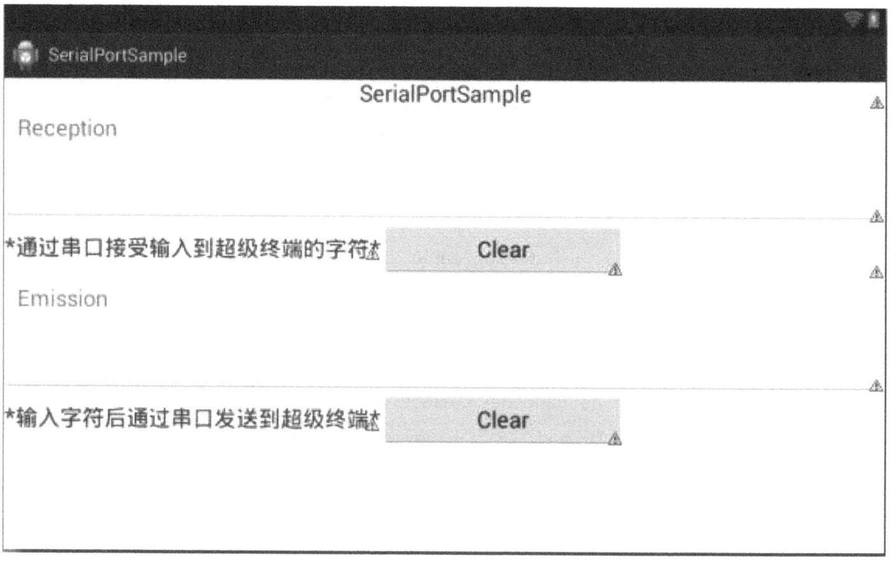

图 5.30　查看界面

(3) 功能设计

将文件复制到该项目下,注意"jni/SerialPort. c"文件中的包名要和该工程下的包名一致。
新建并配置一个新的 Builder 来生成. so 文件。

单击"Project"→"Properties"→"Builders"→"New",新建立一个 Builder。在弹出的对话
框上面单击"Program",然后单击"OK"。

在弹出的对话框"Edit Configuration"中,配置选项卡"Main",在 Location 中需要填入
"ndk-build. cmd"的路径(在 NDK 安装目录下查找),例如路径:D:\android-ndk-r8d\ndk-
build. cmd

在"Working Directory"条形框下单击"Browse Workspace"选择项目。

在"EditConfiguration"中,配置选项卡"Refresh":

➢ 勾选"Refresh resources upon completion";

> 勾选"The entire workspace";
> 勾选"Recuresively include sub-folders"。

在"EditConfiguration"中,配置选项卡"Build Options":

> 勾选"After a Clean";
> 勾选"Duringmanual builds";
> 勾选"During auto builds";
> 勾选"Specify working set of relevant resources";
> 单击"Specify Resources…",选择项目《SerialPortSample》,再单击"Finish"单击"OK", 保存设置。

由于勾选了"During auto builds",所以在项目工程有所改变的时候,.so 文件便会自动编译,正确生成以后就能在《libs\armeabi》文件夹目录下生成一个.so 文件。

在"src/com.example.serialPortSample"包下新建一个名为"SerialPort"的类文件,用于 JNI 接口调用,在"SerialPort"文件中添加代码,实现加载.so 库、声明 JNI 接口函数和检查并修改串口文件权限,代码如下:

```java
    private FileDescriptor mFd;                                      //声明 FileDescriptor 对象
        private FileInputStream mFileInputStream;                    //声明输入流对象
        private FileOutputStream mFileOutputStream;                  //声明输出流对象
        public SerialPort(File device, int baudrate) throws SecurityException, IOException {
            /*检查权限*/
            if (! device.canRead() || ! device.canWrite()) {
                try {
                    /*尝试修改文件权限*/
                    Process su;
                    su = Runtime.getRuntime().exec("/system/bin/su");
                    String cmd = "chmod 777 " + device.getAbsolutePath() + "\n"
                            + "exit\n";
                    su.getOutputStream().write(cmd.getBytes());
                    if ((su.waitFor() != 0) || ! device.canRead()
                            || ! device.canWrite()) {
                        throw new SecurityException();
                    }
                } catch (Exception e) {
                    e.printStackTrace();
                    throw new SecurityException();
                }
            }

            mFd = open(device.getAbsolutePath(), baudrate);          //获取 FileDescriptor 对象
            if (mFd == null) {
                throw new IOException();
            }
            mFileInputStream = new FileInputStream(mFd);             //获取输入流对象
```

```
        mFileOutputStream = new FileOutputStream(mFd);        //获取输出流对象
    }
    // Getters and setters
    public InputStream getInputStream() {
        return mFileInputStream;
    }
    public OutputStream getOutputStream() {
        return mFileOutputStream;
    }
    //声明 JNI 本地接口函数
    private native static FileDescriptor open(String path, int baudrate);
                                    //带有 native 关键字,说明该方法是本地方法。
    public native void close();
    static {
        System.loadLibrary("serial_port");
            //这句就是用来加载我们的 c 动态库的。上面声明方法的具体实现就在我们加载的库中。
    }
```

在应用程序入口文件中声明全局变量,代码如下:

```
protected SerialPort mSerialPort;
protected OutputStream mOutputStream;
private InputStream mInputStream;
private ReadThread mReadThread;
EditText mReception;
EditText Emission;
private Handler mHandler = new Handler() {        //接收线程消息
        @Override
        public void handleMessage(Message msg) {
            mReception.append((String) msg.obj);  //将接收到的消息显示在 EditText 上
        }
    };
```

在应用程序入口文件中声明内部类,用于从串口获取消息,代码如下:

```
private class ReadThread extends Thread {
        @Override
        public void run() {
            super.run();
            while (! isInterrupted()) {
                int size;
                try {
                    byte[] buffer = new byte[64];
                    if (mInputStream == null)
                        return;
                    size = mInputStream.read(buffer);
                    if (size > 0) {
```

```
                Message msg = new Message();
                msg.arg1 = 1;
                msg.obj = new String(buffer);
                mHandler.sendMessage(msg);
            }
        } catch (IOException e) {
            e.printStackTrace();
            return;
        }
    }
}
```

在应用程序入口文件中的 onCreate 函数中添加代码,实现打开串口、运行接收线程和初始化界面控件,代码如下:

```
try {
    if (mSerialPort == null) {
        String path = "/dev/ttySAC0";
        int baudrate = 38400;                    //打开串口
        mSerialPort = new SerialPort(new File(path), baudrate);
    }
    mOutputStream = mSerialPort.getOutputStream();
    mInputStream = mSerialPort.getInputStream();
    /* Create a receiving thread */
    mReadThread = new ReadThread();              //实例化接收类
    mReadThread.start();                         //开启接收线程
} catch (SecurityException e) {
    e.printStackTrace();
} catch (IOException e) {
    e.printStackTrace();
} catch (InvalidParameterException e) {
    e.printStackTrace();
}
//获取 EditText 对象
mReception = (EditText) findViewById(R.id.reception);
Emission = (EditText) findViewById(R.id.emission);
//设置 OnEditorActionListener 事件
Emission.setOnEditorActionListener(new OnEditorActionListener() {
    public boolean onEditorAction(TextView v, int actionId,
            KeyEvent event) {
        int i;
        CharSequence t = v.getText();                //获取 EditText 控件中的内容
        char[] text = new char[t.length()];
        for (i = 0; i < t.length(); i++) {
            text[i] = t.charAt(i);
```

```
            }
            try {
                //发送 EditText 控件中的内容
                mOutputStream.write(new String(text).getBytes());
                mOutputStream.write('\n');
                mOutputStream.write('\r');

            } catch (IOException e) {
                e.printStackTrace();
            }
            return false;
        }
    });

    Button clear1 = (Button) findViewById(R.id.button1);
    clear1.setOnClickListener(new View.OnClickListener() {

        @Override
        public void onClick(View v) {
            // TODO Auto - generated method stub
            mReception.setText("");            //清空 EditText 控件中的内容
        }
    });
    Button clear2 = (Button) findViewById(R.id.button2);
    clear2.setOnClickListener(new View.OnClickListener() {
        @Override
        public void onClick(View v) {
            // TODO Auto - generated method stub
            Emission.setText("");
        }
    });
```

在应用程序入口文件中重写 onDestroy 函数,实现在应用程序销毁时关闭接收线程和串口,代码如下:

```
protected void onDestroy() {
    if (mReadThread ! = null)
        mReadThread.interrupt();
    if (mSerialPort ! = null) {
        mSerialPort.close();
        mSerialPort = null;
    }
    super.onDestroy();
}
```

4. 实验步骤

① 先双击电脑桌面上的 图标,打开 Eclipse IDE 集成开发环境,再单击"File"菜单,在弹出的选项菜单中选择"Import…",将"4、实验例程\14、串口实验例程"中的 SerialPortSample 应用程序导入 Eclipse IDE 集成开发环境。

② 打开网关,用 Mini USB 数据线将网关连接电脑,右击"SerialPortSample"应用程序,在弹出的选项菜单中选择"RunAs"→"Android Application"将 SerialPortSample 应用程序运行在网关上,界面如图 5.31 所示。

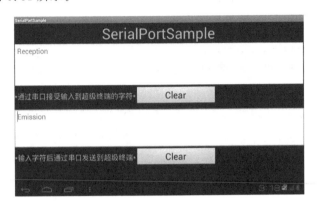

图 5.31　网关界面

③ 将串口线的两端分别与网关 COM3 口和 PC 机的串口连接(注意:为了跟 SerialPortSample 程序中默认打开的串口 3 相对应,此处必须选择 COM3 串口),如图 5.32 所示。

图 5.32　串口连接

④ PC 机默认串口号为 COM1,打开"常用工具",选择"串口调试助手",设置串口号为 COM1,波特率为 38 400。如图 5.33 所示。

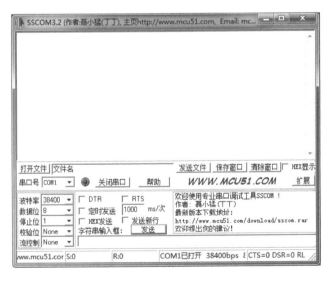

图 5.33　串口调试

⑤ 在串口调试工具中的发送区输入数据并单击"发送"按钮,在界面上就会显示相应的消息,在网关上输入消息并单击"换行"按钮后,串口调试工具接收区会显示相应的消息,如图 5.34 和图 5.35 所示。

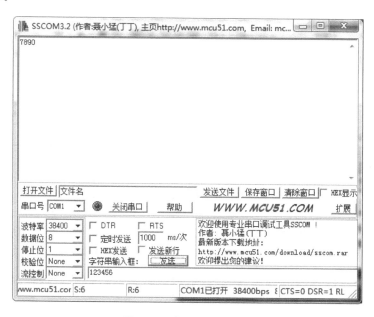

图 5.34 串口调试接收区

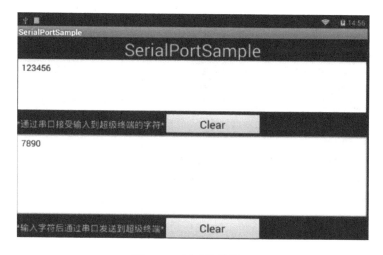

图 5.35 网关接收界面

5.4.2 上位机无线控制智能小车实验

1. 实验目的

① 通过网关控制智能小车运动;

② 学习从底层到上位机完整项目的编程。

2. 实验原理

单击网关上的按钮,从串口发送数据给协调器,协调器将数据发送给小车,小车根据收到的数据执行相应的动作,系统框图如图 5.36 所示。

图 5.36　系统框图

操作指令如表 5.16 所列。

表 5.16　操作指令

运动状态	前进	后退	左转	右转	停止	加速	减速
指　令	01	02	03	04	05	06	07

3. 实验内容

(1) Android 端应用开发

1) 界面开发

① 新建一个 Android 项目工程,命名为"Kinestate",在"res/layout"下的"activity_main.xml"文件中添加 8 个 Button 控件,分别用来控制小车不同的运动状态,代码如下:

```
< LinearLayout xmlns:android = "http://schemas.android.com/apk/res/android"
  xmlns:tools = "http://schemas.android.com/tools"
  android:layout_width = "match_parent"
  android:layout_height = "match_parent"
  android:gravity = "center_horizontal"
  tools:context = ".MainActivity" >
  < LinearLayout
    android:layout_width = "wrap_content"
    android:layout_height = "match_parent"
    android:orientation = "vertical"
    android:gravity = "center_vertical" >
    < LinearLayout
        android:layout_width = "wrap_content"
      android:layout_height = "wrap_content"
      android:orientation = "horizontal"
      >
      < Button
      android:id = "@ + id/forward"
      android:layout_width = "200dp"
      android:layout_height = "100dp"
      android:text = "前进"/ >
    < Button
      android:id = "@ + id/backoff"
      android:layout_width = "200dp"
      android:layout_height = "100dp"
      android:text = "后退"/ >
    < Button
```

```
                    android:id = "@ + id/left"
                    android:layout_width = "200dp"
                    android:layout_height = "100dp"
                    android:text = "左转"/ >
            < Button
                    android:id = "@ + id/right"
                    android:layout_width = "200dp"
                    android:layout_height = "100dp"
                    android:text = "右转"/ >
        < /LinearLayout >
        < LinearLayout
                android:layout_width = "wrap_content"
                android:layout_height = "wrap_content"
                android:orientation = "horizontal" >
            < Button
                    android:id = "@ + id/stop"
                    android:layout_width = "200dp"
                    android:layout_height = "100dp"
                    android:text = "停止"/ >
            < Button
                    android:id = "@ + id/up"
                    android:layout_width = "200dp"
                    android:layout_height = "100dp"
                    android:text = "加速"/ >
            < Button
                    android:id = "@ + id/down"
                    android:layout_width = "200dp"
                    android:layout_height = "100dp"
                    android:text = "减速"/ >
            < Button
                    android:id = "@ + id/open"
                    android:layout_width = "200dp"
                    android:layout_height = "100dp"
                    android:background = "＃66fffff"
                    android:text = "打开串口"/ >
        < /LinearLayout >
    < /LinearLayout >
< /LinearLayout >
```

② 在"GraphicalLayout"中可查看界面,如图 5.37 所示。

2) 功能设计

① 将"jni"文件复制到该项目下,注意"jni/SerialPort. c"文件中的包名要和该工程下的包名一致。

② 新建并配置一个新的 Builder 来生成. so 文件。

单击"Project"→"Properties"→"Builders"→"New",新建立一个 Builder。在弹出的对话

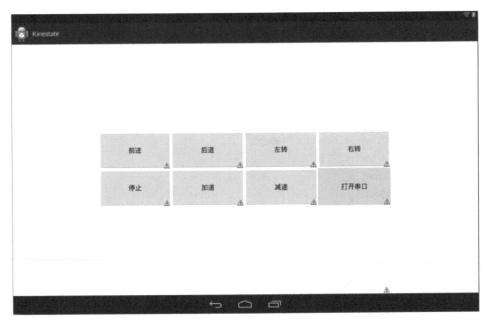

图 5.37　安卓界面

框上面单击"Program",然后单击"OK"。

在弹出的对话框"Edit Configuration"中,配置选项卡"Main",在"Location"中需要填入 "ndk-build. cmd"的路径(在 NDK 安装目录下查找),例如我的路径:D:\android-ndk-r8d\ ndk-build. cmd。

在"Working Directory"条形框下单击"BrowseWorkspace"选择项目。

在"EditConfiguration"中,配置选项卡"Refresh":

> 勾选"Refresh resources upon completion";
> 勾选"The entire workspace";
> 勾选"Recuresively include sub-folders";

在"EditConfiguration"中,配置选项卡"Build Options":

> 勾选"After a Clean";
> 勾选"Duringmanual builds";
> 勾选"During auto builds";
> 勾选"Specify working set of relevant resources";
> 单击"Specify Resources…",选择项目"SerialPortSample",再单击"Finish"最后单击 "OK",保存设置。

由于勾选了"During auto builds",所以在项目工程有所改变的时候,.so 文件便会自动编译,正确生成后就能在文件夹"libs\armeabi"目录下生成一个.so 文件。

③ 在"src/com. example. kinestate"包下新建一个名为"SerialPort"的类文件,用于 JNI 接口调用,在"SerialPort"文件中添加代码,实现加载.so 库、声明 JNI 接口函数和检查并修改串口文件权限,代码如下:

```
private FileDescriptor mFd;                                    //声明 FileDescriptor 对象
    private FileInputStream mFileInputStream;                  //声明输入流对象
    private FileOutputStream mFileOutputStream;                //声明输出流对象
    public SerialPort(File device, int baudrate) throws SecurityException, IOException {
        /* 检查权限 */
        if (! device.canRead() || ! device.canWrite()) {
            try {
                /* 尝试修改文件权限 */
                Process su;
                su = Runtime.getRuntime().exec("/system/bin/su");
                String cmd = "chmod 777 " + device.getAbsolutePath() + "\n"
                        + "exit\n";
                su.getOutputStream().write(cmd.getBytes());
                if ((su.waitFor() != 0) || ! device.canRead()
                        || ! device.canWrite()) {
                    throw new SecurityException();
                }
            } catch (Exception e) {
                e.printStackTrace();
                throw new SecurityException();
            }
        }
        mFd = open(device.getAbsolutePath(), baudrate);        //获取 FileDescriptor 对象
        if (mFd == null) {
            throw new IOException();
        }
        mFileInputStream = new FileInputStream(mFd);           //获取输入流对象
        mFileOutputStream = new FileOutputStream(mFd);         //获取输出流对象
    }
    // Getters and setters
    public InputStream getInputStream() {
        return mFileInputStream;
    }
    public OutputStream getOutputStream() {
        return mFileOutputStream;
    }
    //声明 JNI 本地接口函数
    private native static FileDescriptor open(String path, int baudrate);
                                        //带有 native 关键字,说明该方法是本地方法。
    public native void close();
    static {
        System.loadLibrary("serial_port");
            //这句就是用来加载我们的 c 动态库的。上面声明方法的具体实现就在我们加载的库中。
    }
```

④ 在应用程序入口文件中声明全局变量,代码如下:

```
public Button btn_open,btn_forward,btn_backoff,
    btn_left,btn_right,btn_stop,btn_up,btn_down;
    protected SerialPort mSerialPort;
    protected OutputStream mOutputStream;
    private InputStream mInputStream;
    private ReadThread mReadThread;
private Handler mHandler = new Handler() {                    //接收线程消息
        @Override
        public void handleMessage(Message msg) {
        }
    };
```

⑤ 在应用程序入口文件中声明内部类,用于从串口获取消息,代码如下:

```
private class ReadThread extends Thread {
        @Override
        public void run() {
            super.run();
            while (! isInterrupted()) {
                int size;
                try {
                    byte[] buffer = new byte[64];
                    if (mInputStream == null)
                        return;
                    size = mInputStream.read(buffer);
                    if (size > 0) {
                        Message msg = new Message();
                        msg.arg1 = 1;
                        msg.obj = new String(buffer);
                        mHandler.sendMessage(msg);
                    }
                } catch (IOException e) {
                    e.printStackTrace();
                    return;
                }
            }
        }
    }
```

⑥ 在应用程序入口文件中的 onCreate 函数中添加代码,实现界面控件的初始化,代码如下:

```
        btn_open = (Button) findViewById(R.id.open);
        btn_forward = (Button) findViewById(R.id.forward);
        btn_backoff = (Button) findViewById(R.id.backoff);
```

```
btn_left = (Button) findViewById(R.id.left);
btn_right = (Button) findViewById(R.id.right);
btn_stop = (Button) findViewById(R.id.stop);
btn_up = (Button) findViewById(R.id.up);
btn_down = (Button) findViewById(R.id.down);
btn_open.setOnClickListener(mylistener);
btn_forward.setOnClickListener(mylistener);
btn_backoff.setOnClickListener(mylistener);
btn_left.setOnClickListener(mylistener);
btn_right.setOnClickListener(mylistener);
btn_stop.setOnClickListener(mylistener);
btn_up.setOnClickListener(mylistener);
btn_down.setOnClickListener(mylistener);
```

⑦ 在应用程序入口文件中实现控件点击监听事件,代码如下:

```
View.OnClickListener mylistener = new View.OnClickListener() {
    @Override
    public void onClick(View v) {
        // TODO Auto-generated method stub
        switch (v.getId()) {
        case R.id.open:                          //打开串口
            try {
                if (mSerialPort == null) {
                    String path = "/dev/ttySAC3";
                    int baudrate = 38400;
                    mSerialPort = new SerialPort(new File(path), baudrate);
                }
                if (mSerialPort != null) {
                    mOutputStream = mSerialPort.getOutputStream();
                    mInputStream = mSerialPort.getInputStream();

                    mReadThread = new ReadThread();
                    mReadThread.start();
                }
            } catch (SecurityException e) {
                ShowMessage("打开串口失败:没有串口读/写权限!");
                e.printStackTrace();
            } catch (IOException e) {
                ShowMessage("打开串口失败:未知错误!");
                e.printStackTrace();
            } catch (InvalidParameterException e) {
                ShowMessage("打开串口失败:参数错误!");
                e.printStackTrace();
```

```
                }
                break;
        case R. id. forward:                              //使小车前进
            try {
                byte[] buffer = {0x00,0x01,0x01};
                int i;
                for(i = 0;i < buffer.length;i ++ ){
                    int a;
                    a = buffer[i] & 0xff;
                    System. out. print(Integer. toHexString(a) + " ");
                }

                mOutputStream. write(buffer);              //发送前进指令
Toast.makeText(getApplicationContext(), "前进",Toast. LENGTH_SHORT). show();
            } catch (IOException e) {
                // TODO Auto - generated catch block
                e. printStackTrace();
            }
            break;
        case R. id. backoff:                              //使小车后退
            try {
                byte[] buffer = {0x00,0x01,0x02};
                int i;
                for(i = 0;i < buffer.length;i ++ ){
                    int a;
                    a = buffer[i] & 0xff;
                    System. out. print(Integer. toHexString(a) + " ");
                }
                mOutputStream. write(buffer);              //发送后退指令
Toast.makeText(getApplicationContext(), "后退",Toast. LENGTH_SHORT). show();
            } catch (IOException e) {
                // TODO Auto - generated catch block
                e. printStackTrace();
            }
            break;
        case R. id. left:                                 //使小车左转
            try {
                byte[] buffer = {0x00,0x01,0x03};
                int i;
                for(i = 0;i < buffer.length;i ++ ){
                    int a;
                    a = buffer[i] & 0xff;
                    System. out. print(Integer. toHexString(a) + " ");
                }
```

```
                    mOutputStream.write(buffer);                //发送左转指令
Toast.makeText(getApplicationContext(),"左转",Toast.LENGTH_SHORT).show();
                } catch (IOException e) {
                    // TODO Auto - generated catch block
                    e.printStackTrace();
                }
                break;
            case R.id.right:                              //使小车右转
                try {
                    byte[] buffer = {0x00,0x01,0x04};
                    int i;
                    for(i = 0;i < buffer.length;i ++){
                        int a;
                        a = buffer[i] & 0xff;
                        System.out.print(Integer.toHexString(a) + " ");
                    }

                    mOutputStream.write(buffer);                //发送右转指令
Toast.makeText(getApplicationContext(),"右转",Toast.LENGTH_SHORT).show();
                } catch (IOException e) {
                    // TODO Auto - generated catch block
                    e.printStackTrace();
                }
                break;
            case R.id.stop:                               //使小车停止
                try {
                    byte[] buffer = {0x00,0x01,0x05};
                    int i;
                    for(i = 0;i < buffer.length;i ++){
                        int a;
                        a = buffer[i] & 0xff;
                        System.out.print(Integer.toHexString(a) + " ");
                    }
                    mOutputStream.write(buffer);                //发送停止指令
Toast.makeText(getApplicationContext(),"停止",Toast.LENGTH_SHORT).show();
                } catch (IOException e) {
                    // TODO Auto - generated catch block
                    e.printStackTrace();
                }
                break;
            case R.id.up:                                 //使小车加速
                try {
                    byte[] buffer = {0x00,0x01,0x06};
                    int i;
```

```
                        for(i = 0;i < buffer.length;i ++ ){
                            int a;
                            a = buffer[i] & 0xff;
                            System.out.print(Integer.toHexString(a) + " ");
                        }

                        mOutputStream.write(buffer);      //发送加速指令
        Toast.makeText(getApplicationContext(), "加速",Toast.LENGTH_SHORT).show();
                    } catch (IOException e) {
                        // TODO Auto - generated catch block
                        e.printStackTrace();
                    }
                    break;
                case R.id.down:                          //使小车减速
                    try {
                        byte[] buffer = {0x00,0x01,0x07};
                        int i;
                        for(i = 0;i < buffer.length;i ++ ){
                            int a;
                            a = buffer[i] & 0xff;
                            System.out.print(Integer.toHexString(a) + " ");
                        }

                        mOutputStream.write(buffer);      //发送减速指令
        Toast.makeText(getApplicationContext(), "减速",Toast.LENGTH_SHORT).show();
                    } catch (IOException e) {
                        // TODO Auto - generated catch block
                        e.printStackTrace();
                    }
                    break;
                default:
                    break;


            }
        }
    };
public void ShowMessage(String str) {
        Toast.makeText(this, str, Toast.LENGTH_SHORT).show();
}
```

（2）小车程序开发
主函数如下：

```
# define ADVANCE 0x01
# define BACK    0x02
# define LEFT    0x03
# define RIGHT   0x04
```

```
#define STOP      0x05
#define SPEED_UP 0x06
#define SLOW_DOWN 0x07
uint16_t Flag = 0;
void main(void)
{
    SystemInit();                    //时钟初始化
    Motor_Init();
    TIM3_PWM_Init(600);
    ZB_USART1_Init();                //串口 1 初始化
    ZB_NVIC_Configuration();         //串口 1 中断配置函数
    while(1)
    {
        switch(Flag)                 //根据收到数据,小车执行相应的动作
        {
            case ADVANCE:            //0x01    前进
                Advance();
            break;
            case BACK:               //0x02    后退
                Back();
            break;
            case LEFT:               //0x03    左转
                Left();
            break;
            case RIGHT:              //0x04    右转
                Right();
            break;
            case STOP:               //0x05    停止
                Stop();
            break;
            case SPEED_UP:           //0x06    加速
                TIM3_PWM_Init(750);
            break;
            case SLOW_DOWN:          //0x07    减速
                TIM3_PWM_Init(600);
            break;
            default:
            break;
        }
    }
}
```

串口中断处理函数如下:

```
void USART1_IRQHandler(void)
{
```

```
    if(USART_GetITStatus(USART1,USART_IT_RXNE) ! = RESET)
    {
        Flag = USART_ReceiveData(USART1);        //将收到的数据存储在 Flag 中
        while(USART_GetFlagStatus(USART1,USART_FLAG_TXE) == RESET);
    }
}
```

4. 实验步骤

① 正确连接 STLink 调试器到 PC 机和智能小车；

② 打开"配套光盘\4"→"实验例程\15"→"控制小车运动状态实验例程"→"小车程序\MDK"下的工程文件，在工具栏中单击编译按钮 📷 进行编译；

③ 编译工程成功后，单击按钮 📷，将程序下载到小车中；

④ 拔掉 3.0 数据线，设置小车为 ZigBee 模块配置模式，即将小车的跳线跳到 5、6 插针上。图 5.38 所示为小车内部结构。

图 5.38　小车内部结构

⑤ 通过 232 串口连接小车到 PC 机。USB 转方口线此时连接 ST-Link 调试器的 USB-232 口，另一端先不要连接到 PC 上，防止后面配置出错，具体连接如图 5.39 所示。

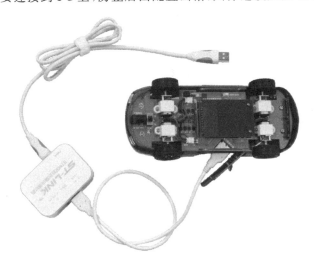

图 5.39　小车连接 ST-Link 调试器

⑥ 长按小车底部配置键（1.0 版本没有配置键，而是插针。使用导电物或使用跳线连接两个插针也可使小车进入配置模式），将 USB 方口线的另一端连接到 PC 机，打开"智能交通

光盘资料\3"→"常用工具"路径下的"zigbee.exe"软件,单击打开串口,选择"透传版本",如图 5.40 所示。

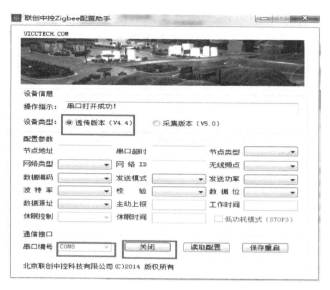

图 5.40　串口透传版本

⑦ 单击"读取配置",这时上位机软件读取 ZigBee 模块的参数。

⑧ 按图 5.41 所示,设置小车 ZigBee 模块的参数,然后单击"保存重启"。

图 5.41　串口参数配置

⑨ 然后重复步骤⑦和⑧,确保 ZigBee 模块配置成功。

⑩ 设置小车为 ZigBee 通信模式,即将小车的跳线跳回到 1、2 插针。

⑪ 设置 ZigBee 协调器。用串口线正确连接协调器与 PC 机,打开软件,选择相应的串口并打开,选择设备类型为"透传版本",按下协调器的配置键,单击"读取配置",并按图 5.42 所示进行设置参数,最后单击"保存重启",完成 ZigBee 协调器的设置。

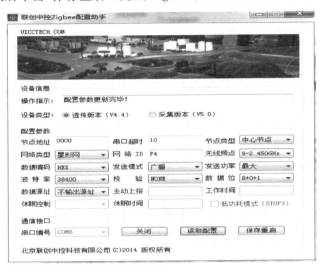

图 5.42 串口读取配置

⑫ 先双击电脑桌面上的 图标,打开 Eclipse IDE 集成开发环境,再单击"File"菜单,在弹出的选项菜单中选择"Import…",将"4、实验例程\15"→"控制小车运动状态实验例程\网关程序"中的 Kinestatee 应用程序导入 Eclipse IDE 集成开发环境。

⑬ 打开网关,用 Mini USB 数据线将网关连接电脑,右击 Kinestate 应用程序,在弹出的选项菜单中选择"RunAs"→"Android Application"将 Kinestate 应用程序运行在网关上。应用程序界面如图 5.43 所示。

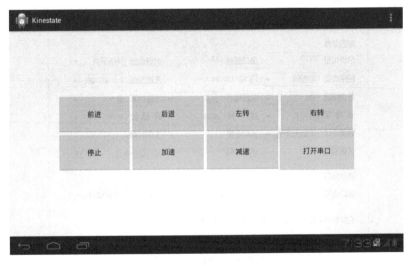

图 5.43 应用程序界面

⑭ 准备一根串口延长线,如图 5.44 所示。

图 5.44　延长线

⑮ 将串口延长线的公头连接到协调器上,如图 5.45 所示。

图 5.45　延长线与协调器连接

⑯ 将串口延长线的母头连接到网关的 COM3 口(为了和程序中的串口保持一致),如图 5.46 所示。

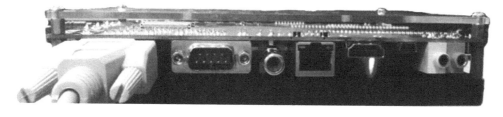

图 5.46　延长线与网关连接

⑰ 单击"打开串口",再单击其他指令按钮即可控制小车的运动状态。

5. 实验现象

按网关上的前进、后退、左转、右转、停止、加速、减速按键可以对小车进行控制。

5.4.3 上位机控制交通灯(路灯)实验

1. 实验目的

① 在网关界面显示当前交通灯的状态,并通过网关控制交通灯的状态。

② 学习从底层到上位机完整项目的编程

2. 实验原理

交通灯每 30 s 自动变化,并将当前状态通过 ZigBee 发送给网关,网关根据收到的数据,改变网关上交通灯的显示状态。按网关上东西通行与南北通行的两个按键,网关从串口发送数据给协调器,协调器将数据发送给交通灯模块,交通灯模块根据收到的数据,改变当前状态。交通灯系统框图如图 5.47 所示。

图 5.47 交通灯系统框图

交通灯上报 0x00,表示当前交通灯为南北通行状态,上报 0x01 表示当前交通灯为东西通行状态;网关下发 0x00 表示控制交通灯为南北通行状态,下发 0x01 表示控制交通灯为东西通行状态。

3. 实验内容

(1) Android 端应用开发

1) 界面设计

① 新建一个 Android 项目,命名为"TrafficLight",将图片复制到项目的"res/drawable-hdpi"下,在"res/layout"下的"activity_main. xml"文件中添加"ImageView"控件用来存放图片,再放置两个"Button"按钮用来控制交通灯,代码如下:

```
< LinearLayout xmlns:android = "http://schemas.android.com/apk/res/android"
xmlns:tools = "http://schemas.android.com/tools"
android:layout_width = "match_parent"
android:layout_height = "match_parent"
android:background = "@drawable/back1"
android:orientation = "horizontal"
tools:context = ".MainActivity" >
 < LinearLayout
    android:layout_width = "wrap_content"
    android:layout_height = "wrap_content"
    android:orientation = "vertical" >
    < ImageView
       android:id = "@ + id/imgW_redon"
       android:layout_width = "wrap_content"
       android:layout_height = "wrap_content"
       android:layout_marginLeft = "338dp"
```

```
                android:layout_marginTop = "226dp"
                android:src = "@drawable/close" / >
            < ImageView
                android:id = "@ + id/imgW_yellowon"
                android:layout_width = "wrap_content"
                android:layout_height = "wrap_content"
                android:layout_marginLeft = "337dp"
                android:layout_marginTop = "3dp"
                android:src = "@drawable/close" / >
            < ImageView
                android:id = "@ + id/imgW_greenon"
                android:layout_width = "wrap_content"
                android:layout_height = "wrap_content"
                android:layout_marginLeft = "337dp"
                android:layout_marginTop = "3dp"
                android:src = "@drawable/close" / >
    < /LinearLayout >
    < LinearLayout
        android:layout_width = "wrap_content"
        android:layout_height = "wrap_content"
        android:orientation = "vertical" >
        < LinearLayout
            android:layout_width = "wrap_content"
            android:layout_height = "wrap_content"
            android:layout_marginTop = "76dp"
            android:layout_marginLeft = "123dp"
            android:orientation = "horizontal" >
            < ImageView
                android:id = "@ + id/imgN_redon"
                android:layout_width = "wrap_content"
                android:layout_height = "wrap_content"
                android:layout_marginLeft = "3dp"
                android:layout_marginTop = "5dp"
                android:src = "@drawable/close" / >
            < ImageView
                android:id = "@ + id/imgN_yellowon"
                android:layout_width = "wrap_content"
                android:layout_height = "wrap_content"
                android:layout_marginLeft = "3dp"
                android:layout_marginTop = "5dp"
                android:src = "@drawable/close" / >
            < ImageView
                android:id = "@ + id/imgN_greenon"
                android:layout_width = "wrap_content"
                android:layout_height = "wrap_content"
```

```
                    android:layout_marginLeft = "3dp"
                    android:layout_marginTop = "5dp"
                    android:src = "@drawable/close" />
         < /LinearLayout >
         < LinearLayout
              android:layout_width = "wrap_content"
              android:layout_height = "wrap_content"
              android:layout_marginTop = "176dp"
              android:layout_marginLeft = "125dp"
              android:orientation = "horizontal" >
              < ImageView
                    android:id = "@ + id/imgS_redon"
                    android:layout_width = "wrap_content"
                    android:layout_height = "wrap_content"
                    android:layout_marginTop = "148dp"
                    android:src = "@drawable/close" />
              < ImageView
                    android:id = "@ + id/imgS_yellowon"
                    android:layout_width = "wrap_content"
                    android:layout_height = "wrap_content"
                    android:layout_marginLeft = "3dp"
                    android:layout_marginTop = "148dp"
                    android:src = "@drawable/close" />
              < ImageView
                    android:id = "@ + id/imgS_greenon"
                    android:layout_width = "wrap_content"
                    android:layout_height = "wrap_content"
                    android:layout_marginLeft = "3dp"
                    android:layout_marginTop = "148dp"
                    android:src = "@drawable/close" />
         < /LinearLayout >
    < /LinearLayout >
    < LinearLayout
         android:layout_width = "wrap_content"
         android:layout_height = "wrap_content"
         android:layout_marginTop = "226dp"
         android:layout_marginLeft = "122dp"
         android:orientation = "vertical" >
         < ImageView
                android:id = "@ + id/imgE_redon"
                android:layout_width = "wrap_content"
                android:layout_height = "wrap_content"
                android:layout_marginTop = "3dp"
                android:src = "@drawable/close" />
         < ImageView
```

```
                    android:id = "@ + id/imgE_yellowon"
                    android:layout_width = "wrap_content"
                    android:layout_height = "wrap_content"
                    android:layout_marginTop = "3dp"
                    android:src = "@drawable/close" />
                < ImageView
                    android:id = "@ + id/imgE_greenon"
                    android:layout_width = "wrap_content"
                    android:layout_height = "wrap_content"
                    android:layout_marginTop = "3dp"
                    android:src = "@drawable/close" />
        < /LinearLayout >
    < LinearLayout
            android:layout_width = "match_parent"
            android:layout_height = "wrap_content"
            android:gravity = "right"
            android:orientation = "vertical" >
        < Button
                android:id = "@ + id/btn_SN"
                android:layout_width = "wrap_content"
                android:layout_height = "60dp"
                android:textSize = "20px"
                android:text = "南北方向通行"
                android:onClick = "SnOnclick"/ >
        < Button
                android:id = "@ + id/btn_EW"
                android:layout_width = "wrap_content"
                android:layout_height = "60dp"
                android:textSize = "20px"
                android:text = "东西方向通行"
                android:onClick = "EwOnclick"/ >
    < /LinearLayout >
< /LinearLayout >
```

② 在"GraphicalLayout"中可查看界面,如图 5.48 所示。

2) 功能设计

① 将"jni"文件复制到该项目下,注意"jni/SerialPort.c"文件中的包名要和该工程下的包名一致。

② 新建并配置一个新的 Builder 来生成.so 文件。

单击"Project"→"Properties"→"Builders"→"New",新建立一个 Builder。在弹出的对话框上单击"Program",然后单击"OK"。

在弹出的对话框"Edit Configuration"中,配置选项卡"Main",在"Location"中填入"ndk-build.cmd"的路径(在 NDK 安装目录下查找),例如路径:D:\android-ndk-r8d\ndk-build.cmd。

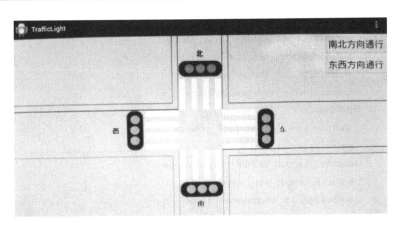

图 5.48　交通灯界面

在"Working Directory"条形框下单击"BrowseWorkspace",选择项目。

在"EditConfiguration"中,配置选项卡"Refresh":

➤ 勾选"Refresh resources upon completion";

➤ 勾选"The entire workspace";

➤ 勾选"Recuresively include sub-folders"。

在"EditConfiguration"中,配置选项卡"Build Options":

➤ 勾选"After a Clean";

➤ 勾选"Duringmanual builds";

➤ 勾选"During auto builds";

➤ 勾选"Specify working set of relevant resources";

单击"Specify Resources…"选择项目"SerialPortSample",再点击"Finish";

然后单击"OK",保存设置。

由于勾选了"During auto builds",所以在项目工程有所改变的时候,.so 文件会自动编译,正确生成以后就能在文件夹"libs\armeabi"目录下生成一个.so 文件。

③ 在"src/com. example. trafficlight"包下新建一个名为"SerialPort"的类文件,用于 JNI 接口调用,在"SerialPort"文件中添加代码,实现加载. so 库、声明 JNI 接口函数和检查并修改串口文件权限,代码如下:

```java
private FileDescriptor mFd;                                    //声明 FileDescriptor 对象
    private FileInputStream mFileInputStream;                  //声明输入流对象
    private FileOutputStream mFileOutputStream;                //声明输出流对象
    public SerialPort(File device, int baudrate) throws SecurityException, IOException {
        /*检查权限*/
        if (! device.canRead() || ! device.canWrite()) {
            try {
                /*尝试修改文件权限*/
                Process su;
                su = Runtime.getRuntime().exec("/system/bin/su");
                String cmd = "chmod 777 " + device.getAbsolutePath() + "\n"
```

```
                    + "exit\n";
        su.getOutputStream().write(cmd.getBytes());
        if ((su.waitFor() != 0) || ! device.canRead()
                || ! device.canWrite()) {
            throw new SecurityException();
        }
    } catch (Exception e) {
        e.printStackTrace();
        throw new SecurityException();
    }
}
mFd = open(device.getAbsolutePath(), baudrate);     //获取 FileDescriptor 对象
if (mFd == null) {
    throw new IOException();
}
mFileInputStream = new FileInputStream(mFd);        //获取输入流对象
mFileOutputStream = new FileOutputStream(mFd);      //获取输出流对象
}
// Getters and setters
public InputStream getInputStream() {
    return mFileInputStream;
}
public OutputStream getOutputStream() {
    return mFileOutputStream;
}
//声明 JNI 本地接口函数
private native static FileDescriptor open(String path, int baudrate);//带有 native 关键字，
说明该方法是本地方法。
public native void close();
static {
    System.loadLibrary("serial_port");//这句就是用来加载我们的c动态库的。上面声明方法
的具体实现就在我们加载的库中。
}
```

④ 在应用程序入口文件中声明全局变量,代码如下:

```
protected SerialPort mSerialPort;
    protected OutputStream mOutputStream;
    private InputStream mInputStream;
    //private OutThread mOutThread;
    private ReadThread mReadThread;
    private Handler mhandler;
    public static int screenWidth = 0;
    public static int screenHeight = 0;
    public int a;
```

```
        public ImageView imgS_redOn, imgS_yellowOn, imgS_greenOn, imgN_redOn,
                imgN_yellowOn, imgN_greenOn, imgE_redOn, imgE_yellowOn,
                imgE_greenOn, imgW_redOn, imgW_yellowOn, imgW_greenOn;
    public Button btn_SN, btn_EW;
    int image[] = new int [] {R.drawable.close, R.drawable.gron, R.drawable.redon, R.drawable.
yeon};
```

⑤ 在应用程序入口文件的 OnCreate 函数中添加代码,实现界面控件的初始化,并打开串口,代码如下:

```
//设置屏幕常亮
        getWindow().setFlags(WindowManager.LayoutParams.FLAG_KEEP_SCREEN_ON,
                WindowManager.LayoutParams.FLAG_KEEP_SCREEN_ON);
        setRequestedOrientation(ActivityInfo.SCREEN_ORIENTATION_LANDSCAPE);
        DisplayMetrics dm = new DisplayMetrics();        //获取手机屏幕的大小
        getWindowManager().getDefaultDisplay().getMetrics(dm);
        screenWidth = dm.widthPixels;
        screenHeight = dm.heightPixels;
        setContentView(R.layout.activity_main);
        imgS_redOn = (ImageView) findViewById(R.id.imgS_redon);
        imgS_yellowOn = (ImageView) findViewById(R.id.imgS_yellowon);
        imgS_greenOn = (ImageView) findViewById(R.id.imgS_greenon);
        imgN_redOn = (ImageView) findViewById(R.id.imgN_redon);
        imgN_yellowOn = (ImageView) findViewById(R.id.imgN_yellowon);
        imgN_greenOn = (ImageView) findViewById(R.id.imgN_greenon);
        imgE_redOn = (ImageView) findViewById(R.id.imgE_redon);
        imgE_yellowOn = (ImageView) findViewById(R.id.imgE_yellowon);
        imgE_greenOn = (ImageView) findViewById(R.id.imgE_greenon);
        imgW_redOn = (ImageView) findViewById(R.id.imgW_redon);
        imgW_yellowOn = (ImageView) findViewById(R.id.imgW_yellowon);
        imgW_greenOn = (ImageView) findViewById(R.id.imgW_greenon);
        btn_SN = (Button) findViewById(R.id.btn_SN);
        btn_EW = (Button) findViewById(R.id.btn_EW);
        try {
            if (mSerialPort == null) {
                String path = "/dev/ttySAC3";
                int baudrate = 38400;
                mSerialPort = new SerialPort(new File(path), baudrate);
            }
            mOutputStream = mSerialPort.getOutputStream();
            mInputStream = mSerialPort.getInputStream();
            /* Create a receiving thread */
            mReadThread = new ReadThread();
            mReadThread.start();        //打开串口
        } catch (SecurityException e) {
            e.printStackTrace();
```

```
        } catch (IOException e) {
            e.printStackTrace();
        } catch (InvalidParameterException e) {
            e.printStackTrace();
        }
```

⑥ 在应用程序入口文件中添加按钮的单击事件,代码如下:

```java
public void SnOnclick(View v) {//南北按钮
    try {
        byte[] buffer = {  0x00 };
        int i;
        for (i = 0; i < buffer.length; i++) {
            int a;
            a = buffer[i] & 0xff;
            System.out.print(Integer.toHexString(a) + " ");
        }
        mOutputStream.write(buffer);                    //发送南北通行指令 01
        imgS_greenOn.setImageResource(image[1]);
        imgN_greenOn.setImageResource(image[1]);
        imgE_greenOn.setImageResource(image[0]);
        imgW_greenOn.setImageResource(image[0]);
        imgE_redOn.setImageResource(image[2]);
        imgW_redOn.setImageResource(image[2]);
        imgS_redOn.setImageResource(image[0]);
        imgN_redOn.setImageResource(image[0]);
    } catch (IOException e) {
        // TODO Auto - generated catch block
        e.printStackTrace();
    }
}
public void EwOnclick(View v) {                         //东西按钮
    try {
        byte[] buffer = {  0x01 };
        int i;
        for (i = 0; i < buffer.length; i++) {
            int a;
            a = buffer[i] & 0xff;
            System.out.print(Integer.toHexString(a) + " ");
        }
        mOutputStream.write(buffer);                    //发送东西通行指令 02
        imgE_greenOn.setImageResource(image[1]);
        imgW_greenOn.setImageResource(image[1]);
        imgS_greenOn.setImageResource(image[0]);
        imgN_greenOn.setImageResource(image[0]);
        imgS_redOn.setImageResource(image[2]);
```

```
            imgN_redOn.setImageResource(image[2]);
            imgE_redOn.setImageResource(image[0]);
            imgW_redOn.setImageResource(image[0]);
        } catch (IOException e) {
            // TODO Auto-generated catch block
            e.printStackTrace();
        }
    }
```

⑦ 在应用程序入口文件中添加代码,实现串口数据的接收,代码如下:

```
private class ReadThread extends Thread {
    @Override
    public void run() {
        super.run();
        while (! isInterrupted()) {
            int size;
            try {
                byte[] buffer = new byte[3];
                if (mInputStream == null)
                    return;
                size = mInputStream.read(buffer);
                if ((buffer[0]& 0xff) == 0x00) {
                    Message msg = new Message();
                    msg.arg1 = 1;
                    msg.obj = "00";
                    mHandler.sendMessage(msg);
                }else if((buffer[0]& 0xff) == 0x01){
                    Message msg = new Message();
                    msg.arg1 = 1;
                    msg.obj = "01";
                    mHandler.sendMessage(msg);
                }
            } catch (IOException e) {
                e.printStackTrace();
                return;
            }
        }
    }
}
```

⑧ 在应用程序入口文件中添加代码,实现对串口接收数据的处理,代码如下:

```
private Handler mHandler = new Handler() {              //接收线程消息
    @Override
    public void handleMessage(Message msg) {
        if(msg.obj == "00"){                           //黄灯全部点亮
```

```
            imgS_greenOn.setImageResource(image[1]);
            imgN_greenOn.setImageResource(image[1]);
            imgE_greenOn.setImageResource(image[0]);
            imgW_greenOn.setImageResource(image[0]);
            imgE_redOn.setImageResource(image[2]);
            imgW_redOn.setImageResource(image[2]);
            imgS_redOn.setImageResource(image[0]);
            imgN_redOn.setImageResource(image[0]);
        }
        if(msg.obj == "01"){        //南北通行
            imgE_greenOn.setImageResource(image[1]);
            imgW_greenOn.setImageResource(image[1]);
            imgS_greenOn.setImageResource(image[0]);
            imgN_greenOn.setImageResource(image[0]);
            imgS_redOn.setImageResource(image[2]);
            imgN_redOn.setImageResource(image[2]);
            imgE_redOn.setImageResource(image[0]);
            imgW_redOn.setImageResource(image[0]);
;
        }
    }
};
```

（3）交通灯模块程序开发

① 主函数程序分析代码如下：

```
void main(void)
{
    SystemInit();                       //时钟初始化
    ZB_USART3_Init();                   //串口 3 初始化
    ZB_NVIC_Configuration();            //串口中断初始化
    RGY_Init();                         //交通灯控制引脚初始化
    TIM3_Configuration();               //启动定时器进行计时
    while(1)
    {
        switch(Flag)                    //根据收到的数据改变交通灯的状态
        {
            case 0x00:                  //如果收到的数据为 0x00,,则南北通行
                AllLightOff();
                DX_G_L;
                NB_R_L;
                tim = 300;
                Flag = 2;
                break;
            case 0x01:                  //如果收到的数据为 0x01,则东西通行
                AllLightOff();
```

```
                NB_G_L;
                DX_R_L;
                tim = 0;
                Flag = 2;
                break;
            default:
            break;
        }
    }
}
```

② 串口中断处理函数将从串口接收的数据存储在 Flag 中,主函数根据 Flag 的值改变交通灯的状态,代码如下:

```
void USART3_IRQHandler(void)
{
    if(USART_GetITStatus(USART3,USART_IT_RXNE) ! = RESET)
    {
        Flag = USART_ReceiveData(USART3);
        while(USART_GetFlagStatus(USART3,USART_FLAG_TXE) == RESET);
    }
}
```

③ 定时器中断处理函数每次交通灯改变状态时,都将最新的状态上报给网关,代码如下:

```
void TIM3_IRQHandler(void)
{
    char DX = 0x00;
    char NB = 0x01;
    TIM_ClearITPendingBit(TIM3,TIM_IT_Update);
    tim ++ ;
    if(tim < = 300)
    {
        AllLightOff();
        NB_G_L;
        DX_R_L;
        if(tim == 1)
        USART_SendData(USART3,NB);                     //状态改变后,向网关上报最新的状态;
    }
    else if(tim > 300 && tim < = 600 )
    {
        AllLightOff();
        DX_G_L;
        NB_R_L;
        if(tim == 301)
        USART_SendData(USART3,DX);                     //状态改变后,向网关上报最新的状态;
    }
```

```
        if(tim == 601)
        {
            tim = 0;
        }
}
```

4. 实验步骤

① 正确连接 ST - Link 调试器到 PC 机和智能交通灯模块,如图 5.49 所示。

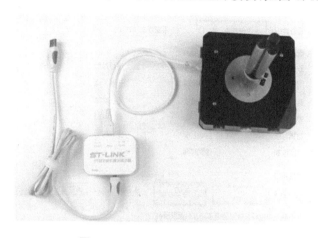

图 5.49　ST - Link 调试器连接图

② 打开工程文件,在工具栏中单击"编译"按钮 进行编译;

③ 编译工程成功后,单击按钮 ,将程序下载到交通灯模块中;

④ 拔掉 3.0 数据线,设置交通灯模块的 ZigBee 模块为配置模式,将交通灯模块的跳线跳到 5、6 插针上。

⑤ 通过 232 串口连接交通灯模块到 PC 机。USB 转方口线此时连接 ST - Link 调试器的 USB - 232 口,另一端先不要连接到 PC 上,防止后面配置出错。

⑥ 长按"配置"键,再将 USB 方口线的另一端连接到 PC 机,然后打开"智能交通光盘资料\3"→"常用工具"下的 zigbee.exe 软件,选择正确的串口,单击打开串口,选择"透传版本",如图 5.50 所示。

⑦ 单击"读取配置",这时上位机软件读取 ZigBee 模块的参数。

⑧ 设置通用节点 ZigBee 模块的参数,然后单击"保存重启",参数设置如图 5.51 所示。

⑨ 然后重复步骤⑦和⑧,确保 ZigBee 模块配置成功。

⑩ 设置通用节点为 ZigBee 通信模式,即将交通灯模块的跳线跳回到 1、2 插针。

⑪ 设置 ZigBee 协调器:用串口线正确连接协调器与 PC 机,打开"配套光盘\3"→"常用工具"下的 zigbee.exe 软件,选择相应的串口并打开,选择设备类型为"透传版本",按下协调器的配置键,单击"读取配置",并按图 5.52 所示进行设置,最后单击"保存重启",完成 ZigBee 协调器的设置。

⑫ 先双击电脑桌面上的 图标,打开 Eclipse IDE 集成开发环境,再单击"File"菜单,在弹出的选项菜单中选择"Import…",将"4、实验例程\17、控制红绿灯实验例程\网关程序"中的

TrafficLight 应用程序导入 Eclipse IDE 集成开发环境。

图 5.50　串口配置界面

图 5.51　参数设置

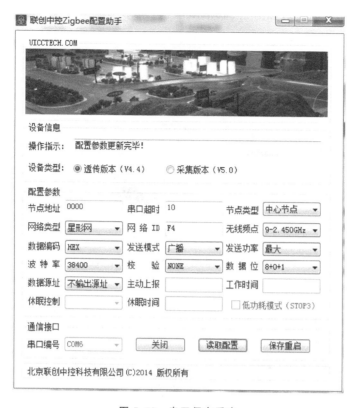

图 5.52　串口保存重启

⑬ 打开网关，用 Mini USB 数据线将网关连接电脑，右击"TrafficLight"应用程序，在弹出的选项菜单中选择"RunAs"→"Android Application"将应用程序运行在网关上。界面如图 5.53 所示。

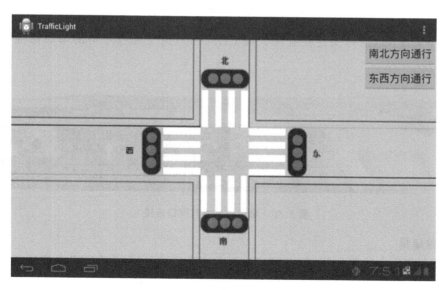

图 5.53　交通灯

⑭ 准备一根串口延长线,如图 5.54 所示。

图 5.54　串口延长线

⑮ 将串口延长线的公头连接到协调器上,如图 5.55 所示。

图 5.55　延长线与协调器连接

⑯ 将串口延长线的母头连接到网关的 COM3 口(为了和程序中的串口保持一致),如图 5.56 所示。

图 5.56　串口延长线与网口连接

5．实验结果

单击操作界面上的南北方向通行或者东西方向通行键,可以改变网关上交通灯的状态同时改变交通灯模块的状态。网关上交通灯的状态与交通模块同步变化。

第6章 智慧农业系统

6.1 系统概述

　　智慧农业系统能够通过传感器和监控设备采集和监测土壤温湿度、空气温湿度、风速、光照度、降雨量、总辐射等各种农业环境信息以及图像和视频等信息,并对这些信息进行传送、转换和存储,以及信息存储后的管理,也可以与其他系统进行信息交互。智慧农业能够实现大田农作物苗情、灾情、墒情和病虫情评价体系信息化管理功能,对大田作物"四情"自动评价管理及动态分析,实现实时监测,也可对数据进行统计分析、归类分析与指标分析并形成可视化图形等各种展现形式,实现大田"四情"趋势分析功能,形成大田"四情"预警预报。智慧农业针对设施大棚种植,通过部署设施大棚种植远程监控信息化设备,实现设施大棚种植的全过程信息化管理。智慧农业通过智能手机或电脑可监控到大棚内的实际影像,可对农作物生长进程进行远程监控,同时用户可通过终端设备,实现对温室内各种设备的远程控制,如灌溉、券帘等作业。

6.2 工业功能节点实验

6.2.1 工业节点使用实验

1. 实验目的

① 了解工业节点的硬件原理;

② 掌握工业节点的采集方式;

③ 掌握 Gateway2 软件的使用。

2. 实验环境

① 硬件:工业节点模块、ST - Link 调试器、USB2.0 方口线、USB3.0 数据线、6 芯航插转 RJ11 线、下载转接板和电源;

② 软件:Windows 8/7/XP、MDK 集成开发环境、Gateway2 软件。

3. 实验步骤

(1) 工业节点介绍

表 6.1 所列为工业节点的端口介绍。

本实验以土壤水分温度传感器为例来具体介绍工业节点的使用。

(2) 程序下载

1) 硬件连接

将工业节点通过下载转接板、ST - Link 调试器以及对应的测试连接线按照图 6.1 所示的连接方式连接到 PC 机上之后,在文件中打开工程文件"ZD08G.uvproj",进行编译下载。

表 6.1　工业节点的端口介绍

工业节点线序定义				
图　样	6 芯航插 A		7 芯航插 B	
	序　号	定　义	序　号	功能说明
	1	+12 V 输入	1	+12 V 可控输出
	2	RS232 - TX	2	+5 V 可控输出
	3	RS232 - RX	3	电压型（0～2.5 V/0～3.3 V）/电流型（4～20 mA）/开关量/I2C(SCL - 1)
	4	下载-TCK	4	电压型（0～2.5 V/0～3.3 V）/电流型（4～20 mA）/开关量/I2C(SDA - 2)
	5	下载-TMS	5	电压型（0～2.5 V/0～3.3 V）/电流型（4～20 mA）/开关量/I2C(SCL - 2)
	6	GND	6	电压型（0～2.5 V/0～3.3 V）/电流型（4～20 mA）/开关量/I2C(SDA - 2)
	—	—	7	GND
	节点供电 节点 RS232 串口通信 节点程序调试/下载		传感器供电 传感器数据采集	

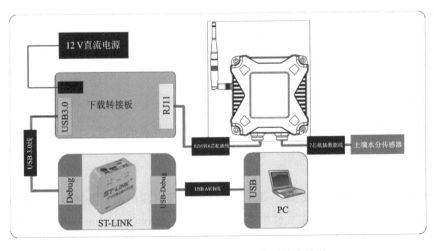

图 6.1　智能无线节点程序下载硬件连接图

2）节点配置

① 智能无线节点在使用前,都需要进行 ZigBee 模块的配置。根据下载的程序可配置为中心节点和终端节点。按照图 6.1 进行连接,将 PC 连接 ST－LINK 的 USB－Debug 口更改到 USB－232 端。模式配置时的统一型工业节点和对应协调器的硬件连接如图 6.2 所示。

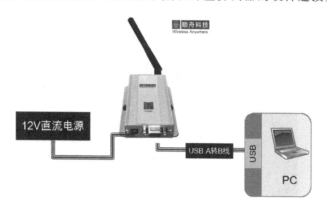

图 6.2　工业节点模式配置硬件连接

② 打开智能无线节点配置软件 zigbee.exe,配置参数如图 6.3 所示。

➢ 选择相应 COM 口(USB 转串口对应的 COM 号);

➢ 单击"打开",填写相应配置参数;

➢ 单击"保存重启"。

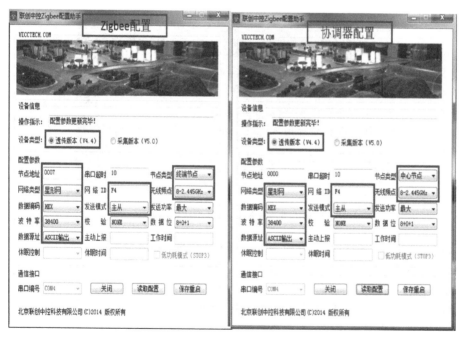

图 6.3　参数配置

3）网关绑定

在对节点下载完程序以及模式配置结束之后，将统一型工业节点绑定到网关 Gateway2 软件时，可进行安卓软件端的数据查看。网关 mac 绑定的具体实现过程如下：

① 将下载完程序的工业节点通过交叉串口线连接到网关的串口 1，实物连接图如图 6.4 所示。

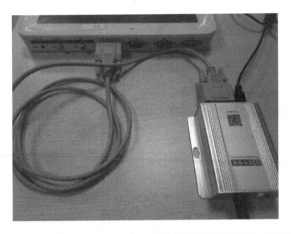

图 6.4　工业节点通过交叉串口线连接到网关的串口 1 实物图

② 将网关上电，注意将底部三个控制串口使用的拨码全部拨到右的位置，长按"power"键开机，如图 6.5 所示；

图 6.5　网关上电、开机实物图

③ 运行 Gateway2 软件，在主界面上单击右上角图标 进行新增设备；

④ 在弹出的节点配置参数界面（见图 6.6），填写参数。

➢ IEEE 地址：对应实验源码《flash. c》文件中"MACid[8]"，由于在出厂时已经设置好了对应节点的 MAC 地址，查询表格对应节点的 mac 地址即可。

➢ 节点名称：对应采集模块的名称即可（此处以土壤水分温度传感器为例）。

➢ 通道号：土壤温度对应"0"；土壤水分对应"1"。

➢ 节点类型：传感器。

➢ 自动上报：勾选。

➤ 单击"新增"按钮完成土壤温度传感器的增加(土壤水分传感器类似增加)。

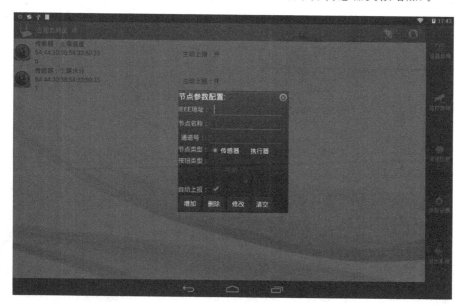

图 6.6　节点参数配置

⑤ 在右侧菜单栏进入"参数设置"界面,进行"串行端口配置",选择"/dev/ttySAC0""工业节点",最后单击"确定",如图 6.7 所示。

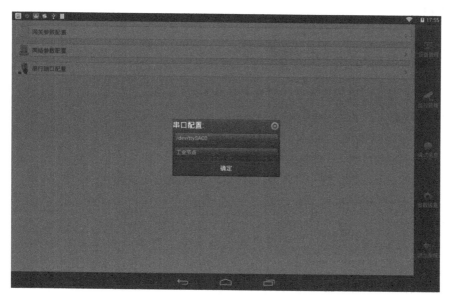

图 6.7　串行端口配置

4. 实验结果

节点添加完成,确认打开串口后,返回到设备管理界面,可以看到节点采集上传的当前土壤温度和水分的数值,如图 6.8 所示。

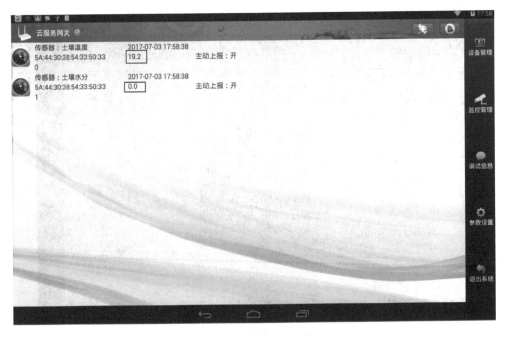

图 6.8　设备管理界面

6.2.2　土壤温湿度采集实验

1. 实验目的

① 了解统一型工业节点的功能；

② 掌握统一型工业节点的基本配置；

③ 学习 ZigBee 的无线通信；

④ 学习土壤温湿度传感器的工作原理及采集方式。

2. 实验环境

① 硬件：工业节点模块、土壤水分温度传感器、ST-Link 调试器、USB2.0 方口线、USB3.0 数据线、6 芯航插转 RJ11 线、下载转接板和电源；

② 软件：Windows8/7/XP、MDK 集成开发环境、Gateway2 软件。

3. 实验原理

（1）传感器介绍

土壤水分传感器是一款高精度、高灵敏度的测量土壤水分和温度的传感器，如图 6.9 所示。

通过测量土壤的介电常数，能反映各种土壤的真实水分含量。MS10 土壤水分传感器可测量土壤水分的体积百分比。MS10 土壤水分传感器土壤水分测量法，是符合目前国际标准的土壤水分测量方法，适用于土壤墒情监测、温室大棚监测、土壤速测、植物培养、温室控制、精细农业等，其主要的技术参数如下：

➢ 信号输出类型：电流输出 4～20 mA；

➢ 土壤水分测量量程：0～100％容积含水率；

➢ 土壤水分测量精度：0～53％范围内为±3％，53％～100％范围内为±5％；

图 6.9　土壤水分传感器实物图

➤ 土壤温度测量量程：−40～80 ℃；

➤ 土壤温度测量精度：±0.5 ℃。

（2）接线原理

土壤温湿度传感器硬件接线原理如表 6.2 所列。

表 6.2　土壤温湿度传感器硬件接线原理

图　样	引出线/基板之间		传感器引出线/航插 B	
	标识	定义	序号	定义
	红色（V+）	电源正	1	12 V 红线
	绿色	请勿连接	2	温度 蓝线
	白色	请勿连接	3	水分 棕线
	黄色	请勿连接	4	GND 黑线
O1 蓝 O2 棕 G 黑 V+ 红　土壤水分传感器	蓝色（O1）	输出信号（温度）	5	
	棕色（O2）	输出信号（含水率）	6	
	黑色（G）	电源地	7	
	注：引出线/基板之间连线购回时已连接好		注：土壤温湿度传感器输出信号为 4～20mA，通过 STM32 的 ADC 接口（PC2、PC3 引脚）进行数据传输的。	

（3）CPU 采集原理解析

① STM32 的 AD 引脚可以识别 0～3.3 V 的 AD 电压信号（需要引脚具有 AD 复用功能，且启用相关 AD 时钟），且 0～3.3 V 的信号将被识别为 0～4 095 的 AD 数值信号。

② 传感器相关数据如表 6.3 所列。当传感器的输出信号为电压型 0～3.3 V 的信号时，根据 CPU 测得的 AD 值，利用表 6.3 中的推导公式可以反推出当前传感器输出的电压信号，同时根据传感器的物理量测量范围，以及当前 CPU 检测 AD 范围和当前检测出的 AD 值推算出当前传感器所测量的物理量。

表 6.3　传感器相关数据

信号类型	传感器规格值						传感器输出信号经CPU AD检测的范围		经CPU转换后得到的AD值	传感器输出的信号	最终所求值
	传感器输出信号范围			欲测试物理量范围			cpu检测AD范围		cpu检测AD值	传感器输出信号值	传感器所测物理量值
	单位	X1	X2	单位	Y1	Y2	AD1	AD2	AD	X	Y
电压型0~3.3V	V	0	3.3	ppm	0	5000	0	4095	500	0.40	611
电压型0.4~2V	V	0.4	2	ppm	0	5000	496	2482	2000	1.61	3787
电压型0~2.5V	V	0	2.5	ppm	0	5000	0	3102	2000	1.61	3223
电流型4~20 mA	mA	4	20	℃	−40	80	819	4095	819	4	−40
转换为0.66~3.3 V	V	0.66	3.3								
电流型4~20 mA	mA	4	20	%RH	0	100	819	4095	2000	10	36
转换为0.66~3.3 V	V	0.66	3.3								

物理量倒推公式：

$(X1,AD1)，(X2,AD2)，(X,AD)$，此三点共线→

$$\frac{AD-AD1}{X-X1}=\frac{AD2-AD1}{X2-X1}\rightarrow X=\frac{(AD-AD1)(X2-X1)}{AD2-AD1}+X1$$

$(AD1,Y1)，(AD2,Y2)，(AD,Y)$，此三点共线→

$$\frac{Y-Y1}{AD-AD1}=\frac{Y2-Y1}{AD2-AD1}\rightarrow Y=\frac{(AD-AD1)(Y2-Y1)}{AD2-AD1}+Y1$$

③ 当传感器的输出信号为电压型信号但不满足 0～3.3 V 时,按照传感器的输出信号为电压型 0～3.3 V 时的计算方法,根据当前 CPU 检测 AD 值反推出当前传感器输入的电压信号,同时根据传感器的物理量测量范围,以及当前 CPU 检测 AD 范围和当前检测出的 AD 值推算出当前传感器所测量的物理量。

④ 当传感器的输出信号为电流型 4～20 mA 的信号时,则须先通过硬件电路转换为 0～3.3 V 的电压信号。本工业节点内部已经内置该转换电路,如图 6.10 所示。

由电流型传感器的采集电路示意图可以看出,当传感器输出一个电流信号时,通过内部的转换电路,也可以将其转换成对应电压型输入的传感器进行处理,当传感器输出信号为 4～20 mA 的信号时,通过内部连接的 165Ω 的 R_2 电阻转换成 0.66～3.3 V 输入的一个电流型输出信号,计算方式与③相同。

4. 实验步骤

① 将统一型工业节点按照图 6.11 所示连接到 PC 机,7 芯航插口连接传感器;

② 打开程序源码进行编译下载;

③ 给统一型工业节点进行模式配置,注意更改节点短地址;

④ 将协调器上电并通过交叉串口线连接到网关,如图 6.12 所示;

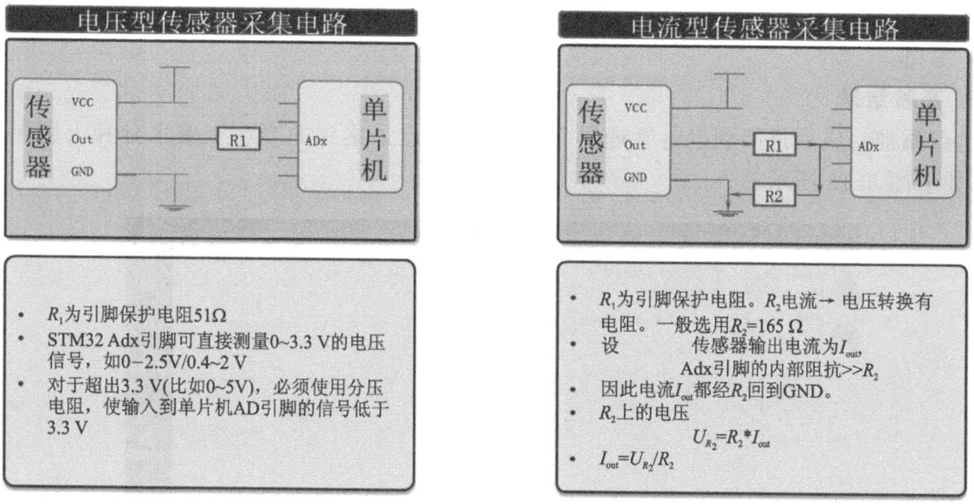

电压型传感器采集电路
传感器
VCC
Out
GND
R1
ADx
单片机
• R_1为引脚保护电阻51Ω
• STM32 Adx引脚可直接测量0~3.3 V的电压信号，如0–2.5V/0.4~2 V
• 对于超出3.3 V(比如0~5V)，必须使用分压电阻，使输入到单片机AD引脚的信号低于3.3 V
电流型传感器采集电路
传感器
VCC
Out
GND
R1
R2
ADx
单片机
• R_1为引脚保护电阻。R_2电流→ 电压转换有电阻。一般选用R_2=165 Ω
• 设　传感器输出电流为I_{out}，Adx引脚的内部阻抗>>R_2
• 因此电流I_{out}都经R_2回到GND。
• R_2上的电压
$U_{R_2}=R_2*I_{out}$
• $I_{out}=U_{R_2}/R_2$

图 6.10　传感器采集电路示意图

6芯航插
7芯航插
电源供电
ST-LINK

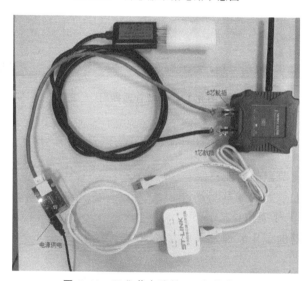

图 6.11　工业节点连接 PC 机实物图

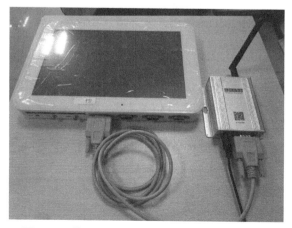

图 6.12　协调器通过交叉串口连接到网关实物图

⑤ 给网关上电,在 Gateway2 软件上进行节点绑定,添加土壤水分和土壤温度传感器后确认打开串口。

5. 实验结果

节点添加完成后返回到设备管理界面,能看到节点采集到的当前土壤水分和土壤温度的数值,如下图 6.13 所示。

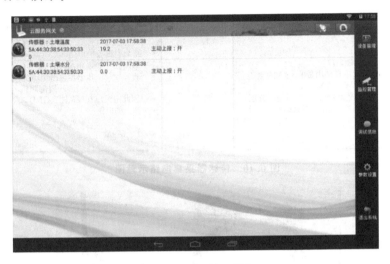

图 6.13 设备管理界面

6.2.3 烟雾传感器采集实验

1. 实验目的

① 了解统一型工业节点的功能;

② 掌握统一型工业节点的基本配置;

③ 学习 ZigBee 的无线通信;

④ 学习烟雾传感器的工作原理及采集方式。

2. 实验环境

① 硬件:工业节点模块、烟雾传感器、ST - Link 调试器、USB2.0 方口线、USB3.0 数据线、6 芯航插转 RJ11 线、下载转接板和电源;

② 软件:Windows8/ 7/XP、MDK 集成开发环境、Gateway2 软件。

3. 实验原理

(1) 传感器介绍

烟雾是由无数微粒组成的,当一束强度为 I_0 的平行单色光照射到这些微粒场时,会受到颗粒团散射和吸收的影响,光强将衰减为 $I(I < I_0)$。经光电转换后的电信号的强弱与 I 的大小成正比,通过检测电信号的变化可得出烟雾的有无。烟雾传感器可用于消防报警系统,智能家居等场合,实物如图 6.14 所示。

图 6.14 烟雾传感器实物图

烟雾传感器的主要技术参数如下:

➢ 供电电压:DC 12 V;

➢ 平均电流:<2 mA (12 V 供电时);

> 峰值电流：≤10 mA（12 V 供电时）；
> 输出信号类型：开关量（常开/常闭）；
> 工作温度：−10～+50 ℃；
> 工作湿度：0～95％RH。

（2）接线原理

烟雾传感器接线原理如表 6.4 所列。

表 6.4　烟雾传感器接线原理

图　样	引出线/基板之间		传感器引出线/航插 B	
	标识	定义	标识	定义
	1	V+	1	12 V
	2	V−	2	
	3	开关量信号输出脚 A（和第 2 脚短接）	3	—
	4	开关量信号输出脚 B	4	—
	—	—	5	IO
	—	—	6	
	—	—	7	GND

注：烟雾传感器在感应到烟雾的情况下，第 3 脚和第 4 脚导通，STM32 通过查询 IO 的状态判断有无烟雾。

烟雾传感器的开关量信号为干结点信号。即判断开关量信号输出脚 A/B 之间是否导通。

实际做法：

① 将信号输出脚 A 接地，强制为低电平。

② 同时不断检测信号输出脚 B，若为高电平，则不导通；若为低电平，则导通。

4. 实验步骤

① 将统一型工业节点按照图 6.15 所示连接到 PC 机，7 芯航插口连接烟雾传感器；

② 打开文件下的程序源码进行编译下载；

③ 给统一型工业节点进行模式配置，注意更改节点短地址；

④ 将协调器上电并通过交叉串口线连接到网关，如图 6.16 所示；

⑤ 给网关上电，在 Gateway2 软件上进行节点绑定，添加烟雾传感器后确认打开串口。

5. 实验结果

节点添加完成后返回设备管理界面，可看到节点采集到的当前烟雾的数值，如图 6.17 所示。

物联网工程实验与实践开发教程

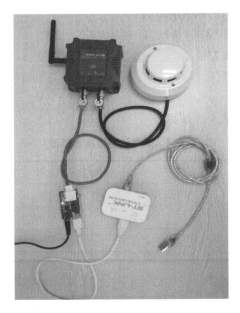

图 6.15　烟雾传感器接线图

图 6.16　协调器通过交叉串口连接到网关实物图

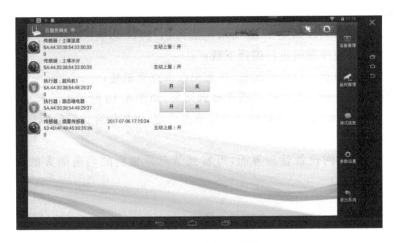

图 6.17　设备管理界面

294

6.2.4 人体红外传感器采集实验

1. 实验目的

① 了解统一型工业节点的功能；

② 掌握统一型工业节点的基本配置；

③ 学习 ZigBee 的无线通信；

④ 学习人体红外传感器的工作原理及采集方式。

2. 实验环境

① 硬件：工业节点模块、人体红外传感器、ST－Link 调试器、USB2.0 方口线、USB3.0 数据线、6 芯航插转 RJ11 线、转接板和电源；

② 软件：Windows 7/XP、MDK 集成开发环境、Gateway2 软件。

3. 实验原理

（1）传感器介绍

人体红外传感器内部采用高品质传感器自动温补、探测精准，外壳选用阻燃材质，抗冲击性强，耐热性好，不容易被腐蚀，常应用于实验室、家居安全领域等，实物如图 6.18 所示。

人体红外传感器主要技术参数如下：

图 6.18 人体红外传感器实物图

➤ 测量范围：0～360°；

➤ 处理器：二级自动脉冲，自动温度补偿；

➤ 供电方式：DC 12 V；

➤ 输出信号类型：开关量信号；

➤ 工作温度：－10～50 ℃；

➤ 工作湿度：95%。

（2）接线原理

人体红外传感器接线原理如表 6.5 所列。

表 6.5 人体红外传感器接线原理

图 样	引出线/基板之间		传感器引出线/航插 B	
	标识	定义	标识	定义
	＋(1)	12V	1	12V
	C(4)	C(信号输出端口)	2	—
	NC(3)	与 GNG 短接	3	—
	－(2)	GND	4	—
	—	—	5	IO
	—	—	6	—
	—	—	7	GND
	注：人体红外传感器输出信号为开关量信号（干结点型），检测到人体红外线时，通过感应 IO 口的电平值获取输出信号。原理与烟雾类似			

4. 实验步骤

① 将统一型工业节点按照图 6.19 所示连接到 PC 机,7 芯航插口连接人体红外传感器。

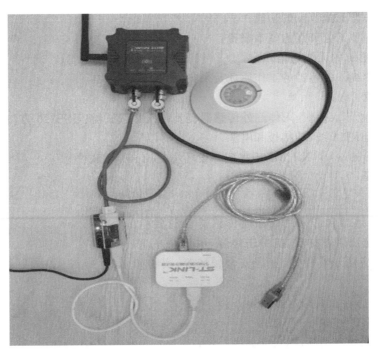

图 6.19 工业节点连接 PC 机实物图

② 打开文件下的程序源码进行编译下载;

③ 给统一型工业节点进行模式配置,注意更改节点短地址;

④ 将协调器上电并通过交叉串口线连接到网关,如图 6.20 所示;

图 6.20 协调器通过交叉串口连接到网关实物图

⑤ 给网关上电,在 Gateway2 软件上进行节点绑定,添加人体红外传感器后确认打开

串口。

5．实验结果

节点添加完成后返回设备管理界面,可看到节点检测到的信息,当有人时显示数据 1,无人时显示数据 0,如图 6.21 所示。

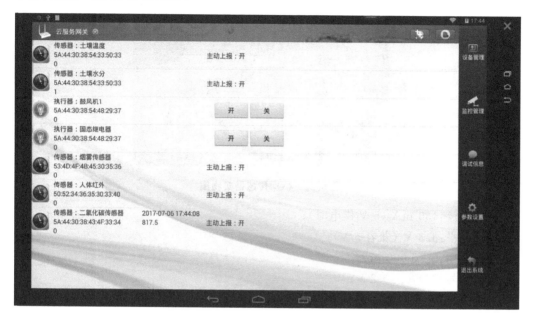

图 6.21　设备管理界面

6.2.5　CO_2 浓度采集实验

1．实验目的

① 了解统一型工业节点的功能;

② 掌握统一型工业节点的基本配置;

③ 学习 ZigBee 的无线通信;

④ 学习 CO_2 传感器的工作原理及采集方式。

2．实验环境

① 硬件:工业节点模块、CO_2 浓度传感器、ST－Link 调试器、USB2.0 方口线、USB3.0 数据线、6 芯航插转 RJ11 线、转接板和电源;

② 软件:Windows 7/XP、MDK 集成开发环境、Gateway2 软件。

3．实验原理

(1) 传感器介绍

CO_2 传感器是利用非色散红外原理对空气中存在的 CO_2 进行探测的,具有很好的选择性和无氧气依赖性。其内置温度补偿,同时具有数字输出,模拟输出及 PWM 输出,方便使用。可应用于暖通制冷,空气质量监控,新风系统,智能家居等场合,实物图如图 6.22 所示。

CO_2 传感器主要技术参数如下:

➤ 主供电电压:DC 5 V;

➤ 平均电流:＜60 mA (5 V 供电时);

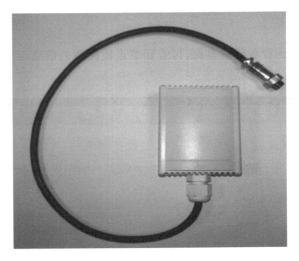

图 6.22　CO$_2$传感器实物图

> **峰值电流**:150 mA（5 V 供电时）;
> **接口电平**:3.3 V（兼容 5 V）;
> **测量范围**:0～5 000 ppm;
> **输出信号类型**:0.4～2 V;
> **工作温度**:0～50 ℃。

（2）接线原理

CO$_2$传感器接线原理如表 6.6 所列。

表 6.6　CO$_2$传感器接线原理

图　样	引出线/基板之间		传感器引出线/航插 B	
	标识	定义	标识	定义
	1	V+	1	—
	2	V−	2	5 V
	4	D2(信号输出引脚)	3	—
	—	—	4	—
	—	—	5	AD
	—	—	6	—
	—	—	7	GND
	注:二氧化碳传感器的输出信号为 0.4～2 V,是通过 STM32 的 ADC 接口(PC2 引脚)进行数据传输的			

（3）CPU 采集原理解析

传感器相关参数如表 6.7 所列。

表 6.7　传感器相关数据

信号类型	ⅰ传感器规格值						传感器输出信号经 CPU AD 检测的范围		经 CPU 转换后得到的 AD 值	传感器输出的信号	最终所求值
	传感器输出信号范围			欲测试物理量范围			cpu 检测 AD 范围		cpu 检测 AD 值	传感器输出信号值	传感器所测物理量值
	单位	X1	X2	单位	Y1	Y2	AD1	AD2	AD	X	Y
电压型 0～3.3 V	V	0	3.3	ppm	0	5000	0	4095	500	0.40	611
电压型 0.4～2 V	V	0.4	2	ppm	0	5000	496	2482	2000	1.61	3787
电压型 0～2.5 V	V	0	2.5	ppm	0	5000	0	3102	2000	1.61	3223
电流型 4～20 mA	mA	4	20	℃	−40	80	819	4095	819	4	−40
转换为 0.66～3.3 V	V	0.66	3.3								
电流型 4～20 mA	mA	4	20	%RH	0	100	819	4095	2000	10	36
转换为 0.66～3.3 V	V	0.66	3.3								

物理量倒推公式:

$(X1, AD1), (X2, AD2), (X, AD)$, 此三点共线→

$$\frac{AD-AD1}{X-X1} = \frac{AD2-AD1}{X2-X1} \rightarrow X = \frac{(AD-AD1)(X2-X1)}{AD2-AD1} + X1$$

$(AD1, Y1), (AD2, Y2), (AD, Y)$, 此三点共线→

$$\frac{Y-Y1}{AD-AD1} = \frac{Y2-Y1}{AD2-AD1} \rightarrow Y = \frac{(AD-AD1)(Y2-Y1)}{AD2-AD1} + Y1$$

参照前面介绍的内容,CPU 根据表 6.7 第二行电压型输出的 0.4～2 V 信号类型对传感器测量的物理量进行计算,得到最终模数转换后的传感器测量值。

4. 实验步骤

① 将统一型工业节点按照图 6.23 所示连接到 PC 机,7 芯航插口连接 CO_2 传感器;

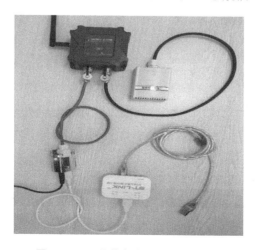

图 6.23　工业节点连接 PC 机实物图

② 打开程序源码进行编译下载；

③ 给统一型工业节点进行模式配置，注意更改节点短地址；

④ 将协调器上电并通过交叉串口线连接到网关，如图 6.24 所示；

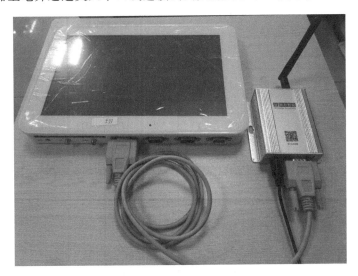

图 6.24　协调器通过交叉串口连接到网关实物图

⑤ 给网关上电，在 Gateway2 软件上进行节点绑定，添加 CO_2 传感器后确认打开串口。

5. 实验结果

节点添加完成后返回设备管理界面，可看到节点采集到的当前 CO_2 的数值，如图 6.25 所示。

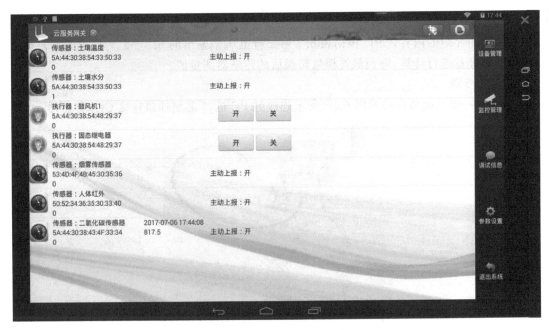

图 6.25　设备管理界面

6.2.6　环境温湿度采集实验

1. 实验目的

① 了解统一型工业节点的功能;

② 掌握统一型工业节点的基本配置;

③ 学习 ZigBee 的无线通信;

④ 学习空气温湿度传感器的工作原理及采集方式。

2. 实验环境

① 硬件:工业节点模块、空气温湿度传感器、ST－Link 调试器、USB2.0 方口线、USB3.0 数据线、6 芯航插转 RJ11 线、转接板和电源;

② 软件:Windows 7/XP、MDK 集成开发环境、Gateway2 软件。

3. 实验原理

(1) 传感器介绍

AM2322 数字温湿度传感器是一款含有已校准数字信号输出的温湿度复合型传感器,采用的是专用的温湿度采集技术。数字温度传感器包括一个电容式感湿元件和一个高精度集成测温元件,并与一个高性能微处理器相连接。数字温湿度传感器能同时正常感应周围温度和湿度环境,可应用于暖通空调、除湿器、测试及检测设备、自动控制、数据记录器、气象站、家电、湿度调节、医疗及其他相关湿度检测控制等方面。温湿度传感器实物如图 6.26 所示。

温湿度传感器主要技术参数如下:

➢ 供电电压:DC 5 V;

➢ 采样周期:2 s;

➢ 输出信号类型:I2C;

➢ 相对湿度参数:

分辨率:0.1% RH

精度:±3% RH(25 ℃下)

重复性:0.1% RH

响应时间:<5 s

量程:0~100% RH

漂移:<0.5% RH/yr

图 6.26　温湿度传感器实物图

➢ 温度参数:

分辨率:0.1 ℃

精度:±0.5 ℃

重复性:±0.2 ℃

响应时间:<5 s

量程:-40~+80 ℃

漂移:±0.1 ℃/yr

（2）接线原理

二氧化碳温湿度传感器接线原理如表 6.8 所列。

表 6.8　温湿度传感器硬件接线原理

图　样	引出线/基板之间		传感器引出线/航插 B	
	标识	定义	序号	定义
	—	—	1	—
	5 V	电源线	2	5 V
	—	—	3	—
	—	—	4	—
	CLK	时钟信号	5	CLK
	DAT	数据传输	6	DAT
	GND	接地	7	GND
	备注:空气温湿度传感器模块是通过 STM32 的 IO 口（PB10 和 PB11 引脚）模拟 I²C 进行通信来获取温湿数据的。AM2322 详细参数请参考 AM2322 产品手册			

（3）温湿度传感器源码解析

在主函数流程中,进行系统的一些初始化设置,主要是系统时钟初始化、端口初始化以及 ADC 的初始化和定时器三初始化设置,同时每 50 ms 进行一次进行温湿度的采集,代码如下:

```
int main(void)
{
    RCC_Configuration();
    nvic_init();
    PORT_Init();
    ADCDMA_Configuration();         //ADC 自动采集 DMA
    ADC_Configeration();
    TickDelayInit(8);
    Tim2Init();
    TIM3_Init();
    uart_init();
    InitConfigStack();              //读取 Flash
    BuildConfigStack_Flash();       //如果 Flash 未配置或内容破坏,恢复初值
    LoadConfig();                   //装载配置信息
    OnBoardDac1Init();
    WatchDog_Init(5,6250);          //看门狗初始化
    SysNormal_Flag = 4;             //设定初始化时间,4秒后开启正常服务
    while(1)
    {
        if(BridgeEnable) Usart_Bridge();    //串口桥接任务
        else
```

```
        {   //正常工作
            if(Uart_flag_2)            //等待 zigbee 协调器发命令串口 3 中断接收
            {
                Uart2_data_process(ZigBeeRxBuff);
                Clear_data(ZigBeeRxBuff,Clear_Uart2);
                Uart_flag_2 = 0;
            }
        }
    WatchDog_Feed();//喂狗
        if(SysNormal_Flag == 1)//发送节点地址和 ID 绑定信息
            {
                Send_Zigbee_Short_Id();
                SysNormal_Flag = 30；  //30 秒发送一次 ID 绑定信息
            };
        WatchDog_Feed();//喂狗
        if(T50msFlag)//50ms 进行一次刷新
            {
                //DacReflash();
                SW_ReFlash();
                Get_hum_Temp();
                T50msFlag = 0;
            };
        WatchDog_Feed();                        //喂狗
        if(TaskQeue[0].Flag) RunTask();         //执行任务堆栈里的任务
        WatchDog_Feed();                        //喂狗
        if(AdcRenew)
            {
            ADC_FastCheck();
                AdcRenew = 0;
            };
        //如果某程序触发了存储操作,在这里刷新 Flash
        if(SaveFlag == 0xAA)
            {
                SaveConfigStack();              //保存当前配置到 Flash
                SaveFlag = 0;
//              WatchDog_Feed();                //喂狗
            };
    }
}
```

在温湿度采集函数中,实现 IO 口模拟 I^2C 的采集方式采集温湿度,同时将采集的湿度值放到 ADC_Value[]这个数组中,温度放到 ADC_Value[3]中,代码如下:

```
void Get_hum_Temp(void)
{
    WR_Flag = 0;
    Waken();
    WriteNByte(IIC_Add,IIC_CMD,3);
    DelayMs(2);
    ReadNByte(IIC_Add,Buffer,8);
    Set_IIC_SCL();
    Set_IIC_SDA();
    if(WR_Flag == 0)
    {
    if(CheckCRC(Buffer,8))
        {
            value_humidity = Buffer[2] * 256 + Buffer[3];
            value_humidity /= 10;
            ADC_Value[2] = value_humidity;
            value_temperature = Buffer[4] * 256 + Buffer[5];
            value_temperature /= 10;
            ADC_Value[3] = value_temperature;
        }
    }
}
```

在系统的定时器 3 中断处理函数中,实现将采集到的温湿度数值通过 ZigBee 发送出去,代码如下:

```
// N秒发送 1 次
if(T1sCont > ConfigStack.SH[4])
    {
        DataLed_ON;
        TimeDelay = 50;
        //温湿度 - I2C - AM2322
        sprintf(send_buff_all,"{A0 = % 2.1f,A1 = % 2.1f,V2 = % d,V3 = % d,V7 = % d}",value_temperature,value_humidity,SwitchCont[0],SwitchCont[1],ConfigStack.SH[4]);
        Send_Zigbee_Data(send_buff_all,strlen(send_buff_all));
        T1sCont = 0;
    };
```

4. 实验步骤

① 将统一型工业节点按照图 6.27 所示连接到 PC 机,7 芯航插口连接温湿度传感器,如图 6.27 所示。

② 打开程序源码进行编译下载;

③ 给统一型工业节点进行模式配置,注意更改节点短地址;

④ 将协调器上电并通过交叉串口线连接到网关,如图 6.28 所示;

⑤ 给网关上电,在 Gateway2 软件上进行节点绑定,添加温湿度传感器后确认打开串口。

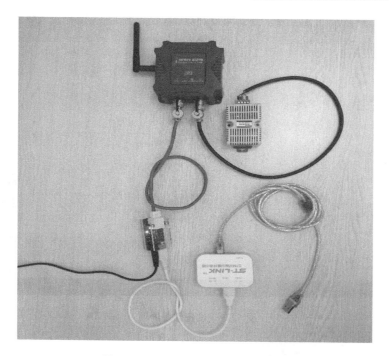

图 6.27　工业节点连接 PC 机实物图

图 6.28　协调器通过交叉串口连接到网关实物图

5. 实验结果

节点添加完成后返回设备管理界面,可看到节点采集到的当前空气温度和湿度的数值,如图 6.29 所示。

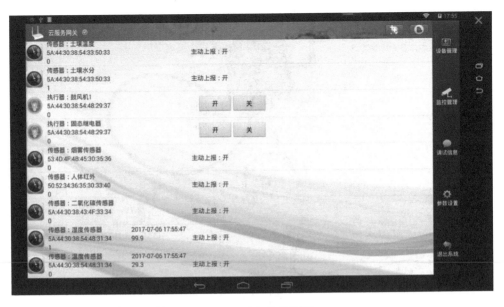

图 6.29　设备管理界面

6.2.7　光照度传感器采集实验

1. 实验目的

① 了解统一型工业节点的功能；

② 掌握统一型工业节点的基本配置；

③ 学习 ZigBee 的无线通信；

④ 学习光照度传感器的工作原理及采集方式。

2. 实验环境

① 硬件：工业节点模块、光照度传感器、ST－Link 调试器、USB2.0 方口线、USB3.0 数据线、6 芯航插转 RJ11 线、转接板和电源；

② 软件：Windows 7/XP、MDK 集成开发环境、Gateway2 软件。

3. 实验原理

（1）传感器介绍

光照度传感器可以根据收集的光线强度数据来调整液晶或者键盘背景灯的亮度。利用它的高分辨率可以探测较大范围的光强度变化，实物如图 6.30 所示。

光照度传感器主要技术参数如下：

➢ 电源电压：5 V；

➢ 运行温度：－40～85 ℃；

➢ 测量范围：1～65535 lux；

➢ 输出信号类型：I^2C。

（2）接线原理

光照度传感器接线原理如表 6.9 所列。

图 6.30　光照度传感器实物图

表 6.9　光照度传感器硬件接线的的原理

图　样	引出线/基板之间		传感器引出线/航插 B	
	标识	定义	标识	定义
	红线	5 V	1	—
	—	—	2	5 V
	绿线	SCL 时钟线	3	—
	—	—	4	—
	黄线	SDA 数据线	5	SCL
	黑线	GND	6	SDA
	—	—	7	GND

注:光照度传感器模块,是通 STM32 的 IO 口模拟 I^2C 进行通信的。光照度传感器模块内部由芯片 BH1750FV1 来采集光照强度,并通过 I^2C 接口通信。详细参数请参考配套光盘文档资料中的 BH1750FV1 参考手册

（3）光照度传感器源码解析

光照度的采集方式与温湿度的采集方式完全一样,在主函数流程每 50 ms 进行一次光照度的采集,放到 ADC_Value[2]里,同时在定时器 3 的中断处理函数中将采集到的数据发送出去,关键代码如下:

```
/ * 主函数采集代码行 * /
if(T50msFlag)//50ms 进行一次刷新
        {
                //DacReflash();
                SW_ReFlash();
                ADC_Value[2] = SmGetIllumValue();
        T50msFlag = 0;
        };
/ * 光照度采集代码行 * /
/ *******************************************************
    函数名              :      SmGetIllumValue();
    入口参数 slave_add  :      从设备地址;
    入口参数 port       :      选择 GPIOA 或者 GPIOB;
    入口参数 scl        :      SCL 端口号;
    入口参数 sda        :      SDA 端口号;
    入口参数 ptr        :      存储光照强度值指针;
    出口参数            :      无;
    功能                :      对从设备进行操作,并得到光照度传感器数据,之后返回;
    *******************************************************/
int SmGetValue(uint8_t slave_add,uint16_t * ptr)
{
    uint8_t  buf[8];
```

```
    uint16_t dis_data;
    uint16_t temp = 0;
    SmI2C_Single_Write(0x00, slave_add);      // 0000 0001 断电,无激活状态
    Delay_ms(1);
    SmI2C_Single_Write(0x00, slave_add);      // 0000 0001 通电
    Delay_ms(10);
    SmI2C_Single_Write(0x10, slave_add);      // 0001 0000 连续 H 分辨率模式
    Delay_ms(10);
    SmI2CMultipleRead(buf, slave_add);
    dis_data = buf[0];
    dis_data = (dis_data << 8) + buf[1];      //合成数据,即光照数据
    if(dis_data == 0xffff)
    {
        * ptr = 1;
        return - 1;
    }
    temp = (uint16_t)dis_data/1.2;
    if(temp > = 65535)
    temp = 65535;
    * ptr = temp;
    return 0;
}
/* ZigBee 无线发送代码行 */
if(T1sCont > ConfigStack.SH[4])
    {
        DataLed_ON;
        TimeDelay = 50;
        // I2C 光照度
        sprintf(send_buff_all,"{A0 = % 2.1f,V2 = % d,V3 = % d,V7 = % d}",ADC_Value[2],
SwitchCont[0],SwitchCont[1],ConfigStack.SH[4]);
        Send_Zigbee_Data(send_buff_all,strlen(send_buff_all));
        T1sCont = 0;
    };
```

4. 实验步骤

① 将统一型工业节点按照图 6.31 所示连接到 PC 机,7 芯航插口连接光照度传感器,如图 6.31 所示;

② 打开程序源码进行编译下载;

③ 给统一型工业节点进行模式配置,注意更改节点短地址;

④ 将协调器上电并通过交叉串口线连接到网关,如图 6.32 所示;

⑤ 给网关上电,在 Gateway2 软件上进行节点绑定,添加光照度传感器后确认打开串口。

5. 实验结果

节点添加完成后返回设备管理界面,可看到节点采集到的当前光照度的数值,如图 6.33 所示。

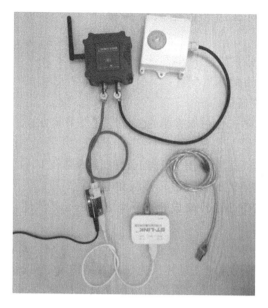

图 6.31　工业节点连接 PC 机实物图

图 6.32　协调器通过交叉串口连接到网关实物图

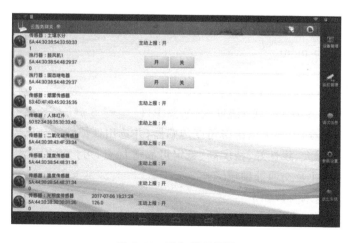

图 6.33　设备管理界面

6.2.8 雨量/风速/风向三合一数据采集实验

1. 实验目的

① 了解统一型工业节点的功能；

② 掌握统一型工业节点的基本配置；

③ 学习 ZigBee 的无线通信；

④ 学习雨量/风速/风向三合一传感器的工作原理及采集方式。

2. 实验环境

① 硬件：工业节点模块、雨量/风速/风向三合一传感器、ST－Link 调试器、USB2.0 方口线、USB3.0 数据线、6 芯航插转 RJ11 线、转接板和电源；

② 软件：Windows 7/XP、MDK 集成开发环境、Gateway2 软件。

3. 实验原理

（1）传感器介绍

风速传感器（变送器）采用传统三风杯风速传感器结构，风杯选用 ABS 材料，强度高，启动好；杯体内置信号处理单元能根据用户需求输出相应风速信号，如图 6.34 所示。

图 6.34 风速传感器实物图

风速传感器主要技术参数：

➤ 测量范围：0～45 m/s；

➤ 准确度：±(0.3＋0.03 V)m/s(V:风速)；

➤ 分辨率：0.1 m/s；

➤ 启动风速：≤0.5 m/s；

➤ 供电方式：DC 5 V；

➤ 输出信号类型：0～2.5 V；

➤ 工作环境：温度－40～80 ℃；湿度≤100％ RH。

风向传感器（变送器）内部采用精密角度传感器，并选用低惯性轻金属风向标响应风向，动态特性好。其具有量程大、线性好、精度高、稳定可靠等优点，可广泛用于气象、海洋、环境、机场、港口、实验室、工农业及交通等领域。

风向传感器主要技术参数如下：

➤ 测量范围：0～360°；

➤ 准确度：±1°；

- ➤ 分辨率:0.1 m/s;
- ➤ 启动风速:≤0.5 m/s;
- ➤ 供电方式:DC 5 V;
- ➤ 输出信号类型:0~2.5 V。

翻斗雨量计外壳由防雨塑料材料制成,其既能抗较高的紫外线辐射,又能有效地防止结冻。翻斗雨量计有一个分辨率为 0.2 mm 自动倾斜排水并且抗震动的单翻斗,可准确测量降雨量。由于其体积小,重量轻,设计坚固,特别适用于便携式应用和在自动气象站的横臂上安装。

翻斗雨量计的主要技术参数如下:

- ➤ 测量范围:0~4 mm/min;
- ➤ 分辨率:0.2 mm(一脉冲=0.2 mm 降雨量);
- ➤ 测量精度:≤5%;
- ➤ 工作环境温度:0~+60 ℃;
- ➤ 工作环境湿度:≤95% RH(40 ℃);
- ➤ 供电电压:不需要;
- ➤ 输出信号类型:脉冲计数。

(2)接线原理

风速传感器接线原理如表 6.10 所列。

表 6.10   风速传感器硬件接线原理

图　样	引出线/基板之间		传感器引出线/航插 B	
	标识	定义	标识	定义
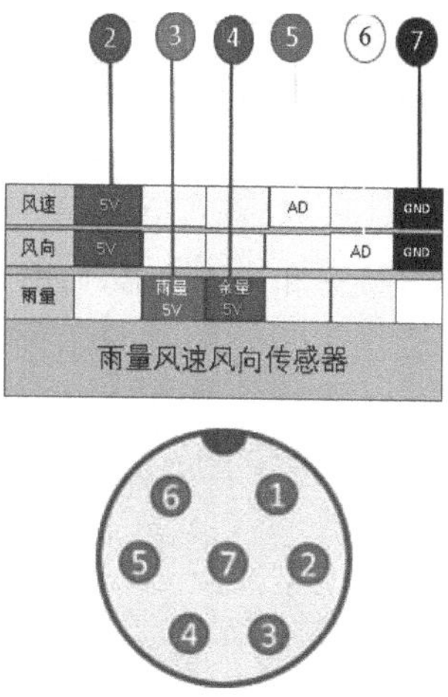	—	—	1	—
	红色	风速/风向红色线/雨量蓝色线	2	5 V
	—	—	3	—
	红色	雨量红线	4	IO
	黄色	风速 AD 黄色线	5	AD
	黄色	风向 AD 黄色线	6	AD
	黑色	风向/风速黑色线	7	GND

注:雨量传感器输出信号为开关量,STM32 通过感应 IO 口的电平获取数值。

风速传感器和风向传感器输出信号为 0~2.5 V,STM32(PC2 和 PC3 引脚)通过 ADC 转换获取风速传感器的当前数值和风向传感器的当前数值。详细参数请参考风速传感器产品手册和风向传感器产品手册

(3)CPU 采集原理解析

风速传感器相关数据如表 6.11 所列。

表 6.11 风速传感器相关数据

信号类型	传感器规格值						传感器输出信号经 CPU AD 检测的范围		经 CPU 转换后得到的 AD 值	传感器输出的信号	最终所求值
	传感器输出信号范围			欲测试物理量范围			cpu 检测 AD 范围		cpu 检测 AD 值	传感器输出信号值	传感器所测物理量值
	单位	X1	X2	单位	Y1	Y2	AD1	AD2	AD	X	Y
电压型 0～3.3 V	V	0	3.3	ppm	0	5 000	0	4 095	500	0.40	611
电压型 0.4～2 V	V	0.4	2	ppm	0	5 000	496	2 482	2 000	1.61	3787
电压型 0～2.5 V	V	0	2.5	ppm	0	5 000	0	3 102	2 000	1.61	3223
电流型 4～20 mA	mA	4	20	℃	−40	80	819	4 095	819	4	−40
转换为 0.66～3.3 V	V	0.66	3.3								
电流型 4～20 mA	mA	4	20	%RH	0	100	819	4 095	2 000	10	36
转换为 0.66～3.3 V	V	0.66	3.3								
物理量倒推公式	(X1,AD1)，(X2,AD2)，(X,AD)，此三点共线→ $$\frac{AD-AD1}{X-X1}=\frac{AD2-AD1}{X2-X1} \to X=\frac{(AD-AD1)(X2-X1)}{AD2-AD1}+X1$$ (AD1,Y1)，(AD2,Y2)，(AD,Y)，此三点共线→ $$\frac{Y-Y1}{AD-AD1}=\frac{Y2-Y1}{AD2-AD1} \to Y=\frac{(AD-AD1)(Y2-Y1)}{AD2-AD1}+Y1$$										

CPU 根据表格 6.11 所列信号类型为电压型 0～2.5 V，对传感器测量的物理量进行计算，得到最终模数转换后的一个传感器测量值。

4. 实验步骤

① 将统一型工业节点按照下图所示连接到 PC 机，7 芯航插口连接三和一传感器，如图 6.35 所示；

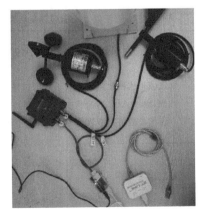

图 6.35 工业节点连接 PC 机实物图

② 打开程序源码进行编译下载；

③ 给统一型工业节点进行模式配置，注意更改节点短地址；

④ 将协调器上电并通过交叉串口线连接到网关，如图 6.36 所示；

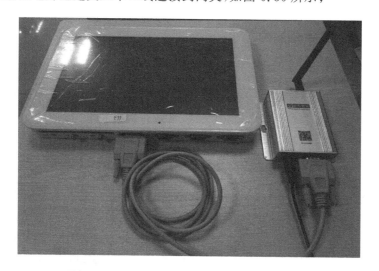

图 6.36　协调器通过交叉串口连接到网关实物图

⑤ 给网关上电，在 Gateway2 软件上进行节点绑定，添加雨量、风速、风向传感器后确认打开串口。

5. 实验结果

节点添加完成后返回设备管理界面，能看到节点采集到的当前雨量、风速、风向的数值，如图 6.37 所示。

图 6.37　设备管理器

6.2.9 执行器控制实验 1

1. 实验目的

① 了解统一型工业节点的功能；

② 掌握统一型工业节点的基本配置；

③ 学习 ZigBee 的无线通信；

④ 学习继电器控制板的工作原理及采集方式。

2. 实验环境

① 硬件：工业节点模块、继电器控制板、ST - Link 调试器、USB2.0 方口线、USB3.0 数据线、6 芯航插转 RJ11 线、6 芯航插转 DB9 公头线、下载转接板和电源；

② 软件：Windows 8/7/XP、MDK 集成开发环境、Gateway2 软件。

3. 实验原理

（1）模块介绍

此实验所用继电器控制板为 16 路继电器阵列，每个继电器控制板可最多同时控制 16 个执行器，实物如图 6.38 所示。

> 控制方式：RS232 或 485 通信，可设置地址 0～255，多机级联。最多控制 16 * 256 = 4 096 个节点。

> 控制设备：每个继电器最大负载 250VAC/10 A，亦可以控制 12 V/24 V 最大（30VDC）等直流设备。

图 6.38 继电器控制板实物图

（2）接线原理

继电器控制板接线原理如表 6.12 所列。

表 6.12 继电器控制板接线原理

图样	DB9 头		执行器引出线/航插 B	
	标识	定义	标识	定义
	1	—	1	12V
	2	TX	2	TX
	3	RX	3	RX
	4	—	4	—
	5	GND	5	—
	6	—	6	GND
	7	—	—	—
	8	—	—	—
	9	12V 输出(给航插 B 的 1 脚)	—	—
	注：STM32 通过串口给继电器控制板发送匹配指令，继电器控制板执行此命令的含义。如：打开某一路继电器、关闭某一路继电器、查询继电器的状态等。详细参数请参考继电器控制板产品手册。			

表 6.13 所列为智慧农业时序平台执行器控制器(继电器控制板)的指令,在使用时可直接查看此表来控制对应的执行器。

表 6.13　执行器控制器(继电器控制板)指令表

执行器	执行器子功能	继电器路数	上位机打开指令字符串	上位机关闭指令字符串
加热器	—	14(打开/关闭)	V4＝14	V5＝14
卷帘机	展开卷帘	15(打开)	V4＝15	—
	停止	15/16(关闭)	—	V5＝15,V5＝16
	收起卷帘	16(打开)	V4＝16	—
鼓风机	鼓风机-1	4(打开/关闭)	V4＝4	V5＝4
	鼓风机-2	5(打开/关闭)	V4＝5	V5＝5
水泵	水泵-1	7(打开/关闭)	V4＝7	V5＝7
	水泵-2	6(打开/关闭)	V4＝6	V5＝6
照明灯	照明灯-1	2(打开/关闭)	V4＝2	V5＝2
	照明灯-2	3(打开/关闭)	V4＝3	V5＝3
声光报警	—	1(打开/关闭)	V4＝1	V5＝1

(3)通信协议

数据帧格式如表 6.14 所列。

表 6.14　数据帧格式

数据头	地　址	功能码	数据块				校验和
0x55	0x01	1 字节	1 字节	1 字节	1 字节	1 字节	1 字节

具体说明如下:

数据头:固定一个字节 0x55;

地址:1 个字节,如果目标地址为 1,则发送 1,目标地址为多少则发送多少;

功能码:1 字节,具体的功能码参考继电器控制板产品手册;

数据块:4 个字节,控制继电器控制板的哪一路继电器,发送顺序为先发送第一个字节,在发生二、三、四字节;

校验和:1 字节,除校验和本身位前面所有字节的校验和。

主要指令说明:

➢ 开某一路继电器:55 01 12 00 00 00 01 69

55　数据头(固定为 0x55);

01　目标地址(继电器控制板的地址);

12　打开继电器功能码(其他功能码请参考继电器控制板产品手册);

00 00 00 01　数据内容(如第 2 个继电器 00 00 00 02);

69　校验和(数据头＋目标地址＋功能码＋数据内容＝校验)。

➤ 关某一路继电器:55 01 11 00 00 00 01 68

例:给继电器控制板 12 V 供电,用 USB - RS232 串口线,1 头连接继电器控制板,另一头来接 PC。打开串口调试助手,设置波特率为 38400,数据位为 8,停止位为 1,无校验位。控制继电器控制板第一路继电器打开发送命令:55 01 12 00 00 00 01 69 如图 6.39 所示,关闭第一路继电器指令:55 01 11 00 00 00 01 68。

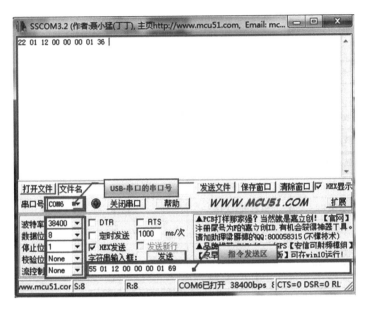

图 6.39 控制器指令界面

(4) 主要源码解析

主要源码解析如下:

```
//继电器开启任务      例:开启第一个继电器 V4 = 1
    if(strncmp((const char * )buff,"V4 = ",3) == 0)
    {//查找字符串中首次出现的数值部分,转换为整数
        StrAddr = strstr((const char * )buff,"V4 = ") + 3;
        TempVal = (unsigned short)atoi(StrAddr);
        if(TempVal > 255) TempVal = 255;              //先关后开
        if(TempVal == 15) SafeSW(16,0);               //15 路 16 路继电器为互锁模式
        else
        {
            if(TempVal == 16) SafeSW(15,0);
        };
        SafeSW(TempVal,1);                            //打开某 1 路继电器
    }
//继电器关闭任务      例:关闭第一个继电器 V5 = 1
    if(strncmp((const char * )buff,"V5 = ",3) == 0)
    {//查找字符串中首次出现的数值部分,转换为整数
        StrAddr = strstr((const char * )buff,"V5 = ") + 3;
        TempVal = (unsigned short)atoi(StrAddr);
```

```
        if(TempVal > 255) TempVal = 255;
        SafeSW(TempVal,0);    //关闭某 1 路继电器
}
/ * SafeSW(TempVal,1)函数使用方法 * /
```

TempVal:选择某路继电器

1:为打开某 1 路继电器

0:为关闭某 1 路继电器

例:打开鼓风机 1 命令:V4 = 4　　4 = TempVal

　　关闭鼓风机 1 命令:V5 = 4　　4 = TempVal

说明:执行器控制器 15 路和 16 路继电器为控制卷帘机正转和反转.

正转时:15 路打开 16 路关闭

反转时:16 路打开 15 路关闭

15 路和 16 路继电器工作模式为互锁模式

4. 实验步骤

① 将统一型工业节点按照图 6.40 所示连接到 PC 机;

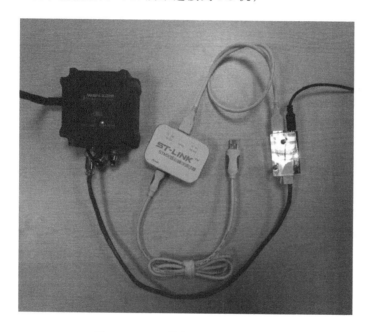

图 6.40　工业节点连接 PC 机实物图

② 打开程序源码进行编译下载;

③ 给统一型工业节点进行模式配置,注意更改节点短地址;

④ 拔下 6 芯航插转 RJ11 线,将继电器控制板通过 6 芯航插转 DB9 公头线连接到 6 芯航插口(上位机可以通过继电器控制板的这个 DB9 接口(RS232),发送相关指令给继电器控制板,继电器控制板完成相关指令),同时给继电器控制板供电,连接图如图 6.41 所示。

⑤ 设定继电器控制板地址。如果只有一个继电器控制板,设置为 1 即可。如图 6.42 所示,将拨码开关的 1 键,拨到“ON”,表示本继电器控制板的地址为 000 0001(二进制)。如果仅将 2 键拨到 ON,则表示本继电器板地址为 000 0010(二进制)。

⑥ 将协调器上电并通过交叉串口线连接到网关,如图 6.43 所示;

6芯航插转DB9公头

图 6.41 硬件接线实物图

图 6.42 继电器控制板实物图

图 6.43 协调器通过交叉串口连接到网关实物图

⑦ 给网关上电,在 Gateway2 软件上进行节点绑定,这里以鼓风机 1 为例进行节点绑定,添加鼓风机 1 这个执行器,添加成功后界面如图 6.44 所示。

⑧ 为按钮添加控制指令:长按图 6.43 中"开"白色按钮在弹出的命令对话框中填入执行器控制器(继电器控制板)指令表中对应的打开鼓风机 1 指令字符串"V4=4",单击"确定"后同理给"关"按钮绑定控制指令"V5=4",如图 6.45 所示。

5. 实验结果

确认打开串口后,在设备管理界面可看到鼓风机 1 图标变为蓝色在线状态,单击右边的"开关控制"按钮,可以看到控制鼓风机 1 的第 4 路继电器被打开或关闭。在智慧农业实训平台上,第 4 路继电器已经连接了鼓风机 1,控制第 4 路继电器的打开和关闭就能控制鼓风机 1

的打开和关闭,如图 6.46 所示。

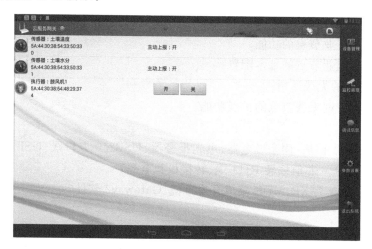

图 6.44　添加成功界面图

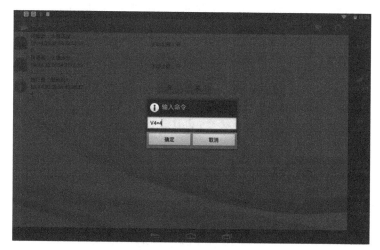

图 6.45　输入指令界面

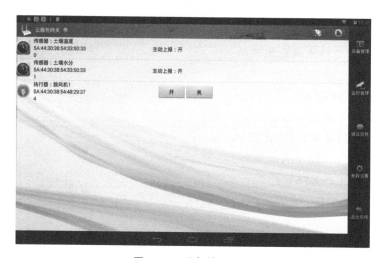

图 6.46　设备管理界面

6.2.10 执行器控制实验 2

1. 实验目的

① 了解统一型工业节点的功能；

② 掌握统一型工业节点的基本配置；

③ 学习 ZigBee 的无线通信；

④ 学习执行器控制无线节点的扩展功能。

2. 实验环境

① 硬件：工业节点模块、固态继电器、声光报警器、USB2.0 方口线、USB3.0 数据线、7 芯航插转 DC5.0 母头线、6 芯航插转 RJ11 线、转接板和电源；

② 软件：Windows 7/XP、MDK 集成开发环境、Gateway2 软件。

3. 实验原理

（1）硬件介绍

单相固态继电器采用的是直流控交流的方式来工作，采用阻燃工程塑料外壳和加厚绝缘散热底座进行封装，增加产品的稳定性及灵敏度，导电性能优异，抗高压，实物图如图 6.47 所示。

图 6.47 单向固态继电器实物图

执行器控制器主要技术参数如下：

➢ 控制方式：直流控交流（DC – AC）；

➢ 控制电压：3～32VDC；

➢ 负载电压：24～380VAC/10 A；

➢ 交流负载：控制最大负载 AC250V/10A；

➢ 控制电流：DC 3～25 mA；

➢ 环境温度：−30～＋75℃；

➢ 绝缘电阻：500 MΩ/500VDC。

（2）接线说明

工业节点引出线接线原理如表 6.15 所列。

表 6.15　工业节点引出线接线原理

图样	引出线/基板之间		传感器引出线/航插 B	
	标识	定义	标识	定义
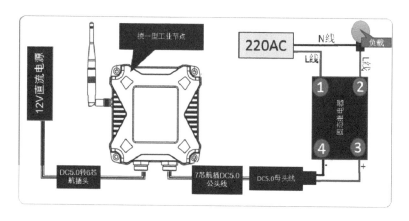	1	12 V	1	12 V
	2	GND	2	5 V
	—	—	3	—
	—	—	4	—
	—	—	5	—
	—	—	6	—
	—	—	7	GND

统一型工业节点可分别控制 12 V/5 V 的通断,本节实验以控制 12 V 固态继电器为例。如果需要控制 5 V 固态继电器,可将引出线连接至 7 芯航插的 2 脚,默认为连接 7 芯航插的 1 脚,如图 6.48 所示。

![工业节点接线图]

图 6.48　工业节点接线图

统一型工业节点 7 芯航插端输出可控电压 12 V 电流为 1 A,可控制供电 12 V 工作电流为 1 A 的执行器,如声光报警器和直流电机等,也可以连接 220 V 供电的插排来控制家用用电器。

注:在连接 220 V 电压时注意安全,不要触摸固态继电器以防触电出现人身危险!!!

继电器控制指令如表 6.16 所列。

表 6.16　控制指令表

状　态	12 V 打开	12 V 关闭	5 V 打开	5 V 关闭
指令	V2＝85	V2＝170	V3＝85	V3＝170

注:网关控制和云服务控制,都需要把控制指令十六进制转换为十进制。

（3）关键源码解析

关键源码解析如下:

```
if(strncmp((const char * )buff,"V2 = ",3) == 0)              //12V 输出控制
{//查找字符串中首次出现的数值部分,转换为整数
    StrAddr = strstr((const char * )buff,"V2 = ") + 3;
    TempVal = (unsigned short)atoi(StrAddr);
    if((TempVal == 0x0055)|(TempVal == 0x00AA))              //防止误触发,开关指令设为 55 或 AA
        {
            SwitchCont[0] = TempVal;
            ConfigStack.SH[42] = TempVal;
            SaveFlag = 0xAA;
        }
}
if(strncmp((const char * )buff,"V3 = ",3) == 0)              // + 5V 输出控制
{//查找字符串中首次出现的数值部分,转换为整数
        StrAddr = strstr((const char * )buff,"V3 = ") + 3;
        TempVal = (unsigned short)atoi(StrAddr);
        if((TempVal == 0x0055)|(TempVal == 0x00AA))          //防止误触发,开关指令设为 55 或 AA
        {
        SwitchCont[1] = TempVal;
        ConfigStack.SH[43] = TempVal;
        SaveFlag = 0xAA;
        }
}
```

4. 实验步骤

① 将统一型工业节点按照图 6.49 所示连接到 PC 机;

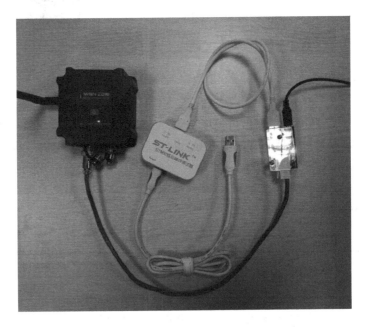

图 6.49　工业节点连接 PC 机实物图

② 打开程序源码进行编译下载;

③ 给统一型工业节点进行模式配置,注意更改节点短地址;

④ 模式配置结束后,将固态继电器扩展部分连接到工业节点上,这里以 220 V 供电的家用灯为例(为安全起见请不要用手触摸固态继电器的接口部分),硬件连接图如图 6.50 所示。

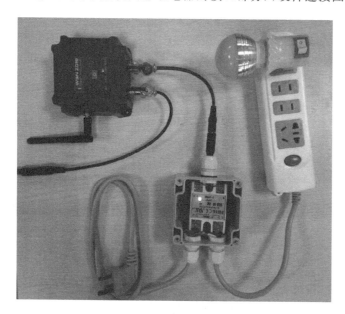

图 6.50　固态继电器连接工业节点

⑤ 给节点上电,同时将连接固态继电器的插排上电,将插头端连接到 AC220V 电源插座上,打开家用照明灯开关;

⑥ 将协调器上电并通过交叉串口线连接到网关,如图 6.51 所示;

图 6.51　协调器通过交叉串口连接到网关实物图

⑦ 给网关上电,在 Gateway2 软件上进行节点绑定,添加固态继电器这个执行器,添加成

功后界面如图 6.52 所示。

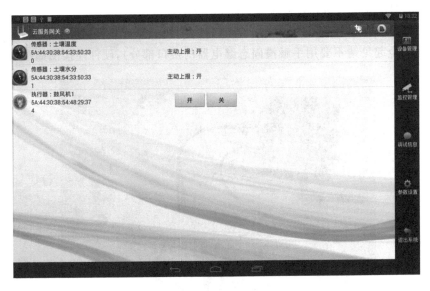

图 6.52　添加成功界面

5. 实验结果

确认打开串口后,在设备管理界面看到鼓风机 1 图标变为蓝色在线状态,单击右边的"开"控制按钮,可以看到连接在插排上的家用照明灯被打开,如图 6.53 所示,单击"关"之后,照明灯会被关闭。

图 6.53　实验结果

第7章 智能工业

7.1 制造业供应链管理

随着传统制造业供应链活动中的采购、生产、存储、运输、信息传递等环节趋于智能化,各环节协同驱动着供应链朝着更加智能的方向迈进,智能供应链也成为推动企业由传统制造向智能制造发展的重要引擎,供应链开始支撑企业建立核心竞争力。由此,构建智能供应链体系对于企业战略决策以及未来规划有着极其重要的意义。

从供应链技术的发展来看,呈现出层次分明的阶段性迭代特征。供应链的发展历程基本上可以分为五个阶段:初级供应链、响应型供应链、可靠供应链、柔性供应链和智能供应链。

在智能化时代,用户个性化需求的凸显使得企业的生产活动的起点发生了根本性变化,需求不再是制造企业生产产品让用户接受,而是用户参与个性化定制,制造业满足用户需求。因此智能供应链是以需求驱动为价值导向,是终端需求计划驱动扩展的端到端供应链运作。

首先,智能供应链强调与客户及供应商的信息分享和互动协同,真正实现通过需求感知形成需求计划,聚焦于纵向流程端到端整合,并在此基础上形成智能供应链。其次,智能供应链更加看重提升客户服务满意度的精准性和有效性,与此同时,供应链也能进行自我反馈、自我补偿,从而智能化的迭代升级。

未来,智能供应链将更加强调以制造企业为切入点的平台功能,重视基于全价值链的精益制造,从精益生产开始,到拉动精益物流、精益采购、精益配送。智能供应链上不再是企业的某人或者某个部门在思考,而是整条供应链在思考。

随着互联网、物联网、云计算、大数据等技术的飞速发展,新的技术为实现智能供应链管理提供了清晰的思路,从而推动供应链管理逐渐向可视化、智能化、自动化、集成化和云化的方向发展。

如图7.1所示,制造业供应链管理会用到数据技术(数据收集、存储以及分析技术);人工

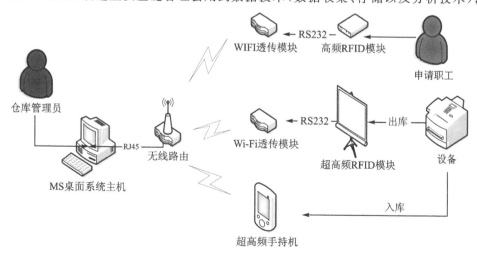

图7.1 制造业供应链管理系统拓扑图

智能技术(机器学习技术、算法技术);数学应用技术(运筹学与统计学);信息技术(信息传输,网络通信技术);流程管理技术(JIT,TOC,BPR)等。

在智能供应链时代,制造企业需要实现物流与信息流的统一,企业内部的采购、生产、销售流程都伴随着物料的流动,因此,越来越多的制造企业开始重视物流自动化,自动化立体仓库、无人引导小车(AGV)、智能吊挂系统在制造企业得到了广泛的应用;而在制造企业和物流企业的仓储与配送环节,智能分拣系统、堆垛机器人、自动辊道系统的应用日趋普及。仓储管理系统(Warehouse Management System,WMS)和运输管理系统(Transport Management System,TMS)也受到制造企业和物流企业的普遍关注。简易仓库管理系统如图7.2所示。

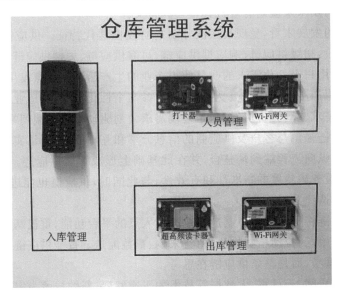

图 7.2　仓库管理系统模块图

7.2　产品设备监控管理

产品设备监控管理将各种传感技术与制造技术融合,实现了对产品设备操作使用记录、设备故障诊断的远程监控。设备远程监控系统在企业业务实施层管理信息化建设中处于重要地位,是一个以提供多部门、全方位设备远程监控管理为核心的综合信息化系统,同时提供了对更高层面企业管理系统的有效接口。

设备远程监控管理系统(见图7.3),需要对系统硬件进行数据采集,数据采集内容一般包括运行信号、运行数据、产量信息、系统参数、故障信号、趋势信号等。

同时在用户现场允许的情况下,可以通过远程对产品进行参数修改。采集的数据通过VPN方式传至云端通信服务,云端通信服务接收和处理数据后存入数据服务器,再通过应用服务器对数据进行处理,通过Web或者WebService方式提供给Web端或App端进行展示、分析、诊断等。实时监控和分析生产过程关键数据,掌握装置运行情况,对出现的问题及时进行处理,使生产的运行状态保持稳定,并可在设备状态发生改变时做出反应。通过实时数据库的高效压缩和海量存储技术,保存大量的生产过程历史数据,帮助生产人员分析生产过程变化规律,进一步对生产过程进行优化,其产品设备监控管理总体功能如图7.4所示。

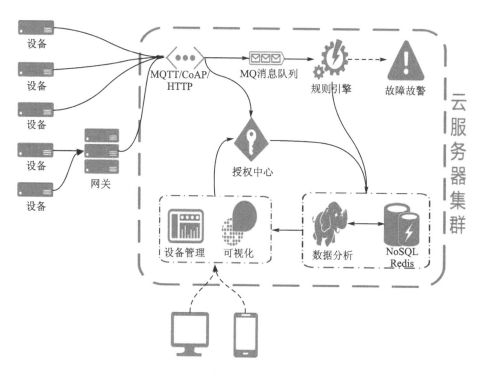

图 7.3 产品设备监控管理系统总体设计架构图

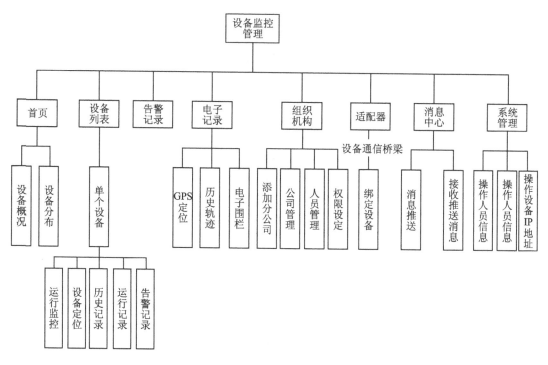

图 7.4 产品设备监控管理总体功能图

327

7.3　环保监测及能源管理

　　环保监测及能源管理将物联网与环保设备融合,实现对工业生产过程中产生的各种污染源以及污染治理各环节关键指标的实时监控。在重点排污企业排污口安装无线传感设备,不仅可以实时检测企业排污数据,而且可以远程关闭排污口,防止突发性污染事故的发生。由于老化和故障,工厂和建筑物中设施的性能下降、能耗增加。因此有效的能源管理对于维持工厂性能和管理设备至关重要。

　　智能环保检测及能源管理管理结合了云计算、物联网、移动互联网、大数据等技术等先进的技术理念。利用云计算支持异构的特点,整合各项服务。同时利用资源分配可动态伸缩的特点,实现对运算资源的最大化利用。通过移动互联网加速人机之间信息交换速度,拓展信息交换途径,使信息完成实时传递。能源数据采集、能耗预测分析、能效诊断优化为企业建立完善的能效对标考核管理体系,实现能效闭环管理。环保监测,用于企业生产过程中的有害排放物监测。智能环保监测及能源管理可采用三层架构进行设计,第一层是数据采集层,采用各类传感器和仪器仪表将工厂环境信息采集并发送到第二层。第二层是网络层,整个工厂的能源信息通道网络,不仅包括工厂以太网,还包括底层设备信号传输网络。在通信传输网络的基础上,将各个仪表、系统与数据中心进行连接,实现实施能源数据及环保控制系统与数据中心的信息交互。第三层是数据中心层,采用先进的节能云计算架构,为工厂运维管理人员提供能源监测、节能控制的云服务,同时可以采纳多级区域权限体系解决方案,为不同的使用者提供不同的功能服务。

7.4　工业安全生产管理

　　工业安全生产管理为构建基于云计算、大数据、移动互联网等最新信息技术和移动防爆智能终端技术的、软硬件相结合的智能安全管理云系统,其主要对工厂安全信息进行实时采集,对煤矿、矿井、烟花爆竹等领域安全生产作业环节实时监控。有害气体监测技术可智能分析,主动发现违规行为、异常行为,及时报警并关联相关控制系统,实现智能预警,并联动处置。图7.5所示为智慧工厂及安全生产管理图。

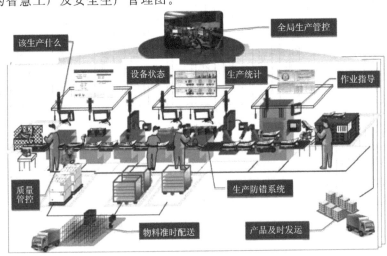

图 7.5　智慧工厂及安全生产管理图

　　智慧工厂安全生产管理采用四层架构,第一层为感知层,包括视频监控、门禁监控、通道控制等各种设备;第二层为网络层,采用 5G 通信技术和以太网为网络信息通道,将感知层的图像数据传输给中间层(第三层)。物联网中间层包含安全监控服务、人员管理服务、预警服务、隐患定位服务等。应用层(第四层)在中间层的基础上实现工厂安全监控、人员管理、设备控制、安全实时预警、隐患定位等功能。正常情况下可以实时监测各种设备运行和生产环境参数;紧急事件发生时可以快速准确地为应急指挥决策提供完善的关联信息资源和现场实时图像,有助于指挥者完成各种复杂的应急指挥流程,保障应急预案按照章程自动执行,极大地保护了现场工作人员安全并降低设备资产的风险。

参考文献

[1] 吴战广,张献州,张瑞,等.基于物联网三层架构的地下工程测量机器人远程变形监测系统[J].测绘工程,2017,26(02):42-47.

[2] 宋艳,黄留锁.农业土壤含水率监测及灌溉系统研究——基于物联网模式[J].农机化研究,2017,39(04):237-240.

[3] 冯高华,高梦,何人可.物联网产品品牌形成机理及其建设[J].包装工程,2017,38(02):50-54.

[4] 卞光荣,张洪海,史红艳,等.军用物联网在军械仓库弹药保障中的应用[J].包装工程,2017,38(01):212-219.

[5] 姚文坡,吴敏,沈华强,等.物联网技术在医院管理中的应用[J].医疗卫生装备,2017,38(01):136-139.

[6] 李晓雯.物联网金融发展现状与安全问题研究[J].物流科技,2017,40(01):134-136.

[7] 张亚娟,刘寒冰,冯灵霞.物联网信息安全与隐私保护研究综述[J].物流科技,2017,40(01):69-70.

[8] 吴小芳.物联网与大数据的新思考[J].通讯世界,2017,(01):1-2.

[9] 屈巍,矫培艳,李晖.基于物联网的智慧养老社区系统[J].沈阳师范大学学报(自然科学版),2017,35(01):93-97.

[10] 张龙昌,杨艳红,王晓明.物联网环境下食品安全云计算平台模型[J].计算机技术与发展,2017,27(01):107-111+116.

[11] 郑纪业,阮怀军,封文杰,等.农业物联网体系结构与应用领域研究进展[J].中国农业科学,2017,50(04):657-668.

[12] 王笑娟,刘彩凤,谢虹.我国农业物联网发展现状·存在问题和对策[J].安徽农业科学,2017,45(01):215-217.

[13] 于笑,赵金峰,张澜.基于SDN的物联网安全架构研究[J].移动通信,2017,41(03):30-35.

[14] 吴雅琴,王梅.物联网视角下养老低成本运营模式创新研究[J].会计之友,2017,(06):134-137.

[15] 陈慧,龚婷雨.浅谈大数据技术在物联网产业中的应用[J].江西通信科技,2017,(01):23-26.

[16] 王兰,陆春吉.物联网行业现状和发展前景的分析[J].通讯世界,2017,(02):25-26.

[17] 赵宏林,廉小亲,郝宝智,等.基于物联网云平台的空调远程控制系统[J].计算机工程与设计,2017,38(01):265-270.

[18] 王胜烽,王晓涧.国内外物联网技术的发展及应用[J].无线互联科技,2017,(01):23-24.

[19] 冯佳.基于物联网的城市生鲜农产品冷链物流模型的构建[J].物联网技术,2017,7(01):71-74.

[20] 王正伟.共享模式,将会是物联网商业模式的最佳突破口吗?[J].物联网技术,2017,7(02):5-6.

[21] 肖清旺,王锦华,朱易翔.物联网智能终端设备识别方法[J].电信科学,2017,33(02):3-8.

[22] 李月娥,周晓林,贾玲,等.物联网环境下智慧档案馆的档案实体管理与服务模式研究[J].北京档案,2017,(01):20-23.

[23] 丘映莹.区域农业物联网发展路径探析[J].改革与战略,2017,33(02):82-84.

[24] 孙光林,陶志刚,宫伟力.边坡灾害监测预警物联网系统及工程应用[J].中国矿业大学学报,2017,46(02):285-291.

[25] 肖德琴,肖磊,潘春华,等.物联网背景下的网络工程专业实践教学改革[J].实验室研究与探索,2017,36(01):201-203.

[26] 邓雪峰,孙瑞志,杨华,等.基于机会网络的牧场物联网数据传输方法[J].农业机械学报,2017,48(02):208-214.

[27] 阎坚,桂劲松.基于物联网技术的智慧教室设计与实现[J].中国电化教育,2016,(12):83-86.

[28] 冯建周,宋沙沙,孔令富.物联网语义关联和决策方法的研究[J].自动化学报,2016,42(11):1691-1701.

[29] 冯立华,程刚,王源野.电信运营商在窄带物联网的机遇、挑战及对策[J].信息通信技术,2017,11(01):7-11.

[30] 王永斌,张忠平.低功率、大连接广域物联网接入技术及部署策略[J].信息通信技术,2017,11(01):27-32.

[31] 邢宇龙,胡云.窄带物联网部署策略[J].信息通信技术,2017,11(01):33-39.

[32] 杨磊,梁活泉,张正,司鹏搏,张延华.基于LoRa的物联网低功耗广域系统设计[J].信息通信技术,2017,11(01):40-46.

[33] 王阳,温向明,路兆铭,等.新兴物联网技术--LoRa[J].信息通信技术,2017,11(01):55-59.

[34] 周磊,张玉峰.融合物联网与数据挖掘的物流信息处理与分析[J].图书馆学研究,2017,(06):61-65.

[35] 朱耀勤,郑成武.基于物联网技术的实训实验室建设[J].实验技术与管理,2017,34(03):232-236.

[36] 武昭晖.物联网技术在数字化博物馆建设中的应用研究[J].地球学报,2017,38(02):293-298.

[37] 陈长喜,许晓华.基于物联网的肉鸡可追溯与监管平台设计与应用[J].农业工程学报,2017,33(05):224-231.

[38] 陈栋,吴保国,陈天恩,等.分布式多源农林物联网感知数据共享平台研发[J].农业工程学报,2017,33(S1):300-307.

[39] 段青玲,肖晓琰,刘怡然,等.基于改进型支持度函数的畜禽养殖物联网数据融合方法[J].农业工程学报,2017,33(S1):239-245.

[40] 陈永波,刘建业,陈继军.智慧能源物联网应用研究与分析[J].中兴通讯技术,2017,23(01):37-42.

[41] 张华.基于物联网的人工智能图像检测系统设计与实现[J].计算机测量与控制,2017,25

（02）：15-18.

[42] 朱长根,唐振武,杨莉.物联网环境下隐私权保护研究[J].企业经济,2017,36（03）：187-192.

[43] 方小祥.物联网与人工智能关键技术[J].电子技术与软件工程,2017,（04）：258-259.

[44] 李昌兵,汪尔晶,袁嘉彬.物联网环境下生鲜农产品物流配送路径优化研究[J].商业研究,2017,（04）：1-9.

[45] 加雄伟,严斌峰.区块链思维、物联网区块链及其参考框架与应用分析[J].电信网技术,2017,（05）：61-65.

[46] 何渝君,龚国成.区块链技术在物联网安全相关领域的研究[J].电信工程技术与标准化,2017,30（05）：12-16.

[47] 曾妍.基于物联网的智慧城市实训系统设计与实现[D].成都：西南交通大学,2016.

[48] 张龙翔.基于物联网的智能家居环境监测调节系统的设计[D].郑州：郑州大学,2016.

[49] 卢坤.基于物联网的家居环境监控系统研究[D].南京：南京信息工程大学,2016.

[50] 孙强.基于物联网技术的新型智能插座设计[D].西安：西安工业大学,2016.

[51] 王雷雨.基于物联网的温室监控系统云平台的设计与实现[D].内蒙古：内蒙古大学,2016.

[52] 蔡加豪.基于物联网的水产养殖监控系统的设计与研究[D].长沙：湖南师范大学,2016.

[53] 张佳伟.物联网在医院信息化管理中的应用研究[D].重庆：重庆医科大学,2016.

[54] 文潇.基于工业物联网的机器人测试系统与远程监控平台的研究[D].芜湖：安徽工程大学,2016.

[55] 孙丽娟.基于Android的物联网数据采集监测系统开发[D].南京：南京理工大学,2016.

[56] 王佩玮.物联网技术在物流仓库管理中的应用研究[D].西安：西安工业大学,2016.

[57] 李敏.基于物联网的监控系统研究与应用[D].荆州：长江大学,2016.

[58] 葛丹.物联网传感器数据处理平台的设计与实现[D].南京：南京邮电大学,2016.

[59] 钱进.物联网环境下智能超市相关问题的研究[D].秦皇岛：燕山大学,2016.

[60] 梁洪波.基于物联网的印刷机故障诊断系统研究[D].北京：北京印刷学院,2017.

[61] 嘉丹丹.基于物联网的纬编MES系统研究[D].无锡：江南大学,2017.

[62] 黄桑.基于物联网的温室大棚种植监控系统的研究与设计[D].济南：山东大学,2016.

[63] 袁嘉彬.物联网环境下鲜活农产品物流配送路径优化研究[D].重庆：重庆邮电大学,2016.

[64] 刘航源.基于物联网的杭州市农业物流园区信息平台建设研究[D].长春：吉林大学,2016.